中国轻工业“十四五”规划教材

高等学校食品科学与工程类专业教材

食品标准与法规

刘云国　扈晓杰　主编

中国轻工业出版社

图书在版编目（CIP）数据

食品标准与法规 / 刘云国，扈晓杰主编. —北京：中国轻工业出版社，2025. 1

ISBN 978-7-5184-4921-7

Ⅰ. ①食… Ⅱ. ①刘… ②扈… Ⅲ. ①食品标准—中国②食品卫生法—中国 Ⅳ. ①TS207. 2②D922. 16

中国国家版本馆 CIP 数据核字（2024）第 070872 号

责任编辑：巩孟悦
策划编辑：马 妍 责任终审：白 洁 封面设计：锋尚设计
版式设计：砚祥志远 责任校对：晋 洁 责任监印：张 可

出版发行：中国轻工业出版社（北京鲁谷东街 5 号，邮编：100040）
印 刷：河北鑫兆源印刷有限公司
经 销：各地新华书店
版 次：2025 年 1 月第 1 版第 1 次印刷
开 本：787×1092 1/16 印张：17. 5
字 数：433 千字
书 号：ISBN 978-7-5184-4921-7 定价：50. 00 元
邮购电话：010-85119873
发行电话：010-85119832 010-85119912
网 址：http: //www. chlip. com. cn
Email: club@ chlip. com. cn

230781J1X101ZBW

本书编写人员

主　　编　刘云国　临沂大学

　　　　　　扈晓杰　临沂大学

副 主 编　刘　军　新疆大学

　　　　　　赵　掌　东营职业学院

　　　　　　张立华　枣庄学院

　　　　　　李　鹏　青岛农业大学

　　　　　　张凤艳　青岛市产品质量检验研究院

　　　　　　曹晓林　烟台大学

　　　　　　王　伟　新疆农业大学

参编人员（按姓氏笔画排列）

　　　　　　冯珍泉　临沂科技职业学院

　　　　　　刘云鹏　山东航空学院

　　　　　　刘　娅　石河子大学

　　　　　　杜　超　鲁东大学

　　　　　　张　洁　临沂科技职业学院

　　　　　　张静霞　德州学院

　　　　　　杨　雪　食品伙伴网

　　　　　　陈凤真　菏泽学院

　　　　　　屈海涛　枣庄学院

　　　　　　侯旭杰　塔里木大学

　　　　　　赵　丹　青岛市产品质量检验研究院

　　　　　　梁　荣　聊城大学

　　　　　　韩　鹏　枣庄市市场监管综合服务中心

PREFACE | 前言

民以食为天，食品安全工作关系我国14亿多居民的身体健康和生命安全。食品安全是一个涉及政策监管、企业自律、技术支撑、全民监督等诸多方面的综合性社会问题。食品标准与法规则是协调所有关系的基础。食品标准与法规不仅是构筑国家食品安全监管的基本防线，还是规范食品生产经营活动的行动指南，更是促进我国食品工业现代化、国际化的重要举措。同时，随着市场经济、国际贸易及科学技术的不断发展，与之配套的食品标准与法规需紧跟步伐，及时更新。

本教材以2021年修正的《食品安全法》为主线，以最新版本的相关标准与法规为重点，结合实际案例，对目前国内外食品安全法规及管理体系发展过程、现阶段新标准和新法规进行全面剖析，有助于学生对食品相关法律法规的知识进行系统的了解和掌握。

本教材教学内容科学实用，紧跟时代步伐、符合时代要求，同时注重知识点的完善与更新。教材结合学科发展要求，全面系统地对食品法规体系及标准的相关内容进行了阐述，分别介绍了食品标准与法规的基础知识、食品安全管理及安全控制、食品安全风险管理、食品质量管理与质量管理体系、食品标准化管理与标准制定、中国食品标准体系、计量管理与食品检验检测机构管理，并结合我国现状，突出介绍了最新的食品生产经营许可与认证管理、食品合规管理、国外食品标准与法规等内容。

食品标准与法规课程蕴含丰富的道德元素，因此在教材的编写过程中，编者不但注重思政元素的挖掘，将党的二十大精神有机融入教材中，同时以学生为中心，将价值塑造、知识传授和能力培养融为一体。通过本教材的学习，可以使学生深刻认识到食品安全的重要性，培养学生具有爱国主义情怀、爱岗敬业的责任意识、高尚的职业道德和精湛的专业素养，将食品从业者的诚信意识、责任意识以“润物细无声”的方式传达给学生。

本教材适用于高等学校食品科学与工程、食品质量与安全等食品类专业本科生，也可作为政府食品质量与安全管理部门、食品生产经营企业高级管理人员与科技人员的参考书，同时，还可作为相关专业研究生的参考教材。

教材编写成员汇集了十几所高等院校以及食品药品检验研究院、产品质量检验研究院、市场监管综合服务中心等长期从事食品标准与法规教学、科研和监督管理岗位的中青年学术骨干，他们活跃在教学、科研及生产管理第一线，既有扎实的理论基础，又有丰富的实践经验，给本书增添了许多新鲜内容。

本教材的编写得到了广大院校的支持。各章节编写分工如下：第一章由冯珍泉、张洁编写；第二章由赵掌编写；第三章由刘云鹏编写；第四章由扈晓杰、梁荣、张立华、屈海涛、韩鹏编写；第五章由张静霞编写；第六章由张凤艳、赵丹编写；第七章由曹晓林编写；第八章由刘军、刘娅、王伟、杜超编写；第九章由杨雪编写；第十章由李鹏、陈凤真、侯旭杰编写。全书由刘云国、扈晓杰统稿。本教材得到临沂大学教学改革研究项目（XNKJG2002、JG2022M50）资助。

本教材在编写过程中参考了有关专家的论著，在此深表感谢。由于编写任务繁重，加上时间和水平有限，书中难免存在不妥或疏漏之处，敬请广大读者不吝批评指正，以帮助我们更好地完善与更新。

编者

2024年10月

CONTENTS | 目录

第一章

01

绪论

学习目的与要求

1. 掌握标准与法规的概念、联系和区别；
2. 掌握我国标准的分类及各类标准的概念；
3. 熟悉我国食品质量安全监控体系的概念，监管机构和监控制度及食品质量安全监控体系的研究对象；
4. 了解标准的特性和标准的作用；
5. 了解我国市场经济法律法规体系与作用。

第一节　概述

一、法律、法规、规章和规范性文件的基础知识

1. 法律

法律指由立法机关或国家机关制定，国家政权保证执行的行为规则的总称。法律是调整人们行为或社会关系的规范，具有规范性；法律规定了人们的权利与义务，具有权利义务统一性；法律由国家强制力保证实施，具有国家强制性。我国最高权力机关全国人民代表大会和全国人民代表大会常务委员会行使国家立法权，立法通过后，由国家主席签署主席令予以公布。因而，法律的级别是最高的。

宪法是国家的根本法，具有最高的法律效力。其他法律效力仅次于宪法，法律一般称为既定法，涉及食品行业的法律有《中华人民共和国食品安全法》（中华人民共和国主席令第二十一号，以下简称《食品安全法》）、《中华人民共和国反食品浪费法》（中华人民共和国主席令第七十八号）等。

2. 法规

法规是依照宪法和法律，由特定部门制定的在规定的范围内协调有关活动和关系的规范，包括行政法规和地方性法规。法规的法律效力相对低于宪法和法律。

行政法规由国务院根据宪法和法律制定，并由国务院总理签署国务院令公布。涉及食品行业的行政法规有《中华人民共和国食品安全法实施条例》（国务院令第721号）、《中华人

民共和国标准化法实施条例》（国务院令第53号）等。

地方性法规由省、自治区、直辖市以及较大的市的人民代表大会及其常务委员会根据本行政区域的具体情况和实际需要，在不与宪法、法律、行政法规相抵触的前提下制定，并由大会主席团或常务委员会发布公告予以公布。其中，省、自治区、直辖市的人民代表大会制定的地方性法规由大会主席团发布公告予以公布。省、自治区、直辖市的人民代表大会常务委员会制定的地方性法规由常务委员会发布公告予以公布。设区的市、自治州的人民代表大会及其常务委员会制定的地方性法规报经批准后，由设区的市、自治州的人民代表大会常务委员会发布公告予以公布。此外，较大的市（省会、首府）的人民代表大会及其常务委员会制定的地方性法规须报省、自治区人大常委会批准后才能施行。

涉及食品行业的地方性法规有《上海市食品安全条例》（上海市人民代表大会公告第18号）、《辽宁省食品安全条例》（辽宁省人民代表大会常务委员会公告2016年第54号）、《山东省食品小作坊小餐饮和食品摊点管理条例》（2017年1月18日山东省第十二届人民代表大会常务委员会第二十五次会议通过）等。

"法规"一般不能简称为"法"，不能将法规的制定过程笼统地称为"立法"。"法规"一般用"条例""规定""规则""办法"称谓。

3. 自治条例和单行条例

民族自治地方的人民代表大会有权依照当地民族的政治、经济和文化的特点，制定自治条例和单行条例。自治条例是指由民族自治地方的人民代表大会制定的，有关本地区实行的区域自治的基本组织原则、机构设置、自治机关的职权、工作制度及其他重大问题等内容的综合性的规范性文件，是民族自治地方实行民族区域自治的综合性的基本依据和活动准则。单行条例是指民族自治地方的人民代表大会在自治权的范围内，根据当地民族的政治、经济和文化特点，制定的关于某一方面具体事项的规范性文件。

自治条例和单行条例虽然也是地方国家权力机关制定的，但它不同于一般的地方性法规，它可以依照当地民族的特点，变通法律、行政法规。自治条例和单行条例制定权，主要是为了保证民族区域自治机关行使自治权，体现的是宪法规定的"各民族一律平等"原则。

依据《中华人民共和国立法法》，自治条例和单行条例在以下两个方面，对法律、行政法规可以作出变通规定。一是国家法律明确授权可以变通的事项。刑法、民法通则、婚姻法、继承法、收养法、民事诉讼法、妇女权益保护法等法律规定民族自治地方可以变通或者补充法律的规定。二是国家立法虽未明确授权，但是不完全适合本民族自治地方实际情况的规定。我国幅员辽阔，地区间经济、文化发展不平衡，特别是自治地方与沿海发达地区相比，差距很大，国家立法是面向全国的，难以完全照顾到民族自治地方的特殊情况，因此，有些规定可能存在不完全适合自治地方的情况。在这种情况下，自治条例和单行条例依法可以对有关规定予以变通。但是，自治条例和单行条例不得对法律和行政法规的基本原则作出变通规定；不得对宪法和民族区域自治法作出变通规定；不得对其他有关法律、行政法规专门就民族自治地方所作的规定作出变通规定。

自治区的自治条例和单行条例，报全国人民代表大会常务委员会批准后生效。自治州、自治县的自治条例和单行条例，报省或者自治区的人民代表大会常务委员会批准后生效，并报全国人民代表大会常务委员会备案。

4. 规章

规章包括国务院部门规章和地方政府规章两种。

国务院部门规章由国务院各部、委员会、中国人民银行、审计署和具有行政管理职能的直属机构根据法律和国务院的行政法规、决定、命令在本部门的权限范围内制定并实施。涉及两个以上国务院部门职权范围的事项，应当提请国务院制定行政法规或者由国务院有关部门联合制定规章。部门规章应当经部务会议或者委员会会议决定，由部门首长签署命令予以公布。

涉及食品行业的部门规章有《食品生产经营监督检查管理办法》（国家市场监督管理总局令第 49 号）、《食品添加剂新品种管理办法》（卫生部令第 73 号）、《学校食品安全与营养健康管理规定》（教育部、国家市场监督管理总局、国家卫生健康委员会令第 45 号）等。

地方政府规章由省、自治区、直辖市和设区的市、自治州的人民政府根据法律、行政法规和本省、自治区、直辖市的地方性法规制定。地方政府规章应当经政府常务会议或者全体会议决定，由省长、自治区主席、市长或者自治州州长签署命令予以公布。

涉及食品行业的地方政府规章有《北京市餐饮经营单位安全生产规定》[（北京）市政府令〔2006〕177 号]、《西藏自治区食品生产加工小作坊小餐饮店小食杂店和食品摊贩管理办法》（西藏自治区人民政府令第 164 号）、《江苏省商品条码管理办法》（江苏省人民政府令第 56 号）等。

规章的名称一般称“规定”“办法”，但不得称为“条例”。

5. 规范性文件

规范性文件是指由行政机关或者经法律、法规授权的具有管理公共事务职能的组织依照法定权限、程序制定并公开发布，在本行政区域或其管理范围内具有普遍约束力，在一定期限内反复适用的文件。具体表现为各级各类行政机关为实施法律、执行政策，在法定权限内制定具有普遍约束力的决定、命令、行政措施规范性文件，具体可体现为命令（令）、决定、指示、公告、通告、通知、通报、报告、请示、批复、函和会议纪要等。例如，《反食品浪费工作方案》《市场监管总局办公厅关于印发食品生产经营监督检查有关表格的通知》（市监食生发〔2022〕18 号）、《国家卫生健康委员会关于印发〈食品安全风险评估管理规定〉的通知》（国卫食品发〔2021〕34 号）文件。

规范性文件数量多、涉及面广，是行政管理权和行政强制力的体现，直接关系到公共利益、社会秩序和公民的切身利益。值得注意的是，行政机关内部的管理规范等文件不属于规范性文件。

6. 法律效力与适用

法的效力就是法的强制力和拘束力。法作为一种社会行为规范，是以国家强制力作为后盾来保证其实施的，公民必须遵守执行，否则，就会受到国家强制力的制裁。但同样是法律规范，因其制定机关、制定程序和依据不同，其效力等级也不一样。

宪法具有最高的法律效力，一切法律、行政法规、地方性法规、自治条例和单行条例、规章都不得同宪法相抵触。

法律的效力高于行政法规、地方性法规、规章。行政法规的效力高于地方性法规、规章。

地方性法规的效力高于本级和下级地方政府规章。

省、自治区的人民政府制定的规章的效力高于本行政区域内的设区的市、自治州的人民政府制定的规章。

自治条例和单行条例依法对法律、行政法规、地方性法规作变通规定的，在本自治地方适用自治条例和单行条例的规定。

经济特区法规根据授权对法律、行政法规、地方性法规作变通规定的，在本经济特区适用经济特区法规的规定。

部门规章之间、部门规章与地方政府规章之间具有同等效力，在各自的权限范围内施行。

同一机关制定的法律、行政法规、地方性法规、自治条例和单行条例、规章，特别规定与一般规定不一致的，适用特别规定；新的规定与旧的规定不一致的，适用新的规定。

法律、行政法规、地方性法规、自治条例和单行条例、规章不溯及既往，但为了更好地保护公民、法人和其他组织的权利和利益而作的特别规定除外。

法律之间对同一事项的新的一般规定与旧的特别规定不一致，不能确定如何适用时，由全国人民代表大会常务委员会裁决。行政法规之间对同一事项的新的一般规定与旧的特别规定不一致，不能确定如何适用时，由国务院裁决。

地方性法规、规章之间不一致时，由有关机关依照下列规定的权限作出裁决：①同一机关制定的新的一般规定与旧的特别规定不一致时，由制定机关裁决；②地方性法规与部门规章之间对同一事项的规定不一致，不能确定如何适用时，由国务院提出意见，国务院认为应当适用地方性法规的，应当决定在该地方适用地方性法规的规定；认为应当适用部门规章的，应当提请全国人民代表大会常务委员会裁决；③部门规章之间、部门规章与地方政府规章之间对同一事项的规定不一致时，由国务院裁决。

二、标准的基础知识

（一）标准的定义

GB/T 20000.1—2014《标准化工作指南　第1部分：标准化和相关活动的通用术语》规定，“标准”是通过标准化活动，按照规定的程序经协商一致制定，为各种活动或其结果提供规则、指南或特性，供共同使用和重复使用的文件。《中华人民共和国标准化法》（以下简称《标准化法》）对标准（含标准样品）的定义则是指农业、工业、服务业以及社会事业等领域需要统一的技术要求，包含标准样品。

标准有两种存在形式，一种是文本标准，另一种是实物标准，即标准样品。文本标准是一种正式出版物，具有版权。标准样品是具有一种或多种良好特性值的材料或物质，主要用于校准仪器、评价测量方法和给材料赋值。

（二）标准的分类

通过标准化改革，我国构建了以政府主导制定和以市场自主制定的协同发展、协调配套的新型标准体系。该体系由五个层级的标准构成，分别是国家标准、行业标准、地方标准、团体标准和企业标准。其中，国家标准、行业标准和地方标准属于政府主导制定的标准，团体标准和企业标准属于市场自主制定的标准。

（三）标准的特性

1. 权威性

标准由权威机构批准发布，在相关领域有技术权威，被社会所公认。强制性国家标准一经发布，必须强制执行。推荐性标准一经采用即具有法律约束性。

2. 民主性

制定标准前，应当在立项时对有关行政主管部门、企业、社会团体、消费者和教育、科研机构等方面的实际需求进行调查，对制定标准的必要性、可行性进行论证评估。在制定过程中，应当按照便捷有效的原则采取多种方式征求利益相关方意见，组织对标准相关事项进行调查分析、实验、论证。国家鼓励企业、社会团体和教育、科研机构等开展或者参与标准化工作。

比如，由广东省公共卫生研究院主持修订的 GB 7098—2015《食品安全国家标准　罐头食品》，参与单位有南通市疾病预防控制中心、中国食品发酵工业研究院有限公司、天津科技大学等，且为保证标准的科学性、可行性与适用性，需要征集各有关单位对该标准草案的修改意见。

3. 实用性

标准的制定、修订是为了解决现实问题或潜在问题，应当有利于科学合理利用资源，推广科学技术成果，增强产品的安全性、通用性、可替换性，提高经济效益、社会效益、生态效益，做到技术上先进、经济上合理，在一定的范围内获得最佳秩序，实现最大效益。

4. 科学性

标准来源于人类社会实践活动，是实践经验的总结。标准产生的基础是科学研究和技术进步，标准制定过程中，对关键指标要进行充分的实验验证。标准的技术内容代表着先进的科技创新成果，标准的实施也是科技成果产业化的重要过程。

（四）标准的作用

1. 底线作用

在保障健康、安全、环保和社会管理等方面，标准具有底线作用。国家在关乎人身健康和生命财产安全、国家安全、生态环境安全以及经济社会管理等方面，都会在国家层面上制定强制性标准，在一定范围内通过法律、行政法规等强制性手段加以实施。强制性标准制定得好不好，实施得到不到位，事关人民群众的切身利益。

2. 规制作用

在企业组织生产、经营和提供服务等方面，标准具有规制作用。标准的本质是技术规范，在相应的范围内具有很强的影响力和约束力，食品生产经营企业严格按照标准要求生产、经营、提供服务，才能保证产品质量，提高生产效率，提升服务质量。此外，一个关键指标的提升，都会带动企业和行业的技术改造和质量升级，带动行业水平的发展。

3. 引领作用

在促进科技成果转化、培育发展新经济等方面，标准具有引领作用。在过去，一般先有产品，后有标准，用标准来规范行业发展。而现在有一种新趋势，就是标准与技术和产品同步，甚至是先有标准才有相应的产品。创新与标准相结合，所产生的“乘数效应”能更好地推动科技成果向产业转化，形成强有力的增长动力，真正发挥创新驱动的作用。

4. 支撑作用

在执法监督和消费者维权等方面，标准具有支撑作用。标准是科学管理的重要方法，施公平之策的重要工具。监管部门、检测机构能够依据标准执法、检验，依据标准维护消费者合法权益。消费者能够依据标准选择产品，明白消费，依据标准维权。

5. 通行证作用

在促进国际贸易、技术交流等方面，标准具有通行证作用。产品进入国际市场，首先要符合国际或其他国家的标准。同时标准也是贸易仲裁的依据。国际权威机构研究表明，标准和合格评定影响着80%的国际贸易。

三、法规与标准的区别及联系

标准与法规通常有着相似的目标，例如，便利经贸往来、支撑产业发展、促进科技进步、规范社会治理等。全球范围内，标准作为支撑法律法规实施的技术手段已成为普遍现象，尤其在环境保护、食品安全、建筑安全、能源和医疗等科学技术领域。但是法规和标准在所属范畴、需求、法律效力、功能、内容、制定程序和发布主体等方面都是不同的。

（一）法规与标准的联系

1. 标准是法规制定的技术支撑

标准涉及的是行业技术问题，法规中出于保护人类健康、安全等目的，也常常需涉及技术问题，而法规本身往往并不直接规定所涉及的科学技术问题，而是将其交予标准解决，标准由此成为法律在调整涉及科学技术问题的社会关系时，不可缺少的手段和工具。对已有标准作出了具体规定的，法规往往直接引用这些标准的条款，不再重复规定。凡被法规引用的标准条款，均成为法规的组成部分，因而具有与法规相同的法律强制属性，应当按法律、法规、规章的相关规定予以实施。

2021年10月10日，中共中央、国务院印发《国家标准化发展纲要》。其指出标准是经济活动和社会发展的技术支撑，是国家基础性制度的重要方面。提出在法规和政策文件制定时积极应用标准，建立法规引用标准制度、政策实施配套标准制度，将法规引用标准作为推动标准化改革创新以及强化标准应用的重要手段。但是我国还尚未明确建立法律法规引用标准的模式及规则，一定程度上影响了法律法规的实施和标准的应用。

2. 法规是制定标准的依据

法规是产品进入市场的最低要求，是市场准入的门槛。标准在制定过程中需要符合相关领域法规的要求。我国《标准化法》和《强制性国家标准管理办法》明确规定强制性国家标准的制定需要有法律、行政法规或部门规章依据作为前提。通常，涉及技术内容的法律法规会规定健康、安全或环境保护等方面的基本要求，强制性标准可依据相关法律法规起草更为详细的技术规则，对法规没有阐明的条款做到细化。

（二）法规与标准的区别

1. 法律效力不同

法规是法律、法规和规章的总称，是由国家立法机构发布的具有普遍约束力的规范。在其辖区内具有强制性，所涉及的人员有义务执行法规的要求。

标准是经有关方面协调一致，由公认机构发布的规范性文件。在约定条件下起着协调社会活动和调整社会关系的作用。标准的发布机构没有立法权，标准本身是自愿性文件，不具有强制性，其强制性是法律赋予的。这是标准和法规的本质差别。

2. 制定主体不同

标准的制定者可以是政府、社会团体、企业、教育、科研机构等，批准的机构可以是国家认可的标准化管理机构或非政府组织，受《标准化法》调整。法规的制定主体必须是国家立法机构、政府部门或者政府委托的机构，且需依据特定的立法程序制定和颁布，受《中华人民共和国立法法》调整。

3. 制定过程不同

标准制定时，需要调查论证，广泛征求意见，强调多方参与，协商一致，保证所制定的标准能反映最新技术水平，并尽可能照顾多方利益。法规由享有立法权的立法机关行使国家立法权，依照法定程序制定，其目的是保护和发展社会关系和社会秩序。

4. 制定目的不同

法规的制定主要是出于维护社会关系和社会秩序，实现国家安全要求、防止欺诈行为、保护人类健康或安全、保护动植物健康或安全、保护环境等目的，体现对公共利益的维护；而制定标准则偏重于指导生产、保证产品质量、提升产品兼容性、提高经济社会发展水平等。

5. 作用效果不同

从二者引起的效果上看，法规会引起当事人之间权利义务关系的变化，其作用效果归根结底是作用于社会关系层面；而标准效果是标准制定者依据科学、技术的原理以及实践经验对最佳秩序的一种预测，违反标准将影响行为的科学性、合理性等，其结果为无法实现最佳秩序，并导致权利义务关系的变化，仅作用于科学技术层面。

第二节　市场经济法律法规体系与作用

市场经济本质上是法治经济，市场经济良好运行以良法善治为基础。社会主义市场经济法律法规体系以保护产权、维护契约、统一市场、平等交换、公平竞争、有效监管为基本导向，确保所有市场活动有法可依、有法必依、违法必究。我国在建立市场经济的过程中，不断建立和完善市场经济的法律体系，不仅为市场经济的培育和发展提供了重要的法律依据，而且为公私财产权的保护和公平的市场竞争秩序的建立提供了较为有效和全面的制度保障。目前，我国市场经济法律法规体系主要包括宪法、市场主体法、市场主体行为规则法、市场管理规则法、市场宏观调控法、社会保障法和民法。

1. 宪法

《中华人民共和国宪法》（以下简称《宪法》）是建设市场经济法律法规体系的依据和基础。《宪法》规定，我国实行社会主义市场经济；国家加强经济立法，完善宏观调控；依法禁止任何组织或者个人扰乱社会经济秩序。《宪法》作为根本法，为社会的全面发展与进步提供了有力的法律保障。

2. 市场主体法

市场主体是指在我国境内以营利为目的从事经营活动的自然人、法人及非法人组织。我国的市场主体可分为：公司、非公司企业法人及其分支机构；个人独资企业、合伙企业及其分支机构；农民专业合作社（联合社）及其分支机构；个体工商户；外国公司分支机构等。根据国家市场监督管理总局数据，截至 2024 年 9 月 30 日，登记在册经营主体达 1.88 亿户，同比增长 3.9%。其中，企业 6020.0 万户，个体工商户 1.25 亿户，同比分别增长 6.1%、3.0%，民营企业超过 5500 万户，占企业总量的 92%以上。

市场主体法是指调整并规范市场主体行为的法律规范的总称。由于我国市场主体主要是企业（公司、合伙企业和个人独资企业三大类型），因此企业立法占有关市场主体立法的绝大部分。市场主体法主要包括《中华人民共和国公司法》《中华人民共和国合伙企业法》《中华人民共和国企业破产法》，以及国有企业相关法律和集体企业相关法律等。市场主体法律法规体系的建设和完善，有利于实现市场主体之间真正的平等，有利于保障交易安全和公平竞争秩序。

3. 市场主体行为规则法

市场主体行为规则法是指规范市场主体行为的法律制度体系，包括物权法、债权法、票据法、专利法、海商法、著作权法、商标法、广告法等。

4. 市场管理规则法

市场管理规则法是指调节市场结构，规范市场行为，维护市场秩序，保护和促进公平竞争的过程中产生的各种经济关系的法律规范的总称。

在市场管理秩序的法律制度方面，有标准化法、反不正当竞争法、消费者权益保护法、产品质量法、广告法、拍卖法等，分别对市场的公平竞争、消费者权益的保护、产品质量的监督管理、广告行为、拍卖规则等作了相应的规定。与食品产业相关的市场管理规则法有《食品安全法》、《中华人民共和国农产品质量安全法》（以下简称《农产品质量安全法》）、《中华人民共和国反食品浪费法》和《中华人民共和国农业法》等。

5. 市场宏观调控法

市场宏观调控法以宏观调控关系作为调整对象，是调整在宏观调控过程中发生的经济关系的法律规范的总称。

宏观调控关系是国家对国民经济和社会发展运行进行规划、调节和控制过程中发生的经济关系。主要包括计划调控关系、财税调控关系、金融调控关系、产业调控关系、储备调控关系、涉外调控关系等七大类宏观调控关系，它们也可以合并为计划、财税、金融三大类调控关系。

国家通过宏观调控法对市场主体的依法干预具有间接性的特点，即国家不是直接通过权利和义务法律规范规定市场主体可以从事哪些市场交易活动，不可以从事哪些市场交易活动，而是通过表现为法律规范的经济政策（如货币政策、财政税收政策等），使市场主体明确哪些市场交易活动因符合这些经济政策而得到允许或鼓励，哪些市场交易活动因不符合这些经济政策而受到限制或禁止，从而影响市场主体对具体经济行为的选择。

宏观调控法主要包括财政法律制度、税收法律制度、金融法律制度、产业法律制度、计划法律制度、能源法律制度等。涉及的具体法律法规有《中华人民共和国预算法》《中华人民共和国审计法》《中华人民共和国会计法》《中华人民共和国对外贸易法》《中华人民共和国税收征收管理法》《中华人民共和国个人所得税法》《中华人民共和国价格法》等。例如，为了规范会计行为，保证会计资料真实、完整，加强经济管理和财务管理，提高经济效益，维护社会主义市场经济秩序，我国制定了《中华人民共和国会计法》。为了规范价格行为，发挥价格合理配置资源的作用，稳定市场价格总水平，保护消费者和经营者的合法权益，促进社会主义市场经济健康发展，我国制定了《中华人民共和国价格法》。

市场管理规则法（市场管理法）与宏观调控作为国家干预经济的两个基本手段，在不同的经济运行层面发挥着各自的作用，二者有所侧重，各有分工。市场管理法主要存在与作用于微观自治领域，而宏观调控法主要作用于政府的宏观调控活动，二者是密切相关的。

宏观调控法以市场管理法为基础。宏观调控法所确立的国民经济和社会发展目标必须依靠市场管理法所维系的市场竞争来实现。宏观调控法所要实现的和维护的市场独立、自由、秩序等目的，也需要市场管理法在微观层次的作用的发挥，并且市场竞争秩序的良好也是宏观调控法的目的之一。宏观调控法作为经济社会发展的纲领，它的制定必须依赖由市场管理法所维护的市场竞争所反馈的信息来进行，而不能盲目制定和调控，所以，宏观调控法的制定和实施应以市场管理法为基础。

此外，市场管理法以宏观调控法为条件。市场管理法所维系的公平、自由、有序的市场竞争必须以宏观调控法所确立的国民经济和社会发展目标作为其最终目标，为市场竞争指明了发展方向，避免了盲目、无谓的竞争。宏观调控法创造和维护市场主体的独立、平等、自由和秩序，为市场管理法所追求和维系的自由竞争提供了一个良好的外部环境，有利于实现最优化的市场竞争。

6. 社会保障法

党的二十大报告中指出："我们要实现好、维护好、发展好最广大人民根本利益，紧紧抓住人民最关心最直接最现实的利益问题，坚持尽力而为、量力而行，深入群众、深入基层，采取更多惠民生、暖民心举措，着力解决好人民群众急难愁盼问题"。社会保障是保障和改善民生、维护社会公平、增进人民福祉的基本制度保障。社会保障法主要包括《中华人民共和国妇女权益保障法》《中华人民共和国劳动法》《中华人民共和国未成年人保护法》《中华人民共和国老年人权益保障法》等。

7. 民法

《中华人民共和国民法典》（以下简称《民法典》）是社会主义市场经济的基本法，是一部固根本、稳预期、利长远的基础性法律，能够为社会主义市场经济运行提供更加系统完备、更加成熟定型的法律规则。《民法典》所确立的调整经济关系的各项法律规范，为我国经济高质量发展提供了有效法治保障。实施好《民法典》是发展社会主义市场经济、巩固社会主义基本经济制度的必然要求。

《民法典》明确民事主体在民事活动中法律地位一律平等，各种所有制经济平等获取生产要素、平等参与市场竞争、受法律平等保护，这为充分发挥市场在资源配置中的决定性作用提供了重要制度前提。《民法典》通过营造公平竞争的市场环境，推动要素依据市场规则、市场价格、市场竞争自由流动和高效配置，实现效益最大化和效率最优化。《民法典》积极维护良好市场经济秩序，着力为各类市场主体打造公平发展环境，使市场既充满活力又规范有序。

综上所述，中国市场经济法律体系的轮廓已基本形成，与世贸组织规则接轨的法律体系逐步完善。

第三节 食品质量安全监控体系及研究对象

食品质量安全关乎民生大计。食品安全问题是影响人们身体健康和生活质量的关键因素，更是当下公众健康面临的重要问题之一。食品相关法律法规和标准体系提供了科学的食品质量安全监控体系，对加强食品监管，防止劣质食品对人产生危害，保障市场流通食品安全，增强人民体质与健康具有全面的保障作用，是食品安全的重要保证。

一、食品质量安全监控体系的概念

食品质量安全监控体系是指政府监督管理部门应用法律、法规、标准和其他监管措施，依法对食品生产、流通、消费等涵盖食品安全全链条进行监督管理的职能框架和组织系统。构建以保护消费者安全为核心，以标准化为基础的食品质量安全监控体系是确保食品质量安全的关键环节。食品质量安全监控体系，涉及食品安全监管各个部门的职责履行和食品从种植、养殖、生产加工到流通、消费的整个产业链条，也涉及生产者、经营者、消费者、政府部门、行业协会、新闻媒体等多方利益。

食品质量安全监控工作实行预防为主、风险管理、全程控制、社会共治，建立科学、严格的监督管理制度。

二、建立食品质量安全监控框架的必要性

我国食品安全工作仍面临困难和挑战。微生物和重金属污染、农药兽药残留超标、添加剂使用不规范、制假售假等问题时有发生，环境污染对食品安全的影响逐渐显现；违法成本低，维权成本高，法制有待健全，一些生产经营者主体责任意识有待加强；新业态、新资源潜在风险增多，国际贸易带来的食品安全问题加深；食品安全标准与最严谨标准要求尚有一定差距，风险监测评估预警等基础工作、基层监管力量和技术手段有待提升；一些地方对食品安全重视不够，责任落实不到位，仍存在安全与发展的矛盾。这些问题影响到人民群众的获得感、幸福感、安全感，须建立食品质量安全监控框架，解决上述问题。

三、我国食品质量安全监控框架构成

（一）我国食品质量安全监管机构

按照《食品安全法》对相关部门食品安全工作职责的划分，我国的食品质量安全监管机构主要由国务院食品安全委员会（具体工作由国家市场监督管理总局承担）、国务院、各级地方人民政府、食品行业协会、消费者协会和其他消费者组织等组成，形成了复合型、立体化监管框架。

国务院设立食品安全委员会统一协调食品质量安全监管工作，主要职责是分析食品安全形势，研究部署、统筹指导食品安全工作，提出食品安全监管的重大政策措施，督促落实食品安全监管责任；国务院食品安全监督管理部门对食品生产经营活动实施监督管理；国务院卫生行政部门组织开展食品安全风险监测和风险评估，会同国务院食品安全监督管理部门制

定并公布食品安全国家标准；县级以上地方人民政府对本行政区域的食品安全监督管理工作负责，统一领导、组织、协调本行政区域的食品安全监督管理工作以及食品安全突发事件应对工作，建立健全食品安全全程监督管理工作机制和信息共享机制，确定本级食品安全监督管理、卫生行政部门和其他有关部门的职责；食品行业协会应当加强行业自律，按照章程建立健全行业规范和奖惩机制，提供食品安全信息、技术等服务，引导和督促食品生产经营者依法生产经营，推动行业诚信建设，宣传、普及食品安全知识；消费者协会和其他消费者组织对违反食品质量安全相关法律法规，损害消费者合法权益的行为，依法进行社会监督。

（二）我国食品安全监控制度

现阶段，我国主要通过一系列的食品法律、法规、标准体系等对食品生产、流通、消费等食品产业全链条进行监督管理，基本实现了生产前、生产中、生产后全过程的监管模式。

我国对食品相关产品质量监控制度主要包括食品安全风险监测和风险评估制度，食品安全标准制度，食品生产经营全链条监管制度，食品生产经营者信用监管制度，食品进出口管理制度、责任及处罚制度等。

1. 食品安全风险监测和风险评估制度

为有效实施食品安全风险监测，规范食品安全风险评估工作，有效发挥风险监测和评估对风险管理和风险交流的支持作用，国家卫生健康委员会依据《食品安全法》及其实施条例，制定了《食品安全风险监测管理规定》（国卫食品发〔2021〕35 号）和《食品安全风险评估管理规定》（国卫食品发〔2021〕34 号）。

风险监测和评估是食品安全监管的前端，其主要目的是规避食品生产和经营环节中出现的可能对人体健康造成危害的各类风险。

食品安全风险监测是系统持续收集食源性疾病、食品污染以及食品中有害因素的监测数据及相关信息，并综合分析、及时报告和通报的活动。目的是为食品安全风险评估、食品安全标准制定和修订以及食品安全总体状况的评价等提供科学依据。

食品安全风险评估是指对食品、食品添加剂、食品相关产品中的生物性、化学性和物理性危害对人体健康造成不良影响的可能性及其程度进行定性或定量估计的过程，包括危害识别、危害特征描述、暴露评估和风险特征描述等。食品安全风险评估结果是制定、修订食品安全国家和地方标准，规定食品中有害物质的临时限量值，以及实施食品安全监督管理的科学依据。

国务院（或省、自治区、直辖市人民政府）卫生健康行政部门会同同级食品安全监督管理等部门制定、实施国家（或本行政区域）食品安全风险监测计划，由国务院卫生健康行政部门负责食品安全风险评估工作并公布食品安全评估结果。从风险监测到风险评估再到评估结果对食品生产经营活动产生实际影响的大致流程如图 1-1 所示。

2023 年 8 月，国家市场监管总局印发《食品安全抽样检验工作规范》，自 2024 年 1 月 1 日起施行，《食品安全监督抽检和风险监测工作规范》（食药监办食监三〔2015〕35 号）同时废止。

2. 食品安全标准制度

食品安全标准体系是以科学性、系统性、标准化原理为指导，实现对食品从生产、加工、流通、消费全链条食品安全及质量相关要素的分析及风险控制的整体化食品评价标准，根据

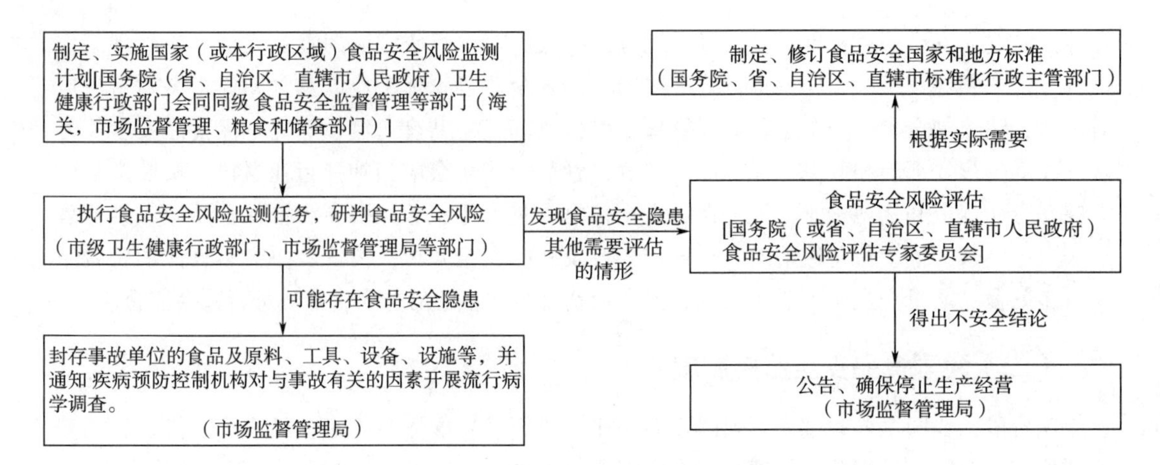

图 1-1　食品安全风险监测和评估流程

相关要素之间的关联性，构成一个科学系统且符合实际的食品安全整体体系。食品安全标准体系是食品行业质量安全监控体系中最为重要的组成部分之一。

从内容来看，食品安全标准主要包括通用标准、产品标准、生产经营规范、检验方法四类，基本涵盖食品生产加工的各个环节。根据食品安全标准与监测评估司的数据统计，截至2024 年 3 月，我国共发布食品安全国家标准 1610 项，其中通用标准 15 项、食品产品标准 72 项、特殊膳食食品标准 10 项、食品添加剂质量规格及相关标准 643 项、食品营养强化剂质量规格标准 75 项、食品相关产品标准 18 项、生产经营规范标准 36 项、理化检验方法标准 256 项、微生物检验方法标准 45 项、毒理学检验方法与规程标准 29 项、寄生虫检验方法 6 项、农药残留检测方法标准 120 项、兽药残留检测方法标准 95 项、被替代（拟替代）和已废止（待废止）标准 190 项。

目前，我国食品标准体系尚处于逐步建设和改进完善阶段，一定程度上存在与监管需求符合性不佳、匹配度不足等问题。比如：①食品分类系统不够完善，存在同一类食品在不同标准里类别归属不同、同一类食品在单个食品标准里归属于 2 个不同食品品种的重叠情况。②部分标准可操作性不足。个别标准中的条款存在主观因素影响，可能导致数据和结论的偏离，影响食品安全评价的合理性、客观性、准确性。③餐饮食品、复合食品缺乏相关食品安全标准。食品安全国家标准多适用于预包装食品，餐饮食品涉及较少，目前仅有推荐性国家标准 GB/T 27306—2008《食品安全管理体系　餐饮业要求》，规定不同餐饮食品重点检查项目，但未规定限量值。因此，食品安全标准的适用是实践当中一个常见的难点，尤其在食品行业广泛创新的今天。需要全面客观开展标准跟踪评价，通过标准跟踪评价推动标准体系完善；简化优化食品安全国家标准制定和修订流程，提升标准制修订工作效率；尽可能整合各食品分类标准，建立较为统一、规范且适用性强的食品分类体系；加强对食品安全标准的研究维度和深度，提高标准的实际可操作性，解读准确，避免歧义。

3. 食品生产经营全链条监管制度

国家对食品生产经营全过程的监控主要通过生产经营许可制度、食品安全检验、食品安全全程追溯制度、食品召回制度进行。

（1）生产经营许可制度　国家对食品生产经营、食品添加剂生产实行许可制度。从事食品生产、食品销售、餐饮服务，应当依法取得食品生产经营许可证。从事食品添加剂生产，应当取得食品添加剂生产许可证。

我国对特殊食品（包括保健食品、特殊医学用途配方食品和婴幼儿配方食品）生产经营的要求更为严格，在必须取得食品生产经营许可的基础上，实行产品注册管理制度。婴幼儿配方食品应对其配方进行注册。特殊医学用途配方食品应对其产品配方、生产工艺、标签、说明书以及产品安全性、营养充足性和特殊医学用途临床效果等进行注册。保健食品应对其安全性、保健功能和质量可控性等方面进行注册。保健食品、特殊医学用途配方食品、婴幼儿配方食品生产企业应当按照注册或者备案的产品配方、生产工艺等技术要求组织生产。

（2）食品安全检验　以《食品安全法》及其实施条例作为基础，国家配套出台了一系列法律法规加强食品安全监督管理，保障食品安全检验正常进行，如《食品安全抽样检验管理办法》《食品生产经营监督检查管理办法》《网络食品安全违法行为查处办法》《食品检验工作规范》和《食品生产经营监督检查管理办法》等。

县级以上地方市场监督管理部门应当按照规定在覆盖所有食品（含食品添加剂）生产经营者的基础上，结合食品生产经营者信用状况，随机选取食品生产经营者、随机选派监督检查人员实施监督检查；应当根据上级市场监督管理部门制定的抽样检验年度计划并结合实际情况，制定本行政区域的食品安全抽样检验工作方案；根据工作需要不定期开展食品安全抽样检验工作。抽样应从食品经营者的经营场所、仓库以及食品生产者的成品库待销产品中随机抽取样品，不得由食品生产经营者自行提供样品。

（3）食品安全全程追溯制度　《食品安全法》提出国家建立食品安全全程追溯制度，保证从原辅料和添加剂采购到产品销售所有环节均可有效追溯。食品生产企业应当：①建立食品原料、食品添加剂、食品相关产品进货查验记录制度，如实记录食品原料、食品添加剂、食品相关产品的名称、规格、数量、生产日期或者生产批号、保质期、进货日期以及供货者名称、地址、联系方式等内容；②建立食品出厂检验记录制度，查验出厂食品的检验合格证和安全状况，如实记录食品的名称、规格、数量、生产日期或者生产批号、保质期、检验合格证号、销售日期以及购货者名称、地址、联系方式等内容，并保存相关凭证。

食品添加剂生产者应当建立食品添加剂出厂检验记录制度，查验出厂产品的检验合格证和安全状况，如实记录食品添加剂的名称、规格、数量、生产日期或者生产批号、保质期、检验合格证号、销售日期以及购货者名称、地址、联系方式等相关内容，并保存相关凭证。食品添加剂经营者采购食品添加剂，应当依法查验供货者的许可证和产品合格证明文件，如实记录食品添加剂的名称、规格、数量、生产日期或者生产批号、保质期、进货日期以及供货者名称、地址、联系方式等内容，并保存相关凭证。

所有记录和凭证保存期限不得少于产品保质期满后六个月。没有明确保质期的，保存期限不得少于二年。一旦出现食品安全事故，监管部门首先需要检查的往往就是食品全程追溯的资料和记录。

（4）食品召回制度　《食品安全法》规定，国家建立食品召回制度。对于已经上市销售的不符合食品安全标准或者有证据证明可能危害人体健康的食品，食品生产者应当立即停止生产并召回。对已召回的食品应采取无害化处理、销毁等措施，防止其再次流入市场。因标签、标志或者说明书不符合食品安全标准而被召回的食品，食品生产者在采取补救措施且能保证食品安全的情况下可以继续销售，销售时应当向消费者明示补救措施。

《食品召回管理办法》规定，根据食品安全风险的严重和紧急程度，食品召回分为三级。

①一级召回：食用后已经或者可能导致严重健康损害甚至死亡的，食品生产者应当在知悉食品安全风险后24h内启动召回，10个工作日内完成召回工作。②二级召回：食用后已经或者可能导致一般健康损害，食品生产者应当在知悉食品安全风险后48h内启动召回，20个工作日内完成召回工作。③三级召回：标签、标识存在虚假标注的食品，食品生产者应当在知悉食品安全风险后72h内启动召回，30个工作日内完成召回工作。标签、标识存在瑕疵，食用后不会造成健康损害的食品，食品生产者应当改正，可以自愿召回。

4. 食品生产经营者信用监管制度

《食品安全法》规定，县级以上人民政府食品安全监督管理部门应当建立食品生产经营者食品安全信用档案，记录许可颁发、日常监督检查结果、违法行为查处等情况，依法向社会公布并实时更新；对有不良信用记录的食品生产经营者增加监督检查频次，对违法行为情节严重的食品生产经营者，可以通报投资主管部门、证券监督管理机构和有关的金融机构。

针对进出口食品，国家出入境检验检疫部门应当对进出口食品的进口商、出口商和出口食品生产企业实施信用管理，建立信用记录，并依法向社会公布。对有不良记录的进口商、出口商和出口食品生产企业，应当加强对其进出口食品的检验检疫。

相关部门陆续出台的《关于对食品药品生产经营严重失信者开展联合惩戒的合作备忘录》《国务院办公厅关于加快推进社会信用体系建设构建以信用为基础的新型监管机制的指导意见》等文件，也明确将存在失信行为的食品生产经营者纳入联合惩戒范围，并加大惩戒力度。食品生产经营者的食品安全信用渐渐与行业准入、融资信贷、证券发行、企业征信等信用体系衔接，充分发挥对食品安全失信行为的制约作用。修订中的实施条例草案也可能对此作进一步的细化和规范。

5. 食品进出口管理制度

为了保障进出口食品安全，保护人类、动植物生命和健康，《食品安全法》规定国家出入境检验检疫部门对进出口食品安全实施监督管理。国务院设立进出口商品检验部门（简称国家商检部门），主管全国进出口商品检验工作。国家商检部门设在各地的进出口商品检验机构管理所管辖地区的进出口商品检验工作。

《中华人民共和国进出口食品安全管理办法》规定，我国对进口食品实施合格评定制度，整合食品进口全链条各个环节，使进口食品监管工作更加科学严密。

进口的食品、食品添加剂、食品相关产品应当符合我国法律法规和食品安全国家标准，中国缔结或者参加的国际条约；进口的食品如果没有相应食品安全国家标准，应当符合国务院卫生行政部门公布的暂予适用的相关标准要求；进口利用新的食品原料生产的食品，应当依照《食品安全法》的规定，取得国务院卫生行政部门新食品原料卫生行政许可。

出口食品生产企业应当保证其出口食品符合进口国家（地区）的标准或者合同要求，中国缔结或者参加的国际条约、协定有特殊要求的，还应当符合国际条约、协定的要求；进口国家（地区）暂无标准，合同也未作要求，且中国缔结或者参加的国际条约、协定无相关要求的，出口食品生产企业应当保证其出口食品符合中国食品安全国家标准。

6. 责任以及处罚制度

《食品安全法》第一百二十二至一百四十九条详细列明了各种违法违规行为的处罚方式，其中多次强调违法情节严重的，除对企业做出处罚外，特别规定了对企业负责人个人的行政处罚。被冠之以“史上最严”食品安全法，例如，公安机关对其直接负责的主管人员和其他直接责任人员处五日以上十五日以下拘留；被吊销许可证的食品生产经营者及其法定代表人、直接负责的主管人员和其他直接责任人员自处罚决定作出之日起五年内不得申请食品生产经营许可，或者从事食品生产经营管理工作、担任食品生产经营企业食品安全管理人员；因食品安全犯罪被判处有期徒刑以上刑罚的，终身不得从事食品生产经营管理工作，也不得担任食品生产经营企业食品安全管理人员。

2019 年修订的《中华人民共和国食品安全法实施条例》（本段简称《条例》），在细化食品安全监管体制机制、强化食品生产经营者主体责任、加强食品安全监督管理、完善食品安全社会共治等一系列变化之外，更是加大了食品安全处罚力度。尤其是其中确立的“处罚到人”制度，这可以让食品企业的管理者真正负起自己的主体责任。《条例》第七十五条规定，食品生产经营企业等单位有食品安全法规定的违法情形，除依据《食品安全法》的规定给予处罚外，存在故意实施违法行为、违法行为性质恶劣或者违法行为造成严重后果这三种情形之一的，还要对违法单位的法定代表人、主要负责人、直接负责的主管人员和其他有直接责任人员处以其上一年度从本单位取得收入的 1 倍以上 10 倍以下罚款。同时《条例》第六十八条指出，有在食品生产、加工场所贮存非食品用化学物质和其他可能危害人体健康的物质；生产经营的保健食品之外的食品的标签、说明书声称具有保健功能；以食品安全国家标准规定的选择性添加物质命名婴幼儿配方食品；生产经营的特殊食品的标签、说明书内容与注册或者备案的标签、说明书不一致情形之一的，按规定给予处罚。第七十三条指出，单位利用会议、讲座、健康咨询等方式对食品进行虚假宣传，情节严重的，明确要求依照第七十五条的规定对有责任的个人进行处罚。

四、我国食品质量安全监控体系研究对象

依据《食品安全法》相关规定，食品质量安全监控体系的研究对象主要是食品污染、危害、风险和各类食品违法生产经营行为，具体可以分为如下几类。

①食品生产和食品经营活动过程中的违法行为。

②食品添加剂的生产经营过程中的违法行为。

③用于食品的包装材料、容器、洗涤剂、消毒剂和用于食品生产经营的工具、设备（以下称食品相关产品）的生产经营过程中的违法行为。

④食品生产经营者使用食品添加剂、食品相关产品的违法行为。

⑤食品的贮存和运输过程中存在的问题。

⑥对食品、食品添加剂、食品相关产品的安全管理。

第四节　本课程学习目标与要求

随着我国进入新发展阶段，人民群众对食品的需求更加多元，食品安全从数量安全、质量安全向营养、健康拓展，这对做好食品安全工作提出更高要求。食品标准与法规是从事食品研发、生产、加工、贮存、营销等全食品产业链以及食品资源开发与利用必须遵守的行为准则，也是食品工业持续健康快速发展的根本保障。它是研究食品质量安全标准化体系建设与法治管理的科学，是食品科学与质量管理交叉形成的一门学科。我国的食品工业越来越需

要食品法规和标准进行规范化的生产和管理，实现从“农田到餐桌”的食品安全保障。

系统地学习食品相关法律法规和标准，其目的如下。

①能够建立食品安全意识。引起对食品安全的过程操控和预防管理的重视，有利于促进食品生产领域的良性发展，为社会经济发展提供保障。

②能够把食品法律法规和标准体系作为从事食品行业相关工作的行动指南。在从事食品相关工作过程中，会去查阅相关法律法规要求，做到有法可依，有法必依。

③能够了解食品标准化在食品质量安全管理中的意义，重视企业标准体系建设的重要性。掌握我国的食品相关标准体系内容，会查阅相关标准，并用食品相关标准指导自己的实践工作。

④了解国际和部分国家食品标准与法规，建立同我国标准与法规之间的区别和联系。

⑤思政要求：在当今世界，不论哪个国家，食品安全和保障都是政府和相关生产企业对社会公众应承担的责任和做出的必要承诺。做“食”品，就要像做“人”一样，要有“良”心，“人”+“良”=“食”。有良心是企业做到食品安全的基石。归根结底，食品行业从业人员的道德水平是保证食品安全的底线。作为未来食品从业人员，必须保证生产的所有食品都必须符合相应的法律法规要求，符合我国食品安全标准要求，不能违背道德和良心生产不合格产品。只有守住个人道德底线，才能消除食品安全隐患、提高食品安全质量。

在学习食品法律法规与标准时，既要从整体上把握我国食品法律法规和标准体系内容，我国的食品质量安全监控体系，更要深入学习与食品生产、食品营销、食品流通等涉及食品全产业链条的具体的法规和标准。此外，结合实际食品案例学习相关法律法规和标准是必不可少的，能够加深对相关内容的理解，更全面地了解食品法律法规和相关标准的应用范围和法律效力。

思考题

1. 简述国家标准、行业标准、地方标准、团体标准和企业标准的制定主体和适用范围。
2. 简述标准与法规的区别和联系。
3. 我国是通过哪些手段实现食品从种植、养殖、生产加工到流通、消费的整个产业链条的食品质量安全监控的？
4. 我国宪法、法律、行政法规、地方法规、自治条例和单行条例的制定主体和法律效力是怎样的？

第二章

02

食品安全管理及安全控制

学习目的与要求

1. 掌握食品安全法的主要内容；
2. 了解中国食品召回制度、保健食品实行注册和备案制度；
3. 了解新食品原料和新食品添加剂的安全管理。

食品安全是指食品无毒、无害，符合应当有的营养要求，对人体健康不造成任何急性、亚急性或者慢性危害。

食品安全管理指为了使食品卫生质量达到应有的安全水平，政府监管部门综合运用法律、行政和技术等手段，对食品的生产、加工、包装、贮藏、运输、销售、消费等环节进行监督管理的活动。食品安全管理包括监督、检测、评估等方面，通过政府、行业协会、企业相互监督、相互促进，进而形成食品安全管理体系。

随着人民生活水平的提高，对食品安全提出了越来越高的要求。随着我国对外贸易的发展，我国在世界食品市场占有越来越重要的地位。食品安全问题也成为影响我国食品产业竞争力的重要因素。食品安全不仅是民心工程，更是政府工程，它不仅是经济问题，更是社会问题，会对人民的生产、生活造成重大影响。因此，保障食品安全成为当今社会的重中之重，完善中国食品安全管理体系迫在眉睫。

第一节　食品安全法的结构与主要内容

2009 年 2 月 8 日，中华人民共和国第十一届全国人民代表大会常务委员会第七次会议通过了《食品安全法》，2009 年 6 月 1 日施行。至此，经历一次修订和两次修正：2015 年 4 月 24 日修订，2015 年 10 月 1 日施行；2018 年 12 月 29 日第一次修正并实施；2021 年 4 月 29 日第二次修正并实施。

《中华人民共和国食品安全法》

现行《食品安全法》分为十章：第一章　总则，第二章　食品安全风险监测和评估，第三章　食品安全标准，第四章　食品生产经营，第五章　食品检验，第六章　食品进出口，第七章　食品安全事故处置，第八章　监督管理，第九章　法律责任，第十章　附则。

一、食品安全管理的原则

《食品安全法》第三条提出了食品安全工作的基本原则：食品安全工作实行预防为主、风险管理、全程控制、社会共治，建立科学、严格的监督管理制度。

“预防为主”原则强调了防患于未然。食品安全是人类所需的基本安全之一，是应当以事先危害防范为基本原则的公共事务，社会各个主体都负有相应的食品安全责任。

“风险管理”原则是以对食品安全风险的查找、归集、评估分析以及最终消除为主要内容，开展食品安全工作。

“全程控制”原则是一个国际通行的原则，是指食品安全控制“从农田到餐桌”的实施原则。这个过程包括了农业种植养殖、生产加工、食品流通到餐饮服务。各个环节必须严格把控，才能真正做到食品安全。源头阶段延伸至食用农产品。提出要在食品生产经营过程中加强风险控制，要求食品生产企业建立并实施原辅料、关键环节、检验检测、运输等风险控制体系，食品贮存和运输直接纳入监管环节。

“社会共治”原则是强调社会各个主体对食品安全具有一定的权利、责任和义务。因为食品安全与每个人都有直接利害关系，所以除了生产经营者和政府监督者之外，社会相关主体，包括食品行业协会、消费者权益保护协会等组织、食品科研机构以及消费者个人等，都对食品安全具有参与权。

“建立科学、严格的监督管理制度”是专门针对政府监管提出的要求。监督管理制度必须从食品生产经营活动的客观实际出发，制定监督管理制度，必须具有科学性。制度的制定应严格依法依规，并具有清晰明确的可操作性，既便于生产经营者遵守，也便于监管者执行。

二、食品安全“第一责任人”

“食品生产经营者对其生产经营食品的安全负责”的本意是食品生产经营者是食品安全的“第一责任人”，是保证食品安全性的直接行为人。

这一思想源于2001年欧盟理事会发布的《食品安全白皮书》。2003年10月1日生效的日本《食品安全法》则明确提出了“第一责任人”的概念。目前，食品（及食品相关产品）的生产经营者是食品安全的“第一责任人”的理念与原则已经成为国际共识。

提出食品生产经营企业应当建立食品安全管理制度，配备专职或者兼职的食品安全管理人员，并加强对其培训和考核。要求企业主要负责人对本企业的食品安全工作全面负责，认真落实食品安全管理制度。

三、提高违法成本，加重法律责任

加重法律责任表现在民事赔偿机制、行政处罚力度和与刑事责任衔接三个方面。除此之外，严厉执法的同时，还增加了食品经营者豁免条款。

（一）完善民事赔偿机制

1. 首付责任制

《食品安全法》第一百四十八条第一款规定，消费者因不符合食品安全标准的食品受到损害的，可以向经营者要求赔偿损失，也可以向生产者要求赔偿损失。接到消费者赔偿要求的生产经营者，应当实行首负责任制，先行赔付，不得推诿；属于生产者责任的，经营者赔偿后有权向生产者追偿；属于经营者责任的，生产者赔偿后有权向经营者追偿。

在明确保护消费者索赔选择权利的基础上，从被索赔对象的角度规定了先行赔偿的责任，避免生产经营者以其他方过错为由提高消费者索赔难度。

2. 第三方连带责任

第三方主体如果明知食品经营者从事严重违法行为，却仍为其提供生产场所或者其他条件的，将与生产经营者共同对消费者承担连带责任。

另外，网络食品交易第三方平台未依法对入网食品经营者进行实名登记、审查许可证而使消费者的合法权益受到损害的，应当与食品经营者共同承担连带责任。

3. 完善赔偿标准

《食品安全法》规定了法定情形下，消费者十倍价款或者三倍损失的惩罚性赔偿金制度。同时规定，生产不符合食品安全标准的食品或者经营明知是不符合食品安全标准的食品，消费者除要求赔偿损失外，还可以向生产者或者经营者要求支付价款十倍或者三倍损失的赔偿金，但三倍损失以及增加的赔偿金额不足一千元的，为一千元。

（二）加大行政处罚力度

与2009年的《食品安全法》相比，现行的《食品安全法》大幅度提高了原有的处罚金额，将处罚金额上调了数倍，最高可达货值的三十倍。重罚将成为今后食品违法处罚的明显趋势。

除了增加企业违法的处罚金额外，还强化了对食品从业人员的管理，在违法情况下，对违法个人施加了人身性质或资格的处罚，具体如下。

1. 终身禁入制度

食品安全犯罪被判处有期徒刑以上的刑罚的，终身不得从事食品生产经营管理工作以及担任食品安全管理人员；同时，严禁食品经营主体聘用上述人员。

2. 行政拘留

对于严重违法的直接负责主管或其他责任人，可直接予以行政拘留。

3. 限制从业制度

被吊销许可证的食品生产经营者及其法定代表人、直接负责的主管人员和其他直接责任人员，五年内不得申请食品生产经营许可证，或者从事食品生产经营管理工作、担任食品生产经营企业食品安全管理人员。

（三）与刑法相衔接

现行《食品安全法》第一百二十一条第一款规定，县级以上人民政府食品安全监督管理等部门发现涉嫌食品安全犯罪的，应当按照有关规定及时将案件移送公安机关。对移送的案件，公安机关应当及时审查；认为有犯罪事实需要追究刑事责任的，应当立案侦查。

该条款是将行政责任与刑法的第一百四十条生产销售伪劣产品罪、第一百四十三条生产销售不符合安全标准的食品罪、第一百四十四条生产销售有毒有害食品罪等规定的食品安全犯罪刑事责任相衔接，这样有利于行政机关与公安机关在打击食品安全违法活动中能够更好地协作。

（四）食品经营者豁免条款

《食品安全法》对于已尽合理注意义务的不知情食品经营者规定了豁免条款，豁免条款如下。

（1）仅适用于食品经营者，包括销售者和餐饮服务提供者，不包括生产者；

（2）需履行法定的进货检查义务；

（3）需举证不知晓，证据要求必须充分；

（4）需如实说明进货来源；

（5）仅免除行政处罚，不符合食品安全标准的产品仍需没收，且承担民事赔偿。

四、实施全过程、全方位监管

全过程监管强调从食品原料阶段至消费者之间各环节，全面纳入现行《食品安全法》。

1. 源头延伸至食用农产品

《食品安全法》规定了一系列与食用农产品相关的要求，包括食用农产品检验制度、进货查验记录制度、投入品记录制度等，食用农产品的销售无须申请食品流通许可证。同时规定，食用农产品的质量安全管理仍然适用《农产品质量安全法》。农业投入品是食用农产品种养殖必不可少的因素。

农业投入品“使用的依据”包括食品安全标准和国家有关农药、肥料、兽药、饲料和饲料添加剂的使用规定。国家的有关使用规定包括《农产品质量安全法》《农药管理条例》及相关规章、《兽药管理条例》及其相关规定、《饲料和饲料添加剂管理条例》等。

农业投入品的“使用的要求”包括“安全间隔期规定”和“休药期”等内容。《农药管理条例》第二十七条规定，使用农药应当遵守国家有关农药安全、合理使用的规定，按照规定的用药量、用药次数、用药方法和安全间隔期施药，防止污染农副产品。《兽药管理条例》第九条第三款规定，研制用于使用动物的新兽药，还应当按照国务院兽医行政管理部门的规定进行兽药残留试验并提供休药期、最高残留限量标准、残留检测方法及其制定依据等资料。第四十条规定，有休药期规定的兽药用于食用动物时，饲养者应当向购买者或者屠宰者提供准确、真实的用药记录；购买者或者屠宰者应当确保动物及其产品在用药期、休药期内不被用于食品消费。不同的食用农产品安全间隔期和休药期的时限不同，目的就是保证食用农产品不会因为农药或者兽药的使用而导致毒副作用影响食品安全。

农业投入品的“使用的禁止”包括“明令禁止”和“特定食品的剧毒、高毒农药禁止”等内容，明确规定“禁止将剧毒、高毒农药用于蔬菜、瓜果、茶叶和中草药材”。

建立农业投入品使用记录制度的主体是食用农产品的生产企业和农民专业合作经济组织，不包括农民个人及其他相关主体。

2. 食品贮存和运输直接纳入监管环节

《食品安全法》全面、细致地规定了食品的贮存、运输环节，并在第三十三条规定了从事食品贮存、运输和装卸的非食品生产经营者的义务。《食品安全法》第一百三十二条规定，未按要求进行食品贮存、运输和装卸的，由相关部门责令改正、责令停产停业并处一万元以上五万元以下的罚款，情节严重的可吊销许可证。

3. 生产、流通环节要求更细致

《食品安全法》在生产和流通环节的要求包括投料、半成品及成品检验等事项的控制要求、批发企业的销售记录制度、生产经营者索票以及进货查验记录等制度。

第四十七条规定，食品生产经营者应当建立食品安全自查制度，定期对食品安全状况进行检查评价。生产经营条件发生变化，不再符合食品安全要求的，食品生产经营者应当立即采取整改措施；有发生食品安全事故潜在风险的，应当立即停止食品生产经营活动，并向所在地县级人民政府食品安全监督管理部门报告。

第五十三条第二款规定，食品经营企业应当建立食品进货查验记录制度。

第五十条第二款规定，食品生产企业应当建立进货查验记录制度，记录和凭证保存期限不得少于产品保质期满后六个月；没有明确保质期的，保存期限不得少于二年。

4. 加强食品添加剂的管理

食品添加剂一般是用于食品生产加工过程中的必要物质，但是确实存在着超范围、超剂量添加等风险，控制好食品添加剂的使用风险，就是控制了食品安全风险的源头之一。

5. 标签、说明书和广告

《食品安全法》规定，预包装食品的包装上应当有标签。标签应当标明下列事项：

（1）名称、规格、净含量、生产日期；

（2）成分或者配料表；

（3）生产者的名称、地址、联系方式；

（4）保质期；

（5）产品标准代号；

（6）贮存条件；

（7）所使用的食品添加剂在国家标准中的通用名称；

（8）生产许可证编号；

（9）法律、法规或者食品安全标准规定应当标明的其他事项。

专供婴幼儿和其他特定人群的主辅食品，其标签还应当标明主要营养成分及其含量。另外，食品添加剂应当有标签、说明书和包装。无论是食品还是食品添加剂，其标签、说明书都不得含有虚假内容，不得涉及疾病预防、治疗功能。

关于食品和特殊食品的广告，广告的内容应当真实合法，不得含有虚假内容，不得涉及疾病预防、治疗功能。食品生产经营者对食品广告的内容真实性、合法性负责。另外，保健食品广告还应当声明“本品不能代替药品”。

6. 第三方平台网络食品交易规定

该法规定了食品经营者在第三方网络交易平台的实名登记制度和第三方平台审查经营者许可证的义务，并规定了第三方平台未履行审查许可证义务使消费者受到损害的，第三方交易平台应当与食品经营者承担连带责任。另外，网络食品交易平台提供者发现严重违法行为的，应当立即停止提供网络交易平台服务。对“严重违法行为”的认定应当依据以下标准：一是由市场监督管理部门等相关监管部门认定为“严重违法行为”；二是违法行为的情节或结果达到了法律法规规定的严重程度；三是犯罪行为等。

7. 国家建立食品召回制度

食品召回应当是由其生产者采取的行动措施，目的是尽可能以最短的时间收回不安全食品、中止风险的继续扩散、补偿消费者的损失。食品经营者应当召回的，包括两方面的内容。一是当食品经营者作为生产者，其生产加工食品的活动直接导致了不安全食品的产生，比如餐饮服务提供者的烹调制作、食品销售者以委托加工的方式生产加工食品、并以自己的名义进行销售的不安全食品；二是食品经营者由于在销售、烹调制作过程中未按照相关要求贮存、运输或陈列食品，导致发生问题的，应当由食品经营者履行召回义务。但是由于标签、标志或者说明书不符合食品安全标准而被召回的食品，其违法性质、风险和危害程度均轻于食品质量安全，在采取补救措施且能保证食品安全的情况下，可以重新上市销售。

与生产经营者主动召回不同，市场监督管理部门的“责令召回（停止经营）”是一种行政行为，是为了控制食品安全风险、纠正食品生产经营者的不当行为而采取的强制性措施。

该法并没有对实施召回的食品生产经营者作出免于惩罚性赔偿的规定，但是在相关行政调解或民事诉讼中，对于主动实施召回、积极消除风险且未造成危害的食品生产经营者应当予以一定程度的谅解，鼓励更多的食品生产经营者积极履行召回义务。

五、整合食品安全监管体制

国务院设立食品安全委员会，其职责由国务院规定。建立食品安全监督管理部门统一负责食品生产、流通和餐饮服务监管的相对集中的体制。

《食品安全法》规定“县级人民政府食品安全监督管理部门可以在乡镇或者特定区域设立派出机构。”该派出机构既可以在乡镇设立，也可以在“特定区域”设立，这是根据食品安全监管的需要作出的灵活规定。这一规定的目的是将食品安全监管向基层进行纵深延展。我国目前的食品工业水平有待进一步提升，食品生产经营主体规模小、数量多、分布不均。因此，加强基层的食品安全监管力量是非常必要的。

六、食品进出口监督管理

根据《食品安全法》规定，国家出入境检验检疫部门对进出口食品安全实施监督管理。

进口的食品、食品添加剂、食品相关产品应当符合我国食品安全国家标准。进口的预包装食品、食品添加剂应当有中文标签；依法应当有说明书的，还应当有中文说明书、标签。进口商应当建立食品、食品添加剂进口和销售记录制度，保存期限不得少于产品保质期满后六个月，没有明确保质期的，保存期限不得少于二年。

出口食品生产企业应当保证其出口食品符合进口国（地区）的标准或者合同要求。

进口尚无食品安全国家标准的食品，由境外出口商、境外生产企业或者其委托的进口商向国务院卫生行政部门提交所执行的相关国家（地区）标准或者国际标准。国务院卫生行政部门进行审查，认为符合食品安全要求的，暂予适用，并及时制定相应的食品安全国家标准。

向我国境内出口食品的境外出口商或者代理商，进口食品的进口商应当向国家出入境检验检疫部门备案。向我国境内出口食品的境外食品生产企业应当经国家出入境检验检疫部门注册。国家出入境检验检疫部门应当定期公布已经备案的境外出口商、代理商、进口商和已经注册的境外食品生产企业名单。

第二节　不安全食品召回制度

据国家市场监督管理总局统计，2020 年，全国召回食品相关产品数量为 61.6 万件，2021 年 393.2 万件，2022 年 91.8 万件，2023 年 49.8 万件。食品安全问题直接影响广大人民群众的身体健康和生命安全。食品召回是食品生产经营者预防食品安全危机、控制食品安全风险的有效手段。

（一）食品召回的主体

食品召回的方式有主动召回和责令召回。我国的食品召回采取以食品生产者为主，食品生产经营者为辅的模式。食品召回的义务主体可能为食品生产者、食品经营者、进口食品的进口商。

食品生产者一旦知悉其生产经营的产品属于不安全食品，必须主动召回，食品经营者仅承担配合义务。食品经营者在其经营场所的醒目位置张贴生产者发布的召回公告，配合食品生产者采取措施开展召回工作。对于进口食品，食品进口商需按照《中华人民共和国进出口食品安全法》主动召回不安全食品。

（二）食品召回的对象

根据《食品安全法》第三十四条规定，以下 12 种产品为禁止生产经营的食品、食品添加剂、食品相关产品。

（1）用非食品原料生产的食品或者添加食品添加剂以外的化学物质和其他可能危害人体健康物质的食品，或者用回收食品作为原料生产的食品；

（2）致病性微生物、农药残留、兽药残留、生物毒素、重金属等污染物质以及其他危害人体健康的物质含量超过食品安全标准限量的食品、食品添加剂、食品相关产品；

（3）用超过保质期的食品原料、食品添加剂生产的食品、食品添加剂；

（4）超范围、超限量使用食品添加剂的食品；

（5）营养成分不符合食品安全标准的专供婴幼儿和其他特定人群的主辅食品；

（6）腐败变质、油脂酸败、霉变生虫、污秽不洁、混有异物、掺假掺杂或者感官性状异常的食品、食品添加剂；

（7）病死、毒死或者死因不明的禽、畜、兽、水产动物肉类及其制品；

（8）未按规定进行检疫或者检疫不合格的肉类，或者未经检验或者检验不合格的肉类制品；

（9）被包装材料、容器、运输工具等污染的食品、食品添加剂；

（10）标注虚假生产日期、保质期或者超过保质期的食品、食品添加剂；

（11）无标签的预包装食品、食品添加剂；

（12）国家为防病等特殊需要明令禁止生产经营的食品。

这些均属于不安全食品，必须召回。同时，其他法规包括地方性法规明确禁止的情形也在召回范围之列。

（三）食品召回的实施

企业发现其生产的产品为不安全食品时，应尽快确定监管此次食品召回工作的具体县级以上市场监督管理部门和其他相关政府部门。主管部门的级别因食品生产地、经营销售地域范围影响而不同。若影响范围较大，其召回工作可能由省、市级市场监督管理部门主管。

确定主管部门后，进行食品安全风险评级。根据食品安全风险的严重和紧急程度，食品召回分为一级召回、二级召回和三级召回（表 2-1）。

表 2-1 食品安全风险评级

风险评级	不安全食品类型
一级召回	食用后已经或者可能导致严重健康损害或者死亡
二级召回	食用后已经或者可能导致一般健康损害
三级召回	标签、标识存在虚假标注的食品（区别于标签、标识仅存在瑕疵，且食用后不会造成健康损害的食品）

召回企业实施一级、二级、三级召回时，分别应当在知悉食品安全风险后的 24h、48h、72h 内启动召回工作，提交召回计划，发布、张贴召回公告，在召回过程中，对不安全食品采取补救、无害化处理、销毁等处置措施。原则上召回企业应立即就地销毁不安全食品，在不具备就地销毁条件时可集中销毁。无论是无害化处理还是销毁不安全食品的费用都应由召回企业承担，且应提前向主管部门报告具体的时间和地点。出于运输、仓储、人力等成本考虑，大部分企业更愿意选择就地销毁。

妥善处理食品召回，关乎企业的声誉、影响企业的品牌、牵涉企业的责任，妥善以及合规地完成召回，最大程度地降低食品问题带来的影响和危害。

第三节 保健食品安全管理

对于保健食品的安全管理，我国的《食品安全法》《保健食品注册与备案管理办法》《中华人民共和国广告法》（以下简称《广告法》）都对此作了相关规定。

（一）保健食品的定义

保健食品是指声称具有特定保健功能或者以补充维生素、矿物质为目的的食品，即适宜于特定人群食用，具有调节机体功能，不以治疗疾病为目的，并且对人体不产生任何急性、亚急性或者慢性危害的食品。

《保健食品注册与备案管理办法》

（二）保健食品实行注册和备案制度

《食品安全法》规定保健食品实行注册与备案相结合的制度。根据该法的规定，实行注册管理的保健食品包括使用保健食品原料目录以外原料的保健食品和首次进口的保健食品。备案制则适用于属于补充维生素、矿物质等营养物质的首次进口的保健食品，应当报国务院食品安全监督管理部门备案，其他保健食品应当报省、自治区、直辖市人民政府食品安全监督管理部门备案。

依法应当注册的保健食品，注册时应提交保健食品的研发报告、产品配方、生产工艺、安全性和保健功能评价、标签、说明书等材料及样品，并提供相关证明文件。

依法应当备案的保健食品，备案时应当提交产品配方、生产工艺、说明书以及标明产品安全性和保健功能的材料。

（三）保健食品的标签、说明书

根据《食品安全法》规定，保健食品的标签、说明书不得涉及疾病预防、治疗功能。保健食品标签、说明书是消费者科学选购，合理食用保健食品的重要依据，其内容应当确保真实，准确反映产品信息。

疾病预防、治疗功能是药品才具备的功能，非药品不得在其标签、说明书上进行含有预防、治疗人体疾病等有关内容的宣传。因此保健食品不得用“治疗”“治愈”“疗效”“痊愈”“医治”等词汇描述和介绍产品的保健作用，也不得以图形、符号或其他形式暗示疾病预防、治疗功能。

（四）保健食品的广告

保健食品广告首先是食品广告，应当符合《食品安全法》第七十三条第一款关于食品广告的规定，即食品广告的内容应当真实合法，不得含有虚假内容，不得涉及疾病预防、治疗功能。食品生产经营者对广告内容的真实性、合法性负责。

根据《广告法》的规定，保健食品的广告实行审查制度，广告内容应当经生产企业所在地省、自治区、直辖市人民政府食品安全监督管理部门审查批准，取得保健食品广告批准文件，未经审查，不得发布保健食品广告。

第四节　新食品原料安全管理

《食品安全法》第三十七条规定了关于新食品原料的相关内容。与此内容相关的是2013年10月1日施行，2017年修订施行的《新食品原料安全性审查管理办法》。

一、新食品原料的定义

根据《新食品原料安全性审查管理办法》的规定，新的食品原料是指“在我国无传统食用习惯的以下物品：①动物、植物和微生物；②从动物、植物和微生物中分离的成分；③原有结构发生改变的食品成分；④其他新研制的食品原料。”新食品原料应当具有食品原料的特性，符合应当有的营养要求，且无毒、无害，对人体健康不造成任何急性、亚急性、慢性或者其他潜在性危害。

《新食品原料安全性审查管理办法》

二、新食品原料的审查

新食品原料具有未知的风险，是否包含食品安全风险，最终应当由国家卫生行政部门进行确认。

（一）审查机构

根据《新食品原料安全性审查管理办法》的规定，国家卫生行政部门的新食品原料技术审评机构负责新食品原料安全性技术审查，提出综合审查结论与建议。

（二）提交材料

拟从事新食品原料生产、使用或者进口的单位或者个人，应当提出申请并提交以下材料：

（1）申请表；

（2）新食品原料研制报告；

（3）安全性评估报告；

（4）生产工艺；

（5）执行的相关标准（包括安全要求、质量规格、检验方法等）；

（6）标签及说明书；

（7）国内外研究利用情况和相关安全性评估资料；

（8）有助于评审的其他资料。

另附未启封的产品样品 1 件或者原料 30 克。

申请进口新食品原料的，除提交上述材料外，还应当提交以下材料：

（1）出口国（地区）相关部门或者机构出具的允许该产品在本国（地区）生产或者销售的证明材料；

（2）生产企业所在国（地区）有关机构或者组织出具的对生产企业审查或者认证的证明材料。

申请人提交上述材料，必须对材料的真实性负责，若弄虚作假，需要承担法律责任。

（三）审查期限

国家卫生行政主管部门自受理新食品原料申请之日起六十日内，应当组织专家对新食品原料安全性评估材料进行审查，作出审查结论。

根据《行政许可法》，行政机关应当自受理行政许可申请之日起二十日内作出行政许可决定。而对该材料的审查，《新食品原料安全性审查管理办法》规定了六十日的期限，属于“法律、法规另有规定的”情形。本法单独设定期限，充分体现对新食品原料安全性评估的重要性。

（四）安全性审查结论公告

根据新食品原料的安全性审查结论，对符合食品安全要求的，准予许可并予以公告；对不符合食品安全要求的不予许可并书面说明理由。

第五节　食品添加剂新品种安全管理

食品添加剂的使用提升了产品品质，丰富了食品种类，满足消费者对食品多元化的需求，没有食品添加剂就没有现代食品工业。

根据数据显示，我国食品添加剂新品种受理情况波动较大，在2014—2015年为上升趋势，随后持续下降，到2018年降至37种；在2019年开始回升，中国食品添加剂新品种受理种类达到56种，同比增长51.35%；2020年中国食品添加剂新品种共受理73种，较上年增加17种，同比增长30.36%。

《食品安全法》和《食品添加剂新品种管理办法》对食品添加剂新品种的申请作出了相关规定。

一、食品添加剂新品种的定义

食品添加剂新品种是指未列入食品安全国家标准的、未列入国家卫生计生委（现为国家卫生健康委员会）公告允许使用的、扩大使用范围或者用量的食品添加剂品种。

二、食品添加剂新品种的审查

国家卫生健康委员会负责食品添加剂新品种的审查许可工作，组织制定食品添加剂新品种技术评价和审查规范。国家卫生健康委员会食品添加剂新品种技术审评机构负责食品添加剂新品种技术审查，提出综合审查结论及建议。

食品添加剂新品种生产、经营、使用或者进口的单位或者个人都可以作为申请人，都可以提出食品添加剂新品种许可申请。

根据《食品添加剂新品种管理办法》第六条规定，申请人提出食品添加剂新品种许可申请，应当提交相应材料，包括：

《食品添加剂新品种管理办法》

（1）添加剂的通用名称、功能分类，用量和使用范围；

（2）证明技术上确有必要和使用效果的资料或者文件；

（3）食品添加剂的质量规格要求、生产工艺和检验方法，食品中该添加剂的检验方法或者相关情况说明；

（4）安全性评估材料，包括生产原料或者来源、化学结构和物理特性、生产工艺、毒理学安全性评价资料或者检验报告、质量规格检验报告；

（5）标签、说明书和食品添加剂产品样品；

（6）其他国家（地区）、国际组织允许生产和使用等有助于安全性评估的资料。

申请食品添加剂品种扩大使用范围或者用量的，可以免于提交第四项材料，但是技术评审中要求补充提供的除外。

根据《食品添加剂新品种管理办法》第七条规定，申请首次进口食品添加剂新品种的，除提交上述材料外，还应当提交以下材料：

（1）出口国（地区）相关部门或者机构出具的允许该添加剂在本国（地区）生产或者销售的证明材料；

（2）生产企业所在国（地区）有关机构或者组织出具的对生产企业审查或者认证的证明材料。

申请人提交的所有材料必须真实，隐瞒有关情况或者提供虚假材料的，国家卫生健康委员会不予受理或者不予行政许可，并给予警告，且申请人在一年内不得再次申请食品添加剂新品种许可。以欺骗、贿赂等不正当手段通过食品添加剂新品种审查并取得许可的，国家卫生健康委员会应当撤销许可，且申请人在三年内不得申请食品添加剂新品种许可。

根据技术评审结论，国家卫生健康委员会决定对在技术上确有必要性和符合食品安全要求的食品添加剂新品种准予许可并列入允许使用的食品添加剂名单予以公布。对缺乏技术上必要性和不符合食品安全要求的，不予许可并书面说明理由。国家卫生健康委员会根据技术上必要性和食品安全风险评估结果，将公告允许使用的食品添加剂的品种、使用范围、用量按照食品安全国家标准的程序，制定、公布为食品安全国家标准。

第六节 食品违法案例

一、林某某等生产、销售有毒、有害食品案

（一）案情简介

被告人林某某于2021年10月—2022年2月，在安溪县某某镇某某村家内，将国家禁止的食品添加剂硼酸添加到其生产加工的粿品中，后带至该镇龙门村农贸市场摆摊售卖。于2022年2月18日被安溪县市场监督管理局查获，现场查获待售米粿共4.35kg。经泉州海关综合技术服务中心鉴定，被查获的米粿检出硼酸含量为365mg/kg。

（二）裁判结果

法院判决被告人林某某犯生产、销售有毒、有害食品罪，判处有期徒刑7个月，缓刑一年，并处罚金人民币1000元；被告人林某某退缴于本院的违法所得款人民币300元，予以没收，上缴国库；禁止被告人林某某在缓刑考验期限内从事食品生产、销售及相关活动。

（三）案情分析

被告人林某某违反国家食品安全管理法规，在生产的食品中掺入有毒、有害的非食品原料并予以销售，其行为已构成生产、销售有毒、有害食品罪。根据《中华人民共和国刑法》第一百四十四条规定，在生产、销售的食品中掺入有毒、有害的非食品原料的，或者销售明知掺有有毒、有害非食品原料的食品的，处五年以下有期徒刑，并处罚金；对人体健康造成严重危害或者有其他严重情节的，依照本法第一百四十一条的规定处罚。有毒、有害的非食品原料是指对人体具有生理毒性，食用后会引起不良反应，损害机体健康的不能食用的原料。如果掺入的是食品原料，由于污染、腐败变质而具有了毒性，不构成本罪。硼酸属于非食品原料，将其掺入食品，即构成本罪。

二、孙某某等销售不符合安全标准的食品案

（一）案情简介

2020 年 10 月 2 日，被告人孙某某从大连庄河市雇用孟某某（另案处理）驾驶厢式货车到阜蒙县务欢池镇被告人邱某某家中，以 40 元/kg 的价格，收购了未经检疫的死因不明的牛肉 360kg，又与内蒙古自治区通辽市被告人杨某某谈妥以 40 元/kg 的价格，收购未经检疫的死因不明的牛肉 140kg，并约定了交易地点。被告人孙某某准备将收购的 500kg 未经检疫的死因不明的牛肉用于售卖。被告人孙某某在等待杨某某时，被派出所民警发现。2020 年 10 月 4 日，从孙某某、杨某某处查获的牛肉经相关部门鉴定，结论为该批动物产品无检疫证明，为死因不明动物的产品，应依法予以无害化处理。案后，涉案牛肉于 2020 年 10 月 30 日在肉羊屠宰场进行无害化处理。2020 年 10 月 2 日，被告人孙某某、孟某某、杨某某被当场抓获到案，如实供述自己的犯罪事实。2020 年 10 月 16 日，被告人邱某某在其家中被公安机关抓获到案，如实供述自己的犯罪事实。

（二）裁判结果

人民法院判决被告人孙某某犯销售不符合安全标准的食品罪，判处有期徒刑 8 个月，并处罚金人民币 20000 元（此款于判决生效后立即缴纳）；被告人邱某某犯销售不符合安全标准的食品罪，判处有期徒刑 7 个月，并处罚金人民币 15000 元（此款于判决生效后立即缴纳）；被告人杨某某犯销售不符合安全标准的食品罪，判处拘役 5 个月，并处罚金人民币 8000 元（此款于判决生效后立即缴纳），被告人邱某某违法所得 7200 元（此款于判决生效后立即缴纳）依法予以没收，上缴国库。

（三）案情分析

被告人邱某某、杨某某销售未经检疫、死因不明的牛肉、被告人孙某某购买后用于销售的行为，足以造成严重食物中毒事故或者其他严重食源性疾病。根据《中华人民共和国刑法》第一百四十三条规定，生产、销售不符合食品安全标准的食品，足以造成严重食物中毒事故或者其他严重食源性疾病的，处三年以下有期徒刑或者拘役，并处罚金；对人体健康造成严重危害或者有其他严重情节的，处三年以上七年以下有期徒刑，并处罚金；后果特别严重的，处七年以上有期徒刑或者无期徒刑，并处罚金或者没收财产。根据《最高人民法院、最高人民检察院关于办理危害食品安全刑事案件适用法律若干问题的解释》（法释〔2013〕12 号）第一条第一款、第三款规定，生产、销售不符合食品安全标准的食品，具有下列情形之一的，应当认定为刑法第一百四十三条规定的“足以造成严重食物中毒事故或者其他严重食源性疾病”：属于病死、死因不明或者检验检疫不合格的畜、禽、兽、水产动物及其肉类、肉类制品的。三被告人均已构成销售不符合安全标准的食品罪。被告人孙某某、杨某某因涉案牛肉被查获而未能完成对未经检疫、死因不明的牛肉进行销售，属于意志以外的原因未得逞，属犯罪未遂，二被告人依法可从轻处罚。综合考虑三被告人的犯罪事实、性质、情节和对于社会的危害程度，对三被告人作出罪责刑相适应的处罚。

三、苏某某生产、销售不符合安全标准的食品案

（一）案情简介

2021 年 11 月 3 日，××城县市场监督管理局行政执法人员对被告人苏某某在××城县××镇××街经营的皇冠蛋糕店进行了抽样检查，后证实被告人苏某某在加工、制作哈雷蛋糕时，在明知蛋糕制作过程中添加含铝食品添加剂不得超过 100mg/kg 的情况下，超量将含铝食品添加剂（泡打粉）添加到蛋糕内，并将制作的蛋糕销售给街道附近的群众食用。

2021 年 11 月 24 日，经检测，实测铝的残留量（干样品，以 Al 计）为 344mg/kg，而标准指标为≤100mg/kg，不符合 GB 2760—2014《食品安全国家标准　食品添加剂使用标准》要求，检验结论为不合格。

（二）裁判结果

人民法院判决被告人苏某某犯生产、销售不符合安全标准的食品罪，判处拘役 2 个月，宣告缓刑 4 个月，并处罚金 5000 元（缓刑考验期限，从判决确定之日起计算；罚金限判决确定之日缴纳）。

（三）案情分析

被告人苏某某在生产食品时超量添加含铝食品添加剂，并进行销售。根据《中华人民共和国刑法》第一百四十三条规定，生产、销售不符合食品安全标准的食品，足以造成严重食物中毒事故或者其他严重食源性疾病的，处三年以下有期徒刑或者拘役，并处罚金；对人体健康造成严重危害或者有其他严重情节的，处三年以上七年以下有期徒刑，并处罚金；后果特别严重的，处七年以上有期徒刑或者无期徒刑，并处罚金或者没收财产。GB 2760—2014《食品安全国家标准　食品添加剂使用标准》规定，蛋糕中添加含铝食品添加剂不得超过 100mg/kg，而苏某某生产的食品含铝达 344mg/kg，远远超出了该国家标准，违反了法律规定。

四、潘某某与北京永宁益民糕点加工部产品生产者责任纠纷案

（一）案情简介

2022 年 8 月 23 日，潘某某在益民糕点加工部购买 20 袋自来红月饼，单价 40 元/袋，潘某某为此向益民糕点加工部支付货款 800 元。该食品外包装袋上其中一面印刷标明以下内容，“食品名称：自来红月饼；配料表：皮料：小麦粉、食用植物油、饮用水、白砂糖、饴糖；馅料：白砂糖、熟面粉、食用植物油、芝麻仁、瓜子仁，馅量含量≥35%；食品标准号：GB 19855”，包装袋另一面贴有白色标签，其上记载了以下内容：“配料：精面粉、白糖、植物油、鲜鸡蛋、纯净水，执行标准：GB/T 20977，生产日期：2022 年 8 月 18 日”，前述自来红月饼的生产商、销售商均为益民糕点加工部。潘某某认为涉案月饼不符合食品安全标准，于 2022 年 10 月 19 日诉至法院。

（二）裁判结果

人民法院判决北京永宁益民糕点加工部于本判决生效之日起10日内退还潘某某购物款800元；潘某某于本判决生效之日起10日内将其所购买的20袋月饼退还给益民糕点加工部。

（三）案情分析

根据《消费者权益保护法》第二条规定，消费者为生活消费需要购买、使用商品或者接受服务，其权益受本法保护。《食品安全法》第一百四十八条第二款规定，生产不符合食品安全标准的食品或者经营明知是不符合食品安全标准的食品，消费者除要求赔偿损失外，还可以向生产者或者经营者要求支付价款十倍或者损失三倍的赔偿金；增加赔偿的金额不足一千元的，为一千元。但是，食品的标签、说明书存在不影响食品安全且不会对消费者造成误导的瑕疵的除外。因此，惩罚性赔偿的适用条件为：①以生活消费为目的；②符合惩罚性赔偿的适用前提。在本案中，涉案产品属于食品，潘某某前往益民糕点加工部处购买食品，益民糕点加工部作为经营者及生产者应当销售符合食品生产安全标准的食品。

1. 关于潘某某是否属于消费者的问题

只要在市场交易中购买、使用商品或者接受服务是为了个人、家庭生活需要，而不是为了生产经营活动或者职业活动需要的，就应当认定为“为生活消费需要”的消费者。《消费者权益保护法》第二条的规定，其属于消费者权益保护法调整的范围。潘某某实施了购买食品的行为，且潘某某并未将所购食品用于再次销售经营，因此可以将潘某某认定为消费者。

2. 关于涉案产品的标签是否符合相关法律法规的规定的问题

《食品安全法》第二十六条第四项规定，“食品安全标准应当包括以下内容：……对与卫生、营养等食品安全要求有关的标签、标志、说明书的要求”，该法第一百五十条规定“食品安全，指食品无毒、无害，符合应当有的营养要求，对人体健康不造成任何急性、亚急性或者慢性危害……”。因此，食品安全标准不仅包括食品本身安全，与食品卫生、营养等食品安全要求有关的标签、标志、说明书的具体要求也属于食品安全标准范畴。

3. 关于国家标准的问题

涉案食品标签上标注的执行标准为“GB 19855”，另行粘贴的标签上标注的执行标准为“GB/T 20977”，而当时GB/T 19855—2015《月饼》已替代GB 19855—2005《月饼》，GB/T 20977—2007《糕点通则》明确规定该标准不适用于月饼。生产者违反了GB 7718—2011《食品安全国家标准 预包装食品标签通则》的要求。涉案产品属于月饼类食品，不应当使用GB/T 20977—2007《糕点通则》，而自2015年12月1日起月饼类食品也不能再使用GB 19855—2005《月饼》，而涉诉产品自来红月饼系2022年8月生产，涉案产品的标签使用错误，属于标签存在瑕疵的食品。

4. 关于产品执行标准与产品不符，是否影响食品安全、是否会对消费者造成误导、是否应当退货的问题

（1）关于是否会影响食品安全的问题　根据查明的事实，益民糕点加工部已取得食品生产许可证，提交了2022年9月2日相关部门对其生产的自来红月饼进行食品安全抽样检验的食品安全抽样检验抽样单、食品安全抽样告知书，涉案产品的送检样品经检验合格。潘某某只是提出涉案食品的标签使用错误，并未食用涉案食品，尚未对其人身造成损害，也无证据证明涉案食品不符合食品安全标准或存在安全隐患。

（2）关于是否对消费者造成误导的问题　涉案食品自来红月饼属于普通食品，益民糕点加工部虽然未标明正确的生产标准，但此瑕疵不足以对消费者的购买产生误导。因此涉案产品虽存在标签上的瑕疵，但该瑕疵并不会对食品的安全性造成影响，也不会对消费者造成误导。

（3）关于益民糕点加工部的责任承担问题　《中华人民共和国产品质量法》第四十条规定，“售出的产品具有下列情形之一的，销售者应当负责修理、更换、退货；给购买产品的消费者造成损失的，销售者应当赔偿损失；……（二）不符合在产品或者其包装上注明采用的产品标准的；……”，故涉案产品属于“不符合在产品或者其包装上注明采用的产品标准的”情形，依照《中华人民共和国产品质量法》第四十条第一款第二项的规定，益民糕点加工部应当负责退货。根据《食品安全法》第一百四十八条第二款“生产不符合食品安全标准的食品或者经营明知是不符合食品安全标准的食品，消费者除要求赔偿损失外，还可以向生产者或者经营者要求支付价款十倍或者损失三倍的赔偿金；增加赔偿的金额不足一千元的，为一千元。但是，食品的标签、说明书存在不影响食品安全且不会对消费者造成误导的瑕疵的除外”的规定，因为该瑕疵不足以影响食品安全，也不会给消费者造成误导，因此，益民糕点加工部无需承担价款的十倍赔偿。但是对于涉案商品中的标签瑕疵，生产厂家益民糕点加工部应对外包装予以改善后再进行销售。

五、吴某某与武汉市江岸区王某某副食店产品销售者责任纠纷案

（一）案情简介

2023 年 3 月 2 日，原告吴某某在被告王某某副食店（2017 年 6 月 28 日登记注册的个体工商户，经营范围为预包装食品零售，经营者王某某）购买了外包装盒标注有“天之蓝”的白酒 2 瓶，规格为 52%vol 480mL，批号分别为 F74BA341944、F74BA341946，生产日期为 2022 年 1 月 18 日，共花费 700 元。随后，吴某某向武汉市江岸区市场监督管理局举报王某某副食店售卖假酒行为。武汉市江岸区市场监督管理局委托江苏洋河酒厂股份有限公司对上述白酒的真伪进行鉴定，2023 年 4 月 12 日，江苏洋河酒厂股份有限公司工作人员出具《产品鉴定报告》载明：“52%vol 天之蓝、规格为 480mL、2 瓶、样品生产日期批号为 2022 年 1 月 18 日，F74BA341944、F74BA341946；该批送检样品与我公司产品外包装、防伪标识等生产工艺及特征不符，非我公司生产，也未授权生产，属假冒我公司注册商标的产品”。武汉市江岸区市场监督管理局于 2023 年 4 月 12 日出具《关于举报人吴某某举报在武汉市江岸区王某某副食店购买的假冒洋河酒厂的天之蓝酒的回复函》载明：4 月 12 日，永清市场监管所与酒厂打假办联合检查武汉市江岸区王某某副食店，其负责人王某某当场核实吴某某购买的两瓶规格 480mL 的 52%vol 天之蓝白酒和购物票据及购物视频，确认是本店所卖的 2 瓶规格 480mL 的 52%vol 天之蓝白酒，江苏洋河酒厂股份有限公司当场出具鉴定报告鉴定为假酒。原告请求：请求判令被告退还原告货款 700 元（人民币，下同）；请求判令被告依法按购物款的十倍赔偿原告 7000 元。

（二）裁判结果

人民法院判决被告武汉市江岸区王某某副食店于本判决生效之日起 10 日内退还原告吴某某货款 700 元；被告武汉市江岸区王某某副食店于本判决生效之日起 10 日内支付原告吴某某 10 倍价款赔偿金 7000 元。

（三）案情分析

根据《食品安全法》第一百四十八条规定，消费者因不符合食品安全标准的食品受到损害的，可以向经营者要求赔偿损失，也可以向生产者要求赔偿损失。接到消费者赔偿要求的生产经营者，应当实行首负责任制，先行赔付，不得推诿；属于生产者责任的，经营者赔偿后有权向生产者追偿；属于经营者责任的，生产者赔偿后有权向经营者追偿。生产不符合食品安全标准的食品或者经营明知是不符合食品安全标准的食品，消费者除要求赔偿损失外，还可以向生产者或者经营者要求支付价款十倍或者损失三倍的赔偿金；增加赔偿的金额不足一千元的，为一千元。但是，食品的标签、说明书存在不影响食品安全且不会对消费者造成误导的瑕疵的除外。本案中，吴某某在王某某副食店购买 2 瓶“天之蓝”白酒，经鉴定为假冒产品，王某某副食店应退还吴某某货款 700 元并支付 10 倍赔偿款 7000 元。

六、余某与北京某东电子商务有限公司（被告一）、深圳市某某生物科技有限公司（被告二）产品生产者责任纠纷案

（一）案情简介

原告余某于 2019 年 3 月 1 日，在某东商城店铺“某某粮油调味专营店”购买“风干牛肉干散装超干手撕牛肉干 500g 肉铺零食小吃（微麻）香辣味 250g+五香味 250g 风干牛肉”150 件，因单次购买金额受限，同时分两次下单，并支付了 15350 元，原告收到货发现该商品系“绵阳市源牧公司”生产，产品名称为“风干牛肉”。原告仔细观察后发现配料里有“亚硝酸钠”，怀疑“风干牛肉”有问题，并查阅关于 GB 2760—2014《食品安全国家标准　食品添加剂使用标准》中规定的使用范围后发现风干牛肉不得添加“亚硝酸钠”。原告认为涉案商品滥用食品添加剂严重违法，为了维护更多消费者权益不受侵害，原告分别向两地商品生产地、被告经营地市场监督管理部门进行举报，经两地市场监督管理部门查明，涉案“风干牛肉”属于假冒伪劣，不符合国家食品安全标准的食品，市场监督管理部门对被告二做出了行政处罚。原告提出诉讼请求：判令两被告解除合同，退货并退回货款 15350 元；判令两被告按照十倍货款标准赔偿 153500 元。

（二）裁判结果

法院判决在判决生效之日起 10 日内，原告余某退还被告深圳市某某生物科技有限公司 150 件“风干牛肉干散装超干手撕牛肉干 500g 肉铺零食小吃（微麻）香辣味 250g+五香味 250g 风干牛肉”商品，运费由被告深圳市某某生物科技有限公司负担，如原告余某届时不能如数退回，则应按购买时的相应价格折抵被告深圳市某某生物科技有限公司应退还的货款；被告深圳市某某生物科技有限公司于收到货物后 7 日内退还原告余某货款 15350 元；本判决生效之日起 10 日内，被告深圳市某某生物科技有限公司赔偿原告余某 153500 元。

（三）案情分析

原告余某在被告深圳市某某生物科技有限公司经营的某东店铺内购买了涉案商品，双方建立买卖合同关系，该合同关系系双方当事人的真实意思表示，且形式和内容不违背法律、

行政法规的强制性规定，应为合法有效。《消费者权益保护法》第四十四条规定，消费者通过网络交易平台购买商品或者接受服务，其合法权益受到损害的，可以向销售者或者服务者要求赔偿。网络交易平台提供者不能提供销售者或者服务者的真实名称、地址和有效联系方式的，消费者也可以向网络交易平台提供者要求赔偿；网络交易平台提供者作出更有利于消费者的承诺的，应当履行承诺。网络交易平台提供者赔偿后，有权向销售者或者服务者追偿。网络交易平台提供者明知或者应知销售者或者服务者利用其平台侵害消费者合法权益，未采取必要措施的，依法与该销售者或者服务者承担连带责任，因被告某东公司在本案中仅作为网络交易平台服务提供者，不属于买卖关系中的交易双方，且其已在买卖双方交易时通过平台已将深圳市某某生物科技有限公司的真实详细的公司信息及联系方式告知了原告，因此，网络交易平台某东公司不应承担法律责任。

《食品安全法》第一百四十八条规定，生产不符合食品安全标准的食品或者经营明知是不符合食品安全标准的食品，消费者除要求赔偿损失外，还可以向生产者或者经营者要求支付价款十倍或者损失三倍的赔偿金；增加赔偿的金额不足一千元的，为一千元。但是，食品的标签、说明书存在不影响食品安全且不会对消费者造成误导的瑕疵的除外。原告购买的风干牛肉，但从未拆封食用且未展示内含具体物品性状。根据国家食品药品监督管理总局办公厅《食品药品监督管理总局办公厅关于风干牛肉归类有关问题的复函》相关内容规定，应认定涉案商品属于熏、烧、烤（或油炸）肉制品类食品；根据 GB 2760—2014《食品安全国家标准　食品添加剂使用标准》规定，此类食品可添加亚硝酸钠并规定了使用限度，但原告无法证明涉案食品本身因添加亚硝酸钠而存在食品安全问题。

涉案商品包装标注的受委托生产商为绵阳市源牧食品有限公司，但该公司表明并未生产过该涉案商品，被告深圳市某某生物科技有限公司未能举证证明涉案商品具有合法来源，且此前其因未经许可生产加工“风干牛肉”曾被行政处罚，因此认定其产品为进货来源不明的食品。被告深圳市某某生物科技有限公司在线经营销售明知不符合食品安全标准的涉案食品，应视为未能向消费者提供符合合同要求的商品。根据法律规定，因标的物质量不符合质量要求，致使不能实现合同目的的，买受人可以拒绝接受标的物或者解除合同。买受人拒绝接受标的物或者解除合同的，标的物毁损、灭失的风险由出卖人承担。即被告深圳市某某生物科技有限公司除承担基础买卖合同解除后果外，还应承担食品安全法所规定的相应法律责任。

思考题

1. 如何理解食品的源头延伸至农产品？
2. 预包装食品的标签应当包含哪些内容？
3. 现行《食品安全法》如何完善民事赔偿机制？
4. 从哪几个角度来确定实施食品召回的条件？
5. 简述我国食品召回制度建设存在的问题以及食品召回实践中存在的问题。
6. 新食品原料的定义是什么？申请人提出新食品原料许可申请，应当提交哪些材料？
7. 食品添加剂新品种的定义是什么？申请人提出食品添加剂新品种许可申请，应当提交哪些材料？

第三章

03

食品安全风险管理

学习目的与要求

1. 了解我国食品安全风险监测制度；
2. 熟悉食品安全事故的类别及相关处置方式；
3. 理解“四个最严”的基本内容；
4. 了解我国食品公共安全治理体系。

第一节　食品安全风险监测和评估

我国社会的主要矛盾已经成为人民日益增长的美好生活需要和不平衡不充分的发展之间的矛盾，然而，近些年，食源性疾病的患病人数却一直处在持续增加的状态中，这进一步提高了群众对食品安全的重视程度，国家也加大了对食品安全风险监测的力度。

一、食品安全风险监测含义及要求

食品安全风险监测，是通过系统地、持续地收集食源性疾病、食品污染以及食品中的有害因素的监测数据及相关信息，准确找出食品的质量问题或是污染问题，在进行全面的总结与分析后，提供详细的报告内容。

国家建立食品安全风险监测制度，对食源性疾病、食品污染以及食品中的有害因素进行监测。食品安全风险监测应本着客观性、准确性、代表性和及时性的原则进行。食品安全风险监测的结果可用于食品安全风险评估与风险交流、食品安全标准制定或修订、指导食品安全监督管理等工作。

二、食品安全风险监测计划的内容

（一）食品安全风险监测计划的制定

1. 国家食品安全风险监测计划的制定

国家食品安全风险监测计划是由国务院卫生健康委员会与国务院市场监督管理、农业、商务、工业和信息化等部门，根据食品安全风险评估、食品安全标准制定与修订、食品安全监督管理等工作的需要制定。

国家食品安全风险评估中心与国家食品安全风险评估专家委员会负责起草年度食品安全风险监测计划。国家食品安全风险评估委员会收集国内外食品安全风险信息，定期制定及修改列入国家食品安全风险监测范围的食源性疾病、食品污染和食品中有害因素名单，并将其作为起草计划的科学依据。国家食品安全风险评估专家委员会根据食品安全风险评估结果和食品安全监督管理信息，对全国食品安全状况进行综合分析，对可能具有较高程度安全风险的食品，向国家卫生健康委员会及时提出食品安全风险警示的建议。然后国家卫生健康委员会会同市场监督管理总局等部门共同研究分析该建议，并决定是否予以公布。根据食品安全风险监测工作的需要，在本着综合利用现有监测机构能力的原则基础上，制定和实施加强食品安全风险监测能力的建设规划，加强国家食品安全风险监测能力的建设，逐步建立覆盖全国各省、市（地）、县（区），并逐步延伸到农村的食源性疾病、食品污染和食品中有害因素的监测体系。

2. 省级食品安全风险监测方案的制定

各省、自治区、直辖市人民政府卫生健康委员会根据国家食品安全风险监测计划，结合本行政区域特有的主要生产和消费食物种类、人口特征、预期的保护水平以及经费支持能力，组织同级市场监督管理、商务、工业和信息化等部门，制定本行政区域的食品安全风险监测方案，并报于国务院相关部门备案。

（二）食品安全风险监测的范围

食品安全风险监测的范围应包括食品生产、流通和餐饮服务各环节，监测的产品应包括食品和食品原料、辅料、添加剂及相关产品。

（三）食品安全风险监测的对象

1. 食源性疾病

食源性疾病，是指通过摄食而进入人体的有毒有害物质（包括生物性病原体）等致病因子所造成的疾病。一般可分为感染性和中毒性，包括常见的食物中毒、肠道传染病、人畜共患传染病、寄生虫病以及化学性有毒有害物质所引起的疾病。食源性疾患的发病率居各类疾病总发病率的前列，是当前世界上最突出的卫生问题。1984 年，世界卫生组织（World Health Organization，WHO）将“食源性疾病”（food borne diseases）一词作为正式的专业术语，代替历史上使用的“食物中毒”一词，并将食源性疾病定义为“通过摄食方式进入人体内的各种致病因子引起的通常具有感染或中毒性质的一类疾病”。

按照发病机制划分，食源性疾病主要包括：①食源性感染；②食源性中毒。按照致病因素进行划分，食源性疾病的类型主要包括：①细菌性食源性疾病；②食源性病毒感染；③食源性寄生虫感染；④食源性化学性中毒；⑤食源性真菌毒素中毒；⑥动物性毒素中毒；⑦植物性毒素中毒。

食源性疾病监测是通过医疗机构、疾病控制机构对食源性疾病的主动监测和调查所收集的人群食源性疾病信息。

2. 食品污染

食品污染是指根据国际食品安全管理的一般规则，在食品生产、加工或流通等过程中无意带入食品的外来污染物所引起的污染。

3. 食品中的有害因素

食品中的有害因素，是指在食品生产、贮存、流通、餐饮服务等环节，除了食品污染以外，通过其他途径进入食品的有害因素。包括食品中自然存在的有害物、违法添加的非食用物质、超范围或超限量使用的食品添加剂以及被作为食品添加剂使用的有害物质。

（四）食品安全风险监测计划的内容

国家食品安全风险监测计划应规定监测目标、监测范围、工作要求、组织保障措施和考核等内容。国家食品安全风险评估专家委员会在起草国家食品安全风险监测计划时，同时对需要列入监测范围的食源性疾病、食品污染物和食品中有害因素名单进行了补充或修改。

1. 计划分类

食品安全风险监测计划应分为常规监测计划和临时监测计划。常规监测计划是为掌握国内食品安全总体状况而进行的系统性、持续化的监测活动，一般以年度为监测时段。临时监测计划是针对食源性疾病信息、热点问题及新发现的食品安全风险，及时制定和实施的食品安全风险监测计划。

2. 监测建议

国家卫生健康委员会、市场监督管理总局根据自身职责，按照优先顺序提出需要列入监测计划的建议，国家食品安全风险评估专家委员会参考以往食品安全监测情况、国内外食品安全风险信息等，提出计划草案，报送国务院。国家卫生健康委员会会同市场监督管理等部门对计划草案进行研究通过后联合印发并组织实施。

3. 具体内容

国家食品安全风险监测计划与实施该计划相关的具体要求如下：

（1）承担监测任务的技术机构（包括实际采样机构、具体检验机构、相关结果汇总等）；

（2）各监测机构所承担的具体监测内容（批次样品来源、种类、数量、检验项目）；

（3）监测样品的封装、运输及保存条件；

（4）监测样品采样方法、检验方法及判断依据；

（5）结果汇总及报送机构；

（6）监测完成时间及结果报送日期。

三、食品安全风险评估

（一）食品安全风险评估的含义

食品安全风险评估指对食品、食品添加剂中生物性、化学性和物理性危害对人体健康可能造成的不良影响所进行的科学评估，包括危害识别、危害特征描述、暴露评估、风险特征描述等。

危害识别是指对食品中可能产生不良健康影响的某种危害的定性描述。危害识别的目的是明确危害是什么。比如，某食品安全事件发生，首先应判断是生物（如微生物）、化学（如农药）还是物理（如重金属）因素引起的，然后判定该物质毒性大小等，目的在于了解危害的基本情况，判断是否有必要进行更为深入的评估。

危害特征描述是指定性或定量分析危害的作用机理或量效反应关系。它主要是通过动物实验、流行病学调查、志愿者试验、体细胞试验、数学模型等来推导和获取危害剂量与人体不良反应之间的相关关系。

暴露评估是指不同人群摄入某种危害的定性或定量分析，即评估人接触到危害的所有信息，包括接触剂量、时间、频率等。例如，剧毒农药可能通过口、鼻、皮肤等途径进入人体，导致中毒。必须评估在农产品的种养、采收、贮藏、包装、食用等环节可能接触的总量，通常用“暴露量”来表示。

风险特征描述是指根据危害识别、特征描述和暴露评估结果，综合分析该危害产生对人员健康影响的可能性和严重性。

风险评估可以被描述为对已知危害的科学了解以及它们将怎样发生和如果发生后果将会如何。

（二）食品安全风险评估的对象

食品安全风险评估的对象包括食品、食品添加剂中生物性、化学性和物理性危害。基本上包含所有对食品安全构成危害的因素。例如，食品添加剂中的化学成分、兽药和农药残留等化学因素对食品安全构成的危害，为化学性危害；致病性真菌、细菌、病毒、寄生虫等生物因子对食品安全产生的危害，为生物性危害；高温、冰冻等物理条件或掺入金属碎屑等物理杂质对食品安全造成的危害，为物理性危害。

正确区分到底属于何种危害，是进行食品安全风险评估的“危害识别”阶段，对顺利进行食品安全风险评估将发挥巨大作用。能够作出清楚的界定，就比较容易判断出食品安全的危害性质和危害程度，进而选择出恰当的食品安全风险评估手段。

（三）食品安全风险评估的意义

1. 食品安全风险评估可以为监督管理部门提供科学的决策依据

近些年来，我国每年都会发生一定数量的食品安全事件，同时，虚假的食品安全信息的流传，不仅造成广大消费者的心理恐慌，而且大量的舆论压力会影响政府职能部门对食品安全局势的判断，影响政府对食品安全工作重点的布置。《食品安全法》将风险评估作为判断食品安全的标准，使食品安全的界定更科学，食品安全风险评估结果得出食品不安全结论的，市场监督管理部门应当按照职责分工立即采取相应措施，确保有食品安全风险的食品停止生产经营，并告知消费者停止食用；需要制定、修订相关食品安全国家标准的，相关部门应当按照程序制定或修订。

2. 食品安全风险制度的建立，使风险评估本身更科学

食品安全风险评估作为食品安全的判断手段，有许多科学工作者进行研究。但是，食品安全风险评估是一个需要化学、微生物、生理、毒理、病理等学科背景的工作，没有相关背景的人员进行食品安全风险评估，可能会带来很大偏差，或者受知识结构的限制，不能对结果作出正确分析，最终得出的结论不客观或不全面。食品安全风险评估是进行食品安全风险管理的重要技术基础，有利于提升公众的食品安全信心。由食品、农业、医学、营养等方面的专家组成的食品安全风险评估专家委员会进行食品安全风险评估，不仅能保证风险评估工作的顺利进行，分析结果的科学可靠，同时也有利于推动我国食品安全管

理由末端控制向风险控制转变，由经验主导向科学主导转变，由感性决策向理性决策转变。

3. 食品安全风险评估将使食品安全标准更科学、更准确

食品安全标准的制定，除一些传统上存在并被人类长期摄入的食品成分，可以参考人类流行病学资料外，大多数成分需通过动物实验确定伤害作用的最大剂量，并推演到人体的安全摄入量，再根据每天摄入的含有该物质的量计算出这些食品的限量标准。随着科学不断进步，诊断技术也不断发展，我国居民的饮食结构也发生着变化，因此，安全限量标准也不是一成不变的，标准制定的依据除动物实验外，另一个重要的参考依据就是风险评估中的暴露评估。通过风险评估，对现行标准中可能对人体构成危害的标准加以修订，以保证食品的安全。同时，通过风险评估，可以发现一些过去认为没有危害的因素，并依此制定新的标准。

4. 食品安全风险评估制度的建立有助于开展国际贸易

WTO 框架中，《技术性贸易壁垒协定》（TBT 协定）和《实施卫生与植物卫生措施协定》（SPS 协定）是专门针对技术性贸易壁垒的多边协定。按照 SPS 协定的宗旨，各国有权采取“保护人类、动物及植物的生命或健康”的措施，在必要时可以采取限制贸易措施，但需要遵循三项原则，即风险评估原则、适当保护原则和国际协调原则。即 SPS 协定允许各国在风险评估的基础上，根据本国可承受风险程度，制定本国的标准和规则，同时还需要考虑国际组织制定的风险评估技术。WTO 要求各成员在进行风险评估时，需考虑加工与生产方法、可获得的科学证据、相关生态环境条件等因素。部分国家利用此规定，凭借较为先进的食品安全风险评估技术设置了要求苛刻的技术性贸易壁垒，表面上都符合 TBT 协定和 SPS 协定的条款，实际上成为限制其他国家的技术贸易壁垒。在当前日益增长的国际贸易局势下，我国更需要建立完善的食品安全风险评估制度，力争在国际食品贸易中处于优势地位。

第二节　食品安全事故处置

一、食品安全事故的含义及法律条款

食品安全事故，指食源性疾病等源于食品，对人类健康有危害或者可能有危害的事故。食品安全事故处置属于食品安全监督管理制度中的末端阶段，是在事故发生后采取的应对措施。

《食品安全法》第一百零二条　国务院组织制定国家食品安全事故应急预案。

县级以上地方人民政府应当根据有关法律、法规的规定和上级人民政府的食品安全事故应急预案以及本行政区域的实际情况，制定本行政区域的食品安全事故应急预案，并报上一级人民政府备案。

食品安全事故应急预案应当对食品安全事故分级、事故处置组织指挥体系与职责、预防预警机制、处置程序、应急保障措施等作出规定。

食品生产经营企业应当制定食品安全事故处置方案，定期检查本企业各项食品安全防范措施的落实情况，及时消除事故隐患。

第一百零三条 发生食品安全事故的单位应当立即采取措施，防止事故扩大。事故单位和接收病人进行治疗的单位应当及时向事故发生地县级人民政府食品安全监督管理、卫生行政部门报告。

县级以上人民政府农业行政等部门在日常监督管理中发现食品安全事故或者接到事故举报，应当立即向同级食品安全监督管理部门通报。

发生食品安全事故，接到报告的县级人民政府食品安全监督管理部门应当按照应急预案的规定向本级人民政府和上级人民政府食品安全监督管理部门报告。县级人民政府和上级人民政府食品安全监督管理部门应当按照应急预案的规定上报。

任何单位和个人不得对食品安全事故隐瞒、谎报、缓报，不得隐匿、伪造、毁灭有关证据。

第一百零四条 医疗机构发现其接收的病人属于食源性疾病病人或者疑似病人的，应当按照规定及时将相关信息向所在地县级人民政府卫生行政部门报告。县级人民政府卫生行政部门认为与食品安全有关的，应当及时通报同级食品安全监督管理部门。

县级以上人民政府卫生行政部门在调查处理传染病或者其他突发公共卫生事件中发现与食品安全相关的信息，应当及时通报同级食品安全监督管理部门。

第一百零五条 县级以上人民政府食品安全监督管理部门接到食品安全事故的报告后，应当立即会同同级卫生行政、农业行政等部门进行调查处理，并采取下列措施，防止或者减轻社会危害：

（一）开展应急救援工作，组织救治因食品安全事故导致人身伤害的人员；

（二）封存可能导致食品安全事故的食品及其原料，并立即进行检验；对确认属于被污染的食品及其原料，责令食品生产经营者依照本法第六十三条的规定召回或者停止经营；

（三）封存被污染的食品相关产品，并责令进行清洗消毒；

（四）做好信息发布工作，依法对食品安全事故及其处理情况进行发布，并对可能产生的危害加以解释、说明。

发生食品安全事故需要启动应急预案的，县级以上人民政府应当立即成立事故处置指挥机构，启动应急预案，依照前款和应急预案的规定进行处置。

发生食品安全事故，县级以上疾病预防控制机构应当对事故现场进行卫生处理，并对与事故有关的因素开展流行病学调查，有关部门应当予以协助。县级以上疾病预防控制机构应当向同级食品安全监督管理、卫生行政部门提交流行病学调查报告。

第一百零六条 发生食品安全事故，设区的市级以上人民政府食品安全监督管理部门应当立即会同有关部门进行事故责任调查，督促有关部门履行职责，向本级人民政府和上一级人民政府食品安全监督管理部门提出事故责任调查处理报告。

涉及两个以上省、自治区、直辖市的重大食品安全事故由国务院食品安全监督管理部门依照前款规定组织事故责任调查。

第一百零七条 调查食品安全事故，应当坚持实事求是、尊重科学的原则，及时、准确查清事故性质和原因，认定事故责任，提出整改措施。

调查食品安全事故，除了查明事故单位的责任，还应当查明有关监督管理部门、食品检验机构、认证机构及其工作人员的责任。

第一百零八条 食品安全事故调查部门有权向有关单位和个人了解与事故有关的情况，并要求提供相关资料和样品。有关单位和个人应当予以配合，按照要求提供相关资料和样品，不得拒绝。

任何单位和个人不得阻挠、干涉食品安全事故的调查处理。

二、食品安全事故应急预案

（一）食品安全事故应急预案的制定

为了健全面对突发重大食品安全事故的应急体系和运行机制，规范和指导应急处理工作，积极应对、有效预防、及时控制重大食品安全事故，高效组织应急救援工作，最大限度地减少重大食品安全事故的危害，保障公众身体健康和生命安全，维护正常的社会秩序，国务院于2011年制定了《国家重大食品安全事故应急预案》。食品安全事故应急预案，是指经过一定程序制定的开展食品安全事故应急处理工作的事先指导方案。制定食品安全事故应急预案，目的是建立健全应对食品安全事故的救助体系和运行机制，确保一旦发生食品安全事故，能够有效组织、快速反应，及时控制事故发展，高效开展应急救援，最大限度地减少食品安全事故的危害，保障人民群众身体健康和生命安全，维护正常社会秩序。

条文明确规定，对于重大食物中毒等公共卫生事件，国务院应当制定全国突发事件应急预案，各省、自治区、直辖市人民政府制定本行政区域的突发事件应急预案。考虑到食品安全工作的重要性和食品监督管理的特点，县级以上各级人民政府在食品安全管理中应负全责，统一领导、协调、组织本行政区域的食品安全监督管理工作，统一指挥食品安全突发事件应对工作。地方人民政府制定应急预案时，要充分考虑本地实际情况，同时又要做好本地的应急预案与上级应急预案的衔接工作，要符合实际和统一实施。为了保证应急预案的合理性和合法性，形成全国统一、协调、高效的食品安全事故应急预案体系，地方人民政府制定的本行政区域食品安全事故应急预案要报上一级人民政府备案。此外，食品生产经营企业，作为食品安全的第一责任人，更应当制定食品安全事故处置方案，定期检查本企业各项安全防范措施的落实情况，及时消除事故隐患，将其作为食品生产经营企业的一项法定义务，有利于在源头上防范食品安全事故的发生，杜绝食品安全事故的扩大化。

（二）食品安全事故应急预案的内容

传统意义上的食物中毒等同于食源性疾病，是指人们食用带有细菌、细菌毒素或含有有毒物质的食物而引起的以腹痛、腹泻、恶心呕吐等消化道症状为主的急性疾病，严重者可出现抽搐昏迷，甚至死亡。食物中毒事件的发病人数达到30例及以上时，应按照突发公共卫生事件进行处理。

1. 事故分级

按食品安全事故的性质、危害程度和涉及范围，将重大食品安全事故分为特别重大食品安全事故（Ⅰ级）、重大食品安全事故（Ⅱ级）、较大食品安全事故（Ⅲ级）和一般食品安全事故（Ⅳ级）四级。详见表3-1。

表 3-1 食品安全事故的分级、响应标准

事故分级	评估指标	应急响应	启动级别
Ⅰ级	符合以下情形之一的为特别重大食品安全事故： （1）事故危害特别严重，对2个以上省份造成严重威胁并有进一步扩散趋势的； （2）跨地区（中国香港、中国澳门、中国台湾）或跨国食品安全事故，造成特别严重社会影响的； （3）国务院认定的其他特别重大食品安全事故	Ⅰ级响应	国家级
Ⅱ级	符合以下情形之一的为重大食品安全事故： （1）事故危害严重，影响范围涉及省内2个以上市（州）行政区域的； （2）超出事发地市（州）政府应急处置能力水平的； （3）造成食物中毒人数100人以上并出现死亡病例的； （4）造成10例以上死亡病例的； （5）由省级人民政府认定的重大食品安全事故	Ⅱ级响应	省级
Ⅲ级	符合以下情形之一的为较大食品安全事故： （1）事故影响范围涉及市（州）内2个以上县（区）级行政区域，给公众饮食安全带来严重危害的； （2）造成食物中毒人数100人以上，或者造成食物中毒人数100人以下，但出现死亡病例的； （3）市（州）政府认定的其他较大食品安全事故	Ⅲ级响应	地（市）级
Ⅳ级	符合以下情形之一的为一般食品安全事故： （1）事故影响范围涉及县（区）级行政区域内2个以上乡镇，给公众饮食安全带来严重危害的； （2）造成食物中毒人数30~99人，未出现死亡病例的； （3）县（区）政府认定的其他一般食品安全事故	Ⅳ级响应	县（区）级

2. 适用范围

在食物（食品）种植、养殖、生产加工、包装、仓储、运输、流通、消费等环节中发生食源性疾患，造成社会公众大量病亡或者可能对人体健康构成潜在的重大危害，并造成严重社会影响的重大食品安全事故适用食品安全事故应急预案。

3. 工作原则

按照“全国统一领导、地方政府负责，部门指导协调、各方联合行动”的食品安全工作原则，根据食品安全事故的范围、性质和危害程度，对重大食品安全事故实行分级管理；有关部门应按照食品安全事故应急预案规定，落实各自的职责。坚持群防群控，加强日常监测，及时分析、评估和预警。对可能引发的重大食品安全事故，要做到早发现、早报告、早控制。采用先进科学技术，实行科学民主决策，充分发挥专家作用，依法规范应急救援工作，确保应急预案的科学性、权威性和可操作性。对重大食品安全事故，快速反应，及时启动，控制发展，有效开展应急救援工作，做好重大食品安全事故的善后处理及整改督查工作。

三、食品安全事故处置制度

（一）食品安全事故的报告

为了防止发生社会恐慌，防止危害蔓延，发生食品安全事故的单位应当立即对事故予以处置，防止事故扩大。事故发生单位和接收病人进行治疗的单位应当及时向事故发生地的县级人民政府食品安全监督管理、卫生行政部门报告。发生食品安全事故的单位对导致或可能导致事故的食品及原料、工具、设备等，立即采取封存等控制措施，并自事故发生之时起，2h 内向所在地县级人民政府食品安全监督管理、卫生行政部门报告。

市场监管、农业农村等部门在日常监督管理中发现食品安全事故，或者接到有关食品安全事故的举报，应当立即向卫生行政部门通报。接到报告的卫生行政部门应当按照规定向本级人民政府和上级人民政府部门报告。任何单位或者个人不得对食品安全事故隐瞒、谎报、缓报，不得毁灭有关证据。

（二）处置食品安全事故的行政措施

县级以上人民政府食品安全监督管理部门接到食品安全事故的报告后，应当立即会同有关部门进行调查处理，并采取下列措施，防止或减轻社会危害。

（1）应急救援　对因食品安全事故导致人身伤害的人员，应当立即组织救治，减少人员伤亡。

（2）食品及其原料的控制　封存可能导致食品安全事故的食品及其原料，并立即进行检验；对确认属于被污染的食品及其原料，责令食品生产经营单位依照《食品安全法》第六十三条的规定予以召回、停止经营并销毁。

（3）食品生产所用工具及用具的控制　封存所有被污染的工具及用具，并责令进行清洗消毒。

（4）食品安全事故信息的发布　依法对食品安全事故及其处理情况，及时、全面、准确、公开地向社会发布，并对可能产生的危害进行解释说明。

（三）事故责任调查与追究

1. 事故责任调查

发生重大食品安全事故，市级以上人民政府卫生行政部门应当立即会同有关部门进行事故责任调查，督促有关部门履行职责，向本级人民政府提出事故责任调查处理报告。重大食品安全事故涉及两个以上省、自治区、直辖市的，由国家卫生健康委员会依照规定组织事故责任调查。应当坚持实事求是、尊重科学的原则，准确及时地查清事故原因，认定事故责任，提出整改措施。参与事故调查的人员应当在卫生行政部门统一组织协调下分工协作、相互配合。事故调查部门有权向有关单位和个人了解与事故有关的情况，并要求提供相关样品和资料。有关单位和个人应按照要求，配合食品安全事故调查处理工作，不得拒绝。任何单位或者个人不得阻挠、干涉食品安全事故的调查处理。

（1）针对可疑食品污染来源途径及其影响因素，对相关食品养殖、种植、生产、加工、运输、贮存、销售等各环节开展卫生学调查，为查明事故原因、及时采取预防控制措施提供有效依据，应在发现可疑食品线索后尽早开展。调查方法包括现场勘察、查阅相关记录、访谈相关人员、样本采集等。

（2）调查结论和行政处罚　食品安全事故的调查结论由市场监督管理部门结合调查结果及专家意见作出。调查结论包括是否定性为食品安全事故，发病人员范围、人数，污染食品及致病因子等。

①做出调查结论的依据。在确定致病食品、污染原因或致病因子等时，应当参照相关诊断标准或规范，并参考以下推论原则：a. 食品卫生学调查结果、现场流行病学调查结果和实验室检验结果互相支持的，调查组可以做出调查结论；b. 现场流行病学调查结果得到实验室检验结果或食品卫生学调查之一支持的，结果具有合理性且能够解释大部分病例的，调查组可以做出调查结论；c. 现场流行病学调查结果未得到实验室检验结果或食品卫生学调查支持，但现场流行病学调查结果可以判定致病因子范围、致病时间或致病食品，经调查机构专家组 3 名以上专家审定，可以做出调查结论；d. 实验室检验结果、食品卫生学调查和现场流行病学调查不能支持事故定性的，应当做出相应调查结论并说明原因。

②行政处罚。对造成食物中毒事故的单位或个人，由市场监管部门按照《食品安全法》有关规定予以行政处罚，对造成严重食品安全事故构成犯罪的或者有投毒等犯罪嫌疑的，应移送司法机关处理。

③撰写处置报告。向同级的市场监管部门提交对本次事故的处置报告。报告应注意以下事项：a. 按照先后次序介绍事故调查内容、结果汇总和分析等调查情况，并根据调查情况提出调查结论和建议，事故调查范围之外的事项一般不纳入报告内容；b. 调查报告的内容必须准确、客观、科学，报告中有关事实的认定和证据要符合有关法律、标准的要求，防止主观臆断；c. 调查报告要客观反映调查过程中遇到的困难和问题，以及相关部门的支持配合情况及相关改进建议等。

④工作总结和评估。事故处置结束后，市场监管部门应对调查情况进行总结评估，分析不足，以便将来更好地应对类似事故的调查。总结评估的重点内容包括：a. 处置实施情况。调查是否及时、全面地开展，日常准备是否充分，调查资料是否完整，方法有哪些需要改进，事故结论是否科学、合理；b. 协调配合情况。调查是否得到有关部门的支持和配合，信息报告是否及时、准确，调查人员之间的沟通是否畅通；c. 事故处置中的经验和不足，需要向相关部门反映的问题和意见等。

⑤案卷归档。市场监督管理部门应当将相关的文书、资料和表格原件整理、存档。

2. 事故责任追究

调查食品安全事故，除了查明事故单位的主体责任，还应当查明负有监督管理和认证职责的监督管理部门、认证机构的工作人员失职、渎职情况。

市场监管部门在食品安全监督管理工作中有下列情形的，应追究其责任：

（1）未按照规定履行食品安全监督管理职责；或者未及时落实上级市场监督管理机关和地方人民政府关于食品安全监督管理工作的部署和要求，制度、规定不健全，食品准入、交易、退市和其他食品经营行为管理等执法监管不到位，检查把关不严、落实不力或者未及时作为，造成食品安全事故和严重后果的。

（2）对监督检查中发现、消费者申诉举报、新闻媒体反映、相关部门和行业协会通报、上级市场监督管理机关和地方人民政府交办转办的食品生产经营违法行为，未及时查处或者移送的；对应当进行应急处置的食品安全事故不按照有关规定，及时采取积极措施进行提前预警防范和应急处置；对按照规定应当公示、上报或者通报的食品安全事故和食品安全监管信息，不及时公示，或者瞒报、谎报、缓报、漏报的；或者在受理消费者申诉举报、食品质量监督检查、重大食品安全事故应急处置、查处取缔无照生产经营食品违法行为等工作中处置不当、不到位的。

（3）在登记注册工作中审核不严，违反登记注册规定的；在食品监督检查、违法案件查处工作中违反法律、法规，执法不严或者执法违法，造成严重后果或错案的。

（4）有其他徇私枉法、包庇纵容等失职、渎职行为，造成严重后果，构成违纪的，依照《中华人民共和国公务员法》和有关纪律规定给予处分；涉嫌犯罪的，移送司法机关处理。

第三节　食品风险分析

风险分析是一门快速发展的学科。食品风险分析是现代科学技术最新成果在食品安全管理方面的实际应用。《食品安全法》明确规定了国家建立食品安全风险监测和评估制度，对食品、食品添加剂中生物性、化学性和物理性危害进行风险评估，并于 2021 年 11 月由国家卫生健康委员会修订了《食品安全风险监测管理规定》，工业和信息化部、农业农村部、商务部、海关总署、市场监管总局、国家粮食和物资储备局等多部门都要依据此法规进行开展相关工作。食品安全风险分析可以为管理决策提供客观依据，应用广泛，因此，引入食品安全风险分析理念，研究和应用食品安全风险分析原理，有利于更好地对食品安全进行科学化管理。

一、食品风险管理

（一）食品风险管理的含义

风险管理（risk management）是指根据风险评估的结果，对减少或降低所评估的风险以及选择恰当实施方法的政策进行权衡的过程。风险管理的首要目标是通过选择和实施适当措施，尽可能有效地控制食品风险，从而保障公众健康。具体措施包括规范食品标准标签、制定有害物质的最高限量、实施公众宣传教育等以最大限度地避免不安全的因素影响消费者健康。食品安全风险监测与风险评估制度是实施食品安全风险管理，降低食品安全事故发生可能性、减轻事故危害程度的重要措施。

（二）食品安全风险管理的一般原则

食品安全风险管理的一般原则包括以下几个方面。

（1）风险管理活动和风险评估结果应与现有风险管理备选方案的评估相结合，以便对该风险的管理作出决策。

（2）根据风险分析的范围、目的及方案对消费者健康的保护程度对风险管理备选方案进行评估，同时也应考虑不采取任何行动的情况。

（3）当有证据显示食品中存在对人体健康的风险，但科学研究数据不足以支撑时，不应着手制定限量标准，应考虑制定指导性技术文件。

（4）风险管理应考虑整个食品生产过程中使用的相关工艺，取样、分析和检验方法，具有实际可行性、普遍性和准确性。

（5）风险管理过程具有详细记录，且环节透明。风险管理方面的过程决策和全部建议都应予以详细记录，条件具备时应在各项食品标准和指导性技术文件中明确说明，从而促进所有利益相关方更广泛地认识风险管理过程。

（6）为了避免贸易壁垒，应确保风险管理决策过程的透明性和一致性。对所有风险管理备选方案的评估应尽可能考虑到其潜在利弊。在对同样能够有效保护消费者健康的不同风险管理方案中作出选择时，应考虑这些措施对食品贸易所产生的潜在影响。

（7）风险管理应当考虑风险管理备选方案的经济性及可行性。在制定标准、准则和提出其他建议时，风险管理还应考虑替代性备选方案的必要性，所有方案在保护消费者健康的程度方面是一致的。

（8）风险管理和风险评估应在职能上分离。为保证风险评估过程的科学完整性，减少风险评估和风险管理之间的利益冲突，风险管理和风险评估两者职责需要分离。与此同时，风险分析是一个持续改进的过程，所以在实际应用过程中，风险管理者和风险评估者之间需要协调来推进。

（9）风险管理是一个持续的过程。在对风险管理决策进行评估和审查时，应及时、充分考虑新收集的所有数据。

（10）应当考虑风险评估结果的不确定性。有关风险不确定性的量化分析，风险管理人员需要进行合理分析，才能在决策时充分考虑，如果风险评估的不确定性高，风险管理决策就应更加谨慎。

二、食品风险交流

（一）食品风险交流的概念

风险交流（risk communication）是指各利益相关方就食品安全风险、风险所涉及的因素和风险认知相互交换信息和意见的过程。

风险情况交流不仅是信息的传播，更重要的作用是把有效进行风险管理的信息纳入决策过程，同时对公众进行引导、宣传和培训。风险交流贯穿于整个风险分析的过程之中，也是食品安全管理的重要组成部分。《食品安全法》要求县级以上人民政府市场监督管理部门与食品安全风险评估专家委员会及其技术机构，应当按照客观、科学、公开、及时的原则，组织食品生产者、经营者、行业协会、认证机构、消费者协会、检验机构及媒体等，就食品安全风险评估信息和管理信息进行交流沟通。风险交流是风险评估者、风险管理者、食品消费者和社会各界之间对食品安全信息的沟通。通过公开透明的信息交流，使各方全面了解影响食品安全的各种危害的类型、特征、严重程度、变化趋势、最高风险人群、风险人群的特点和规模、风险人群对风险的接受程度、风险人群的利益等信息，风险交流在于使社会公众，尤其是广大消费者参与到食品安全管理中，促进政府综合考虑各种信息，提高决策的透明度和科学性，制定更加合理的食品安全政策，将食源性风险减少到最低限度，实现食品安全水平的不断提高。

（二）食品风险交流的要素

1. 食品风险交流的目的

风险交流应当包括下列组织和人员，非政府组织［包括国际食品法典委员会（CAC）、联合国粮农组织（FAO）、WHO、世界贸易组织（WTO）等］、政府机构、消费者和消费者组织、企业、学术界和研究机构以及媒体。

风险交流的目的在于使他们之间达成信息的沟通：

（1）在达成和执行风险管理决定时增加一致化和透明度；

（2）通过所有的参与者在风险分析过程中提高对特定问题的认识和理解；

（3）为理解建议的或执行中的风险管理决定提供坚实的基础；

（4）改善风险分析过程中的整体效果和效率；

（5）制订和实施作为风险管理选项的有效信息和教育计划；

（6）培养公众对于食品供应安全性的信任和信心；

（7）加强所有参与者的工作关系和相互尊重；

（8）在风险情况交流过程中，促进所有有关团体的适当参与；

（9）就有关团体对于与食品及相关问题的风险的知识、态度、估价、实践、理解进行信息交流。

2. 进行有效的风险交流的要素

风险交流的原则包括了解听众和观众、分担责任、专家参与、建立交流、专业技能、可靠信息来源、全面认识风险、区分科学与价值判断以及保证透明度。

（1）风险的性质　包括危害的特征和重要性、风险的大小和严重程度、情况的紧迫性、风险的变化趋势、危害暴露的可能性、暴露的分布、能够构成显著风险的暴露量、风险人群的性质和规模、最高风险人群。

（2）利益的性质　包括与每种风险有关的实际或者预期利益、受益者和受益方式、风险和利益的平衡点、利益的大小和重要性、所有受影响人群的全部利益。

（3）风险评估的不确定性　包括评估风险的方法、每种不确定性的重要性、所得资料的缺点或不准确度、估计所依据的假设、估计对假设变化的敏感度、有关风险管理决定的估计变化的效果。

（4）风险管理的选择　包括控制或管理风险的行动、可能减少个人风险的个人行动、选择一个特定风险管理选项的理由、特定选择的有效性、特定选择的利益、风险管理的费用和来源、执行风险管理选择后仍然存在的风险。

为了确保风险管理政策能够将食源性风险降低到最低限度，在风险分析的全部过程中，相互交流都起着十分重要的作用。许多步骤是在风险管理人员和风险评估人员之间进行的内部的反复交流。其中两个关键步骤，即危害识别和风险管理方案选择，需要在所有相关方之间进行交流，以改善决策的透明度，提高对各种产生结果的可能的接受能力。

3. 进行有效的风险情况交流的障碍

（1）在风险分析过程中，政府机构由于某些原因、企业由于商业机密等方面的原因，不愿意透明化的风险情况，造成信息获取方面的障碍；另外，消费者组织在风险分析过程中的参与程度往往不够，也会造成信息直达受到限制。

（2）经费缺乏的原因，目前CAC对许多问题无法进行充分的讨论，工作的透明度和效率无法保证。

（3）由于公众对风险的理解、感受性的不同以及对科学过程缺乏了解，信息来源的可信度不同和部分新闻报道的非真实性，以及社会特征（包括宗教、语言、文化等因素）的不同，造成进行风险情况交流时的障碍。因此，为了进行有效的风险交流，有必要建立一个系统化的方法，包括准备和汇编有关风险的通知、搜集背景信息、进行传播发布、对风险交流的效果进行综合评价。对于不同类型的食品风险问题，应当采取适合的风险情况交流方式。在进行一个风险分析的实际项目时，并非风险分析三个组成部分的所有具体步骤都必须包括在内，但某些步骤的省略必须建立在合理的前提之上，其缺失不影响整个风险分析总体框架结构的完整性。

在目前的国际食品贸易中，SPS协定是保证食品安全的基础。基于SPS协定的所有措施必须以科学性为基础，保持透明度和一致化。风险分析在WTO工作中的作用也十分重要，是制定食品安全标准和解决国际食品贸易争端的重要依据。风险分析体系的建立，为各个国家和组织在食品安全领域建立合理的贸易壁垒提供了一个具体的操作模式。未来数年，风险分析很可能成为制定食品安全政策，解决食品安全事件的通用模式，同时还将以此为基础，搭建进出口检验体系，构建食品退货标准，提供制定有效管理策略信息，以及根据食品危害类别全面合理分配管理资源等。

第四节　中国食品安全“最严厉的处罚”

党的十八大以来，习近平总书记提出的“四个最严”要求，为食品安全管理工作指明方向。2015年，修订的《食品安全法》正式实施，建立完善了覆盖生产、流通、销售、服务等全过程监督管理制度。经历2013年、2018年两次机构改革之后，国家市场监督管理总局登上历史舞台，结束了多头分段监管的模式，提高了食品安全监督管理效能。

2013年12月，在中央农村工作会议上，习近平总书记首次提出“四个最严”要求，为产业发展、行业管理指明了方向：“坚持源头治理、标本兼治，用最严谨的标准、最严格的监管、最严厉的处罚、最严肃的问责，确保广大人民群众‘舌尖上的安全’”。

“四个最严”要求是党和政府在整个食品链安全监管上的一个综合责任体现，构成了完整的事前、事中、事后的责任体系，揭示了食品安全工作的一般规律，明确了科学监管的基本方法。为加快和建立科学完善的食品药品安全治理体系，严格把控从农田到餐桌、从实验室到医院的每一道防线，指明了方向和要求。

一、最严谨的标准

食品安全标准是判定风险和监管执法的重要依据，是合法与违法的重要界限，是食品从业者的基本遵循，是监管部门的执法依据。食品不是随便生产的，而是严格按照相关食品标准加工而来的。因此，食品标准越严格，出现问题的概率就越低，越容易从源头上堵住食品安全的漏洞。

近年来，有关部门共同努力构建符合我国国情的食品安全标准体系，截至2024年3月，已公布的食品安全国家标准达1610项，但与最严谨的标准要求还有一定差距，简化优化食品安全国家标准制定和修订流程，加快制定修订重金属、兽药残留、农药残留、致病性微生物等食品安全通用标准，力争到2025年，农药兽药残留限量指标达到1.5万项，与国际食品法典标准接轨。

二、最严格的监管

加快建立覆盖从农田到餐桌全过程、全链条、全周期的最严格的监管制度，坚决做到源头严防、过程严管、风险严控。在市场经济快速发展的当下，即便建立最严谨的标准体系，也难免部分企业违法逐利、偷工减料、以次充好，这就需要政府部门强化监管，确保食品全过程安全。落实质量安全管理责任，生产经营者是食品安全第一责任人，要结合实际情况，内部设立食品质量安全管理岗位，配备专业技术人员，熟悉食品法律法规、严格执行标准规范，确保生产、经营过程持续合规，全批次产品符合标准要求，鼓励和支持食品企业建立和实施相关认证体系，加强全面质量管理，规范生产行为，打造优质品牌。

【案例3-1】多地监管部门对某茶饮品牌进行严格检查

2021年8月2日，北京市市场监督管理部门获知所辖某茶饮品牌奶茶店加工使用腐烂水果等食品安全问题的线索后，立即对涉事门店开展现场检查，对其违法违规行为立案查处。

2021年10月22日，上海市市场监督管理局网站消息，因抽样茶饮菌落总数项目不合格，该品牌东长治路店被罚款5000元。这已经是该品牌在近一个月内第三次登上地方黑榜，原因包括饮品菌落总数超标、厨房操作间不规范等食品安全问题。

2021年11月3日，因生产经营标注虚假生产日期、保质期或者超过保质期的食品、食品添加剂，该品牌下属公司南京西路分公司10月25日被罚款5万元。

三、最严厉的处罚

最严厉的处罚为治理食品安全突出问题提出了明确要求，也是督促食品生产经营者落实主体责任的有效手段。最严谨的标准和最严格的监管不可能避免所有的食品安全问题，对于那些追求高额利润不择手段，存在不良目的违法生产，危及人民健康安全的假、冒、伪、劣等食品的企业和个人，必须实行最严厉的处罚，提高违法犯罪成本，形成不敢违法、不能违法的强大震慑。在自媒体快速发展的当下，及时有效获取线索，针对监管发现和媒体曝光的问题，深挖行业潜规则，从严惩处违法犯罪分子，净化食品市场。

【案例3-2】某餐饮公司隔夜死蟹冒充活蟹，餐厅被罚没50万元

2021年8月23日，北京某餐饮公司被曝存在严重食品安全问题。有记者卧底该公司位于北京××店、××店后厨，发现存在死蟹当活蟹卖、变质土豆加工后继续上桌、鸡爪等熟制品即使变味儿依旧售卖等现象。

2021年10月18日，北京市丰台区市场监督管理局依据《食品安全法》第一百二十四条第一款第二项、第四项及《中华人民共和国反不正当竞争法》第二十条第一款等规定，对北京某餐饮有限公司作出警告，没收违法所得和罚款50万元的行政处罚决定。据11月17日报道，记者证实通报的这起案例正是8月份被曝光的餐厅。

【案例3-3】某品牌婴儿配方乳粉抽检不合格，罚款87.2万元

2021年9月24日，市场监督管理总局发布“关于7批次食品抽检不合格情况的通告”，该通告指出，某品牌婴儿配方乳粉（0~6月龄，1段），检出菌落总数不符合食品安全国家标准规定，二十二碳六烯酸与总脂肪酸比、二十碳四烯酸与总脂肪酸比检测值不符合产品标签标示要求。

黑龙江省绥化市市场监督管理局督促企业立即召回相关产品，要求企业停业整顿，没收违法所得1845.36元，罚款87.2万元。

四、最严肃的问责

在切实理清各级党委政府事权划分的基础上，建立“党政同责、一岗双责、齐抓共管、失职追责”的食品安全监管责任体系，推动党委、政府、监管部门及其工作人员依法履职尽责。没有明确的权责体系，就会出现监管的真空地带，也可能造成部门之间、单位之内的推诿塞责，主管人员的不担当、不重视、不作为、假作为、乱作为，一旦出现，就需要以最严肃的问责来督促各级政府、部门将食品安全责任制落到实处，落实到责任人。因此，针对事权不清、责任不明、重视程度不够等相关问题，各级政府要结合实际，依法依规制定食品安全监督管理事权清单，加强评议考核，完善考核制度，并将食品安全工作考核结果作为党政领导班子和领导干部综合考核评价的重要内容，以及干部奖惩和任命、调整的重要参考，严格责任追究，依照监管事权清单，尽职照单免责、失职照单问责。

五、食品公共安全治理体系

（一）科学聚焦食品安全的主要风险

建设中国式食品安全风险现代化治理体系首先要回答“治理什么”这一问题。因此，要深刻把握共性与个性特征，既要科学确定长期以来影响食品安全风险的物理性、生物性、化学性等关键的自然性风险，又要清晰地把握随着经济与社会发展可能出现的重大人源性风险源，还要前瞻性预判未来可能面临的重大新型风险，据此要动态地优化治理体系与组合性地配置治理力量等，以有效地掌控食品安全风险的走势。现阶段的重点是监管猪肉、水产品、果蔬及其制品，酒类、餐饮食品、粮食制品等食用农产品与食品，以及网络食品、小作坊、小摊贩、小餐饮等业态，以确保大众化食品安全；继续实施国产婴幼儿配方乳粉、校园食品、农村假冒伪劣食品、保健食品等治理攻坚行动，以确保欠发达地区、农村地区的食品安全；全面贯彻新发展理念，聚焦营养保健食品供给不充分的主要矛盾，确保食品产业高质量发展。

（二）动态优化政府、市场、社会共治体系

食品安全风险“谁来治理”，这在建设中国式食品安全风险现代化治理体系中具有核心地位。改革开放以来，我国已进行了多次食品安全监管体系的改革，初步完成了由政府为单一中心向政府、市场、社会等多元主体共治的重大转变，《食品安全法》确立了“预防为主、风险管理、全程控制、社会共治”的监管制度。要进一步坚持食品安全属地化管理的要求，全面优化中央、省、市、县政府纵向部门间、同一层级政府横向部门间食品安全风险治理的职能、权责等，完善与中国式现代化相适应的政府监管体系；推动并逐步实施食品供应链内部私人契约激励、农产品安全生产内生性约束、安全食品市场培育机制、声誉机制等多种市场治理手段，努力构建与中国式现代化相适应的市场治理体系；积极培育社会组织，开拓公

众参与风险治理的渠道，完善投诉举报体系，落实举报奖励政策与保护制度等，努力构建与中国式现代化相适应的社会力量参与的治理机制。

（三）多措并举提升食品安全风险治理现代化能力

全球与中国食品安全风险治理的历史轨迹表明，提升能力是治理风险的最基本保障。应围绕主要风险源，以突破食品安全“卡脖子”关键技术、共性技术与全产业链安全控制技术等为重点，创新食品科学技术，为食品安全提供更为有力的科技支撑；推进信息化、智能化、数字化监管，形成上下贯通、信息共享的食品安全智慧化监管平台，弥补监管力量相对有效与监管对象相对无限的矛盾；加快解决食品安全技术标准间相互交叉或空白、矛盾与不配套的问题，着力完善食品安全标准体系；依法治理，在完善以《食品安全法》为核心，相关法律法规相配套相衔接的完备的法治体系的同时，依法打击滥用农药兽药、食品添加剂与非法添加化学品，制假售假的黑工厂、黑作坊、黑窝点、黑市场，依法严格把控“从农田到餐桌”的每一道防线，确保《食品安全法》与相关法律法规在实际执行中的严肃性，尤其是要努力消除地方保护主义。

思考题

1. 食品安全风险监测是什么？包含哪几个方面的内容？
2. 食品安全事故的类别分为几级？划分标准是什么？
3. “四个最严”的内容是什么？结合自己的理解，说明一下“四个最严”对食品监管的指导意义。

第四章

04

食品质量管理与质量管理体系

学习目的与要求

1. 掌握《中华人民共和国产品质量法》《中华人民共和国农产品质量安全法》《中华人民共和国反食品浪费法》和国家监督抽查制度的基本内容；
2. 了解和掌握 HACCP 的定义、主要原理与作用；了解 GMP、SSOP 等食品质量管理体系的特点及关系；重点掌握 HACCP 在食品安全管理中关键限值的确定及在生产中的运用；
3. 了解食品质量安全市场准入制度建立的重要意义。

第一节　产品质量法

1993 年 2 月 22 日，第七届全国人民代表大会常务委员会通过《中华人民共和国产品质量法》（以下简称《产品质量法》），分别于 2000 年、2009 年、2018 年进行过三次修正。《产品质量法》的立法宗旨是加强对产品质量的监督管理，提高产品质量水平，明确产品质量责任，保护消费者的合法权益，维护社会经济秩序。自实施以来，我国的产品质量水平得到明显改观，企业的质量意识得到明显提高，用户、消费者利用《产品质量法》来维护自身权利的意识明显增强，制售假冒伪劣现象得到有效遏制。

《中华人民共和国产品质量法》

一、基本信息

1. 产品

《产品质量法》所称的产品是指经过加工、制作，用于销售的产品，包括工业品、手工品、经过加工的农产品、电力、煤气、农作物种子等。在司法审判实践中，商品房已经作为产品，但不包括建设工程、旅游、餐饮、娱乐等服务类产品。

2. 产品质量

产品质量一般是指产品满足人们需要的各种特征的总和，如可用性、耐久性、安全性、可维修性等。从法律角度来看，产品质量表现为国家通过法律、法规、质量标准等规定的或合同约定的产品所应当具有的特性。依据《产品质量法》第二十六条的规定，产品质量应当符合下列要求：不存在危及人身、财产安全的不合理的危险，有保障人体健康和人身、财产安全的国家标准、行业标准的，应当符合该标准；具备产品应当具备的使用性能，但是，对产品存在使用性能的瑕疵作出说明的除外。符合在产品或者其包装上注明采用的产品标准，符合以产品说明、实物样品等方式表明的质量状况。

3.《产品质量法》调整的范围

以销售为目的，通过工业加工、手工制作等生产方式获得的具有特定使用性能的物品。所谓加工、制作是指改变原材料、毛坯或半成品的形状、性质或表面状态，使之达到规定要求的各种工作的统称。

初级农产品（指种植业、畜牧业、渔业产品等，如小麦、鱼等），及未经加工的天然形成的产品（如石油、原煤、天然气等）不适用该法的规定。但不包括经过加工用于销售的这类产品。

虽然经过加工、制作，但不用于销售的产品，单纯为科学研究或为自己使用而加工、制作的产品，不属于该法调整的范围。

建设工程不适用该法规定。但建设工程使用的建筑材料、建筑配件和设备，适用该法的规定。

军工产品不适用该法的规定。

4.《产品质量法》调整的关系

调整因产品质量而产生的社会关系的法律规范的总称。主要包括两大类社会关系：在国家对企业的产品质量进行监督管理过程中产生的产品质量管理关系；产品的生产者、销售者与产品的用户和消费者之间因产品质量而产生的产品质量责任关系。

二、《产品质量法》的内容体系

《产品质量法》共六章七十四条，包括总则、产品质量的监督、生产者、销售者的产品质量责任和义务、损害赔偿、罚则、附则。

第一章　总则　从第一条到第十一条，对《产品质量法》的立法目的和意义、产品质量管理制度规范的建立、产品质量监督工作的开展及责任要求等进行了规定。

第二章　产品质量的监督　从第十二条到第二十五条，对产品责任的标准、企业产品质量体系的认证制度、国家对产品质量实行的监督检查制度、市场监管部门对涉嫌违反本法规定的行为进行查处时可以行使的职权、消费者对产品质量问题的申诉等进行了规定。

第三章　生产者、销售者的产品质量责任和义务　从第二十六条到第三十九条，就生产者的产品质量责任和义务、销售者的产品质量责任和义务等进行了相应的规定。

第四章　损害赔偿　从第四十条到第四十八条，就产品存在缺陷造成损害及赔偿要求进行了相应的规定。

第五章　罚则　从第四十九条到第七十二条，对生产、销售不符合保障人体健康和人身、财产安全的国家标准、行业标准的产品的处罚和产品质量检验机构、认证机构及产品质量监督部门违反本法的处理等进行了规定。

第六章　附则　从第七十三条到七十四条，对军工产品、核设施、核产品和该法的实施时间进行了规定。

三、《产品质量法》的主要制度

1. 产品质量检验制度

产品质量检验是指按照特定的标准对产品质量进行检测以判断产品是否合格的活动。我国《产品质量法》明文规定：产品质量应当检验合格，不得以不合格产品冒充合格产品。企业产品质量检验是产品质量的自我检验；企业也可委托有关产品质量检验机构进行第三方检测。产品质量检验机构必须具备相应的检测条件和能力，经省级以上人民政府市场监督管理部门或者其授权的部门考核合格后，方可承担产品质量检验工作。

2. 工业产品生产许可证制度

这是一项行政许可制度，是一种事前管理方式。国家对直接关系公共安全、人体健康、生命财产安全的重要工业产品的生产企业实行生产许可证制度，以确保重要工业产品质量安全，贯彻国家产业政策，促进社会主义市场经济健康协调发展。

3. 企业质量体系认证和产品质量认证制度

认证是一种外部质量保证手段，是独立于买卖双方的第三方的活动，是国际上通行的用于调控、规范和管理经济贸易秩序的重要手段，它是指由认证机构证明产品、服务、管理体系符合相关技术规范的强制性要求或者标准的合格评定活动。

企业质量体系认证和产品质量认证既相互联系又相互区别，前者认证的对象是企业的质量管理体系，后者认证的对象是企业的产品；前者认证的依据是质量管理标准，后者认证的依据是产品标准。从认证结论上看，前者是要证明企业质量管理体系是否符合质量管理标准，后者是要证明产品是否符合产品标准。

4. 产品质量监督检查制度

《产品质量法》第十五条规定，国家对产品质量实行以抽查为主要方式的监督检查制度，对可能危及人体健康和人身、财产安全的产品，影响国计民生的重要工业产品以及消费者、有关组织反映有质量问题的产品进行抽查。抽查的样品应当在市场上或者企业成品仓库内的待销产品中随机抽取。监督抽查工作由国务院市场监督管理部门规划和组织。县级以上地方市场监督管理部门在本行政区城内可以组织本行政区域内的监督抽查。法律对产品质量的监督检查另有规定的，依照有关法律的规定执行。

监督抽查制度的目的在于加强对生产、流通领域的产品质量实施监督，以督促企业提高产品质量，从而保护国家和广大消费者的利益，维护社会经济秩序。

5. 奖惩制度

国家鼓励推行科学的质量管理方法，采用先进的科学技术，鼓励企业产品质量达到并且超过行业标准、国家标准和国际标准。对产品质量管理先进和产品质量达到国际先进水平、成绩显著的单位和个人，给予奖励。国家设立了企业质量管理奖励制度。而对于实施了产品质量违法行为的单位和个人，则规定其应当承担的民事责任、行政责任和刑事责任。

6. 损害赔偿制度

根据《产品质量法》的规定，售出的产品不具备产品应当具备的使用性能而事先未作说明，或者不符合在产品或者其包装上注明采用的产品标准，或者不符合以产品说明、实物样品等方式表明的质量状况的，销售者应当负责修理、更换、退货；给购买产品的消费者造成损失的，销售者应当赔偿损失。销售者承担的上述修理、更换、退货及赔偿损失的责任称为产品瑕疵担保责任。

7. 产品标识制度

《产品质量法》规定产品或者其包装上的标识必须真实，并符合下列要求：

(1) 有产品质量检验合格证明；

(2) 有中文标明的产品名称、生产厂名和厂址；

(3) 根据产品的特点和使用要求，需要标明产品规格、等级、所含主要成分的名称和含量的，用中文相应予以标明；需要事先让消费者知晓的，应当在外包装上标明，或者预先向消费者提供有关资料；

(4) 限期使用的产品，应当在显著位置清晰地标明生产日期和安全使用期或者失效日期；

(5) 使用不当，容易造成产品本身损坏或者可能危及人身、财产安全的产品，应当有警示标志或者中文警示说明。

裸装的食品和其他根据产品的特点难以附加标识的裸装产品，可以不符合产品标识。

四、生产者、销售者的产品质量责任和义务

1. 生产者的产品质量责任和义务

生产者应当对其生产的产品质量负责，并承担相应的义务：①产品质量必须合格，如有可能危及人身、财产安全的瑕疵，应当作出明确说明；②标识必须真实；③危险产品必须有警示标志或中文警示说明；④不得生产国家明令淘汰的产品；⑤不得伪造产地，不得伪造或者冒用他人的厂名、厂址；⑥不得伪造或者冒用认证标志等质量标志；⑦不得掺杂、掺假，不得以假充真、以次充好，不得以不合格产品冒充合格产品。

2. 销售者的产品质量责任和义务

销售者应当对其销售的产品质量负责，并承担相应的义务：①建立并执行进货检查验收制度，验明合格证明和其他标识；②采取措施，保持其销售产品的质量；③不得销售国家明令淘汰并停止销售的产品和失效变质的产品；④销售的产品的标识应当符合《产品质量法》第二十七条的规定；⑤不得伪造产地，不得伪造或冒用他人的厂名、厂址；⑥不得伪造或者冒用认证标志等质量标志；⑦不得掺杂、掺假，不得以假充真、以次充好，不得以不合格产品冒充合格产品。

五、产品质量法律责任

1. 民事责任

民事责任的形式主要有以下两种。

(1) 修理、更换、退货　责任人为销售者。承担责任的条件：①不具备产品应当具备的使用性能而事先未作说明的；②不符合在产品或者其包装上注明采用的产品标准的；③不符合以产品说明、实物样品等方式表明的质量状况的。承担了责任的销售者，如果因产生责任的缺陷系由生产者或其他供货者引起，可以行使追偿权。

(2) 赔偿损失　因产品存在缺陷造成人身、缺陷产品以外的其他财产损害的，生产者应当承担赔偿责任。以下情况生产者可以免责：①未将产品投入流通的；②产品投入流通时，引起损害的缺陷尚不存在的；③将产品投入流通时的科学技术水平尚不能发现缺陷的存在的。

但是需由产品生产者负责举证。

2. 行政责任

行政责任的形式主要是责令停止生产销售、警告、罚款、没收财物、没收违法所得、吊销营业执照、取消检验认证资格等。

3. 刑事责任

市场监督管理部门在查处违法行为过程中，如发现行为人的行为涉嫌构成犯罪，应当移交司法机关追究刑事责任。

第二节　农产品质量安全法

2022 年 9 月 2 日，全国人大常委会第三十六次会议通过了修订后的《中华人民共和国农产品质量安全法》（以下简称《农产品质量安全法》），自 2023 年 1 月 1 日起施行。新版《农产品质量安全法》将进一步加强农产品从农田到餐桌的全过程监管。

一、修订历程及背景

《农产品质量安全法》于 2006 年发布实施，2018 年 10 月对个别条款中的机构名称进行修正。

《中华人民共和国农产品质量安全法》

2018 年 5 月至 9 月，全国人大常委会对《农产品质量安全法》进行了执法检查，指出《农产品质量安全法》实施中存在生产经营者的主体责任落实不到位、产地环境污染严重、农产品投入品使用不规范、各环节监管衔接不畅等问题。同时，《农产品质量安全法》已实施多年，有些条款存在不适应当前监管形势、操作性不强、实施难度大、处罚过轻、违法成本太低等问题，与修订后的《食品安全法》等法律法规还存在衔接上的问题。为此，全国人大常委会建议启动《农产品质量安全法》的修订工作。

此次《农产品质量安全法》的修订，进行了三次公开征求意见、三次审议。2019 年 6 月，农业农村部发布《农产品质量安全法》修订草案的征求意见稿，对外征求意见。2021 年 10 月，由国务院提请全国人大常委会第三十一次会议初次审议了《农产品质量安全法》修订草案。2022 年 6 月，全国人大常委会第三十五次会议对修订草案进行了二审。2022 年 9 月 2 日，全国人大常委会第三十六次会议通过了修订后的《农产品质量安全法》。

二、修订亮点

总条款从八章五十六条增至八章八十一条，其中，第二章有关风险管理和风险评估的内容是完全新增的；第五章有关承诺达标合格证和追溯管理的内容也是完全新增的，第五章第三十九条明确指出，农产品质量安全承诺达标合格证管理办法由国务院农业农村主管部门会同国务院有关部门制定，第四十一条明确指出，国家对列入农产品质量安全追溯目录的农产品实施追溯管理。新《农产品质量安全法》对农产品的定义发生变化：将农业范围明确为种植业、林业、畜牧业和渔业等。新《农产品质量安全法》着重全链条管理，把以前的监管对象“生产者”扩大为政府、农产品生产主体、收购者、销售者，以及投入品生产者，进一步压实和明确属地责任、生产经营者责任，增加处罚力度。以下为十大修订亮点。

（1）将农户纳入法律调整范围，实现农产品生产经营主体全覆盖　新修订《农产品质量安全法》将农户纳入法律调整范围。实现监管对象全覆盖，充分结合我国“大国小农”农情，对农户服务与监管并重，明确规定“农业技术推广等机构应当为农户等农产品生产经营者提供农产品检测技术服务。鼓励和支持农户销售农产品时开具承诺达标合格证。农民专业合作社和农产品行业协会对其成员应当及时提供生产技术服务”。同时，对农户的处罚与其他农产品生产经营者相比，相对较轻。

（2）创新建立农产品承诺达标合格证制度　新修订《农产品质量安全法》创新建立承诺达标合格证制度，对农产品生产者开具、收购者收取保存和再次开具、批发市场查验承诺达标合格证做出了具体规定，明确了承诺达标合格证的法律责任，更好地促进产地与市场有效衔接，进一步确立了这项制度在农产品质量安全工作中的长期性、基础性地位，同时通过自律、他律和国律的力量汇聚起来，筑牢质量安全防线。

（3）强化基层监管，夯实“最初一公里”　新修订《农产品质量安全法》明确“乡镇政府应当落实农产品质量安全监督管理责任，协助上级人民政府及其有关部门做好农产品质量安全监督管理工作，鼓励和支持基层群众性自治组织建立农产品质量安全信息员工作制度，协助开展有关工作”。这些规定对于推动提升乡镇监管能力、夯实农产品质量安全工作基础具有十分重要的意义。

（4）健全完善风险监测和风险评估制度　新修订《农产品质量安全法》在原法已确立农产品质量安全风险监测基础上，明确了部、省两级开展风险监测的重点；明确提出国家建立农产品质量安全风险评估制度，赋予了国务院卫生健康和市场监管部门提出风险评估建议的职责，建立了风险评估信息通报机制，细化了风险评估专家委员会的学科领域。

（5）明确农产品质量安全标准范围　新修订《农产品质量安全法》进一步明确农产品质量安全标准的范围、内容，主要包括：“农业投入品质量要求、使用范围、用法、用量、安全间隔期和休药期规定；产品产地环境、生产过程管控、储存、运输要求；农产品关键成分指标等要求；与屠宰畜禽有关的检验规程；其他与农产品质量安全有关的强制性要求”。确保农产品质量安全标准作为国家强制执行的标准的严格实施。

（6）突出绿色优质，加强地理标志农产品保护　新修订《农产品质量安全法》首次在法律层面提出了绿色优质农产品这一提法，鼓励选用优质品种，采取绿色生产和全程质量控制技术，提升农产品品质，打造农产品精品品牌。同时支持冷链物流基础设施建设，健全有关标准规范和监管保障机制。鼓励符合条件的农产品生产经营者申请农产品质量标志，明确加强地理标志农产品保护和管理，为促进优质优价提供支撑。

（7）加强农产品质量安全追溯管理　新修订《农产品质量安全法》明确国家对列入农产品质量安全追溯目录的农产品实施追溯管理。国务院农业农村主管部门应当会同国务院市场监督管理等部门建立农产品质量安全追溯协作机制。国家鼓励具备信息化条件的农产品生产经营者采用现代信息技术手段采集留存生产记录、购销记录等生产经营信息。

（8）推进农产品质量安全信用体系建设　新修订《农产品质量安全法》推动建立社会共治体系，明确规定推进农产品质量安全信用体系建设，建立农产品生产经营者信用记录，记载行政处罚等信息，推进农产品质量安全信用信息的应用和管理，进一步增强农产品质量安全监管实效。

（9）建立责任约谈制度，防范风险，压实责任　新修订《农产品质量安全法》新增责任约谈制度，进一步压实生产经营者责任和地方政府属地责任。明确规定农产品生产经营过程中存在质量安全隐患，未及时采取措施消除的，农业农村部门可以对农产品生产经营者的法定代表人或者主要负责人进行责任约谈。对农产品质量安全责任落实不力、问题突出的地方人民政府，上级人民政府可以对其主要负责人进行责任约谈。

（10）加大对违法行为的处罚力度，增加“拘留”处罚形式　新修订《农产品质量安全法》与《食品安全法》相衔接，提高在农产品生产经营过程中使用国家禁止使用的农业投入品或者其他有毒有害物质，销售农药、兽药等化学物质残留或者含有的重金属等有毒有害物质超标的农产品的罚款处罚额度；构成犯罪的，依法追究刑事责任。增加“拘留”处罚形式，进一步提高处罚额度。

第三节　国家监督抽查制度

《产品质量监督抽查管理暂行办法》于 2019 年 11 月 8 日经国家市场监督管理总局 2019 年第 14 次局务会议审议通过，于 2019 年 11 月 21 日由肖亚庆签署国家市场监督管理总局令第 18 号公布，办法共八章五十六条，自 2020 年 1 月 1 日起施行。2010 年 12 月 29 日原国家质量监督检验检疫总局令第 133 号公布的《产品质量监督抽查管理办法》、2014 年 2 月 14 日原国家工商行政管理总局令第 61 号公布的《流通领域商品质量抽查检验办法》、2016 年 3 月 17 日原国家工商行政管理总局令第 85 号公布的《流通领域商品质量监督管理办法》同时废止。其适用范围为除了食品、药品、化妆品、医疗器械之外的其他一般工业品和日用消费品（包含食品相关产品）。

一、《产品质量监督抽查管理暂行办法》修订必要性

《产品质量监督抽查管理办法》（原国家质量监督检验检疫总局第 133 号令发布）于 2011 年 2 月 1 日实施，《流通领域商品质量抽查检验办法》（原国家工商行政管理总局第 61 号令发布）于 2014 年 3 月 15 日实施。两规章实施以来，对建立健全我国产品质量监督体系，保证产品质量监督抽查科学性、有效性，提升我国产品质量水平发挥了重要作用。新一轮机构改革以来，我国市场监管体制机制深刻变革，产品质量监管内容、监管对象、监管模式等方面都发生了巨大变化，两规章已不能适应新形势需要，亟须进行整合修订。

（1）修订工作是全面深化改革的需要　近年来监管机构机制发生了变化，现行部门规章实施的环境发生了很大变化。另外，国务院出台了“双随机、一公开”监管等相关政策，需要修订管理办法予以落实。

（2）修订工作是产品质量提升工作的需要　2016 年，国务院办公厅发布《消费品标准和质量提升规划（2016—2020 年）》，要求全面加强质量监管；2017 年，中共中央、国务院印发《关于开展质量提升行动的指导意见》，要求深化“放管服”改革，强化事中事后监管，严格按照法律法规从各个领域、各个环节加强对质量的全方位监管，进一步构建市场主体自治、行业自律、社会监督、政府监管的质量共治格局。从现状来看，经过多年努力，传统产

品质量安全问题已初步得到解决，而产品性能问题、非传统产品质量安全问题日益显现。

(3) 修订工作是监督抽查工作自我完善和发展的需要　一方面，两规章实施以来，随着经济社会的发展和新成果、新技术的运用，传统产业实现转型升级，新产品不断涌现，企业生产经营业态、产销模式发生了巨大的变化，互联网经济得到了快速发展，传统的监督抽查手段已不能满足监管需要；另一方面，监督抽查工作实践中产生的一系列好的做法也需要通过规章的形式加以固化，形成制度性规定在全国推广运用。

二、《产品质量监督抽查管理暂行办法》起草过程

为增强监督抽查工作的科学性和有效性，市场监管总局专门成立修订工作小组，赴安徽等地开展调研，在北京、广东、福建等地分别组织检验机构专家和地方市场监管部门的同志座谈征求意见。同时，向市场监管总局内部各司局、各地市场监管部门、行业协会、检验机构、科研院所等征求意见。充分吸纳各方意见后，形成《产品质量监督抽查管理办法（征求意见稿）》。《产品质量监督抽查管理暂行办法》已于2019年11月8日经国家市场监督管理总局2019年第14次局务会议审议通过，自2020年1月1日起施行。

三、《产品质量监督抽查管理暂行办法》主要制度和内容

《产品质量监督抽查管理暂行办法》（本节简称《管理办法》）结构上采用了分章编排的方式，共八章五十六条。

第一章　总则　第一条至第十条，对立法的依据和原则，监督抽查的定义范围，分类实施，分工，抽查产品，抽查费用，相关市场主体的配合义务，不得重复抽查，抽查依据，信息公布等作出了规定。

第二章　监督抽查的组织　第十一条至第十四条，主要规定了抽查计划的制定方式，抽查方案的内容，机构确定方式，双随机机制和合同签订。

《产品质量监督抽查管理暂行办法》

第三章　抽样　第十五条至第二十八条，主要规定了抽检分离的实现方式，过程记录，抽样人员，抽样的实施，样品的抽取，样品的获取方式，防拆封措施，抽样文书，无法抽样的情形，样品的运输，拒绝监督抽查的认定，企业标准的提供等内容。

第四章　检验　第二十九条至第三十四条，主要规定了样品接收，样品核查，检验过程，检验报告出具，检验结果报送，样品的处理等内容。

第五章　异议复检　第三十五条至第四十三条，对结果告知，异议申请，异议处理，复检作出了规定。

第六章　结果处理　第四十四条至第五十条，主要规定了发布结果，不合格产品处理，辖区内下架，生产者整改，整改复查，逾期未改正公告，召开质量分析会，同级通报，移送通报，宣传曝光，失信惩戒，抽查数据分析等内容。

第七章　法律责任　第五十一条至第五十三条，主要规定了拒检和未如实提供材料的法律责任，更换样品的法律责任，未提供标准的法律责任，生产销售不合格产品的质量责任，未停止生产销售的法律责任，检验机构的法律责任，检验机构伪造检验结果的法律责任，违规抽样的法律责任，收取费用的法律责任，参与抽查工作部门及其工作人员和检验机构的法

律责任。

第八章 附则 第五十四条至第五十六条。主要规定了文书保存时限，解释权，名词解释，特殊说明，施行日期。

四、《产品质量监督抽查管理暂行办法》的重点解读

（一）改革措施的融合

针对抽检分离、招标遴选、“双随机一公开”、抽样可视化监控等抽查改革的重点举措，新的《管理办法》都有所落实。改变抽样、检验机构确定方式，规定应当按照政府购买服务的要求选择检验机构；建立“双随机”方式，随机抽取被抽样生产者、销售者，随机选派抽样人员；建立“抽检分离”工作机制，规定监督抽查应当实行抽检分离，抽样人员不得承担其抽样产品的检验工作；加强全过程可追溯性，规定在现场抽样、网络抽样、收样、复检等重点环节通过拍照或者录像的方式留存证据。需要补充说明的是，在《管理办法》中明确“双随机”是指抽样人员和检验人员分离的机制，与前面介绍的国家监督抽查有所差异。这里主要考虑到监督抽查组织方能够组织协调的技术资源，由于我国的技术资源分布不均，很可能导致某些产品或项目在某些区域难以实现机构间的分离，所以在此方面进行了尺度放宽。另外，在可追溯性方面也考虑到抽样机构的资源保障能力，虽然没有提出全程监控的要求，但在关键环节仍然要通过信息化的手段保留证据。

（二）抽检样品的获取

新的《管理办法》改变了监督抽查样品的获取方式，将样品分为检验样品和备用样品，规定检验样品全部付费购买。由于网络抽样的特殊性，当进行网络抽样时检验样品和备用样品需全部购买。此举能有效降低企业成本，保障企业的合法权益，这与《物权法》的相关规定一致，尊重企业对于被抽查样品的所有权。同时，对部分产品设置例外条款，规定不以破坏性试验方式进行检验，并且不会对样品质量造成实质性的影响，可以不付费购买。原因是部分工业产品价值较大，购买费用昂贵，而抽查的检验项目不会对产品质量造成实质性影响，不影响样品的再次销售和使用，这样的产品可以不付费购买。此举既不影响企业的合法权益，也能有效节约财政经费，体现了政策制定的科学性。另外，《管理办法》规定备用样品由被抽样生产者、销售者先行无偿提供，启动复检时支付备用样品费用。以上主要是基于以往抽查的结果分析，一般情况下绝大多数产品经检验合格的居多，不需要启用备用样品进行复检，且不合格产品的异议处理结果确认后，真正需要启用备用样品复检的比例也较低。如果先行全部购买备用样品，会造成财政资金的浪费。从经费使用有效性方面考虑采用这一种合理、可行的操作方式。

（三）严格限制重复抽查

为有效维护市场秩序，避免企业被过度监管，新的《管理办法》严格限制重复抽查。其中规定了同一市场监督管理部门不得在 6 个月内对同一生产者按照同一标准生产的同一商标、同一规格型号的产品进行 2 次以上监督抽查。对于同一市场监督管理部门，当满足后面的四个“同一”的情况下 6 个月之内不能进行 2 次重复的抽查。另外，还规定了“上抽下不抽”

的原则，即被抽样生产者、销售者在抽样时能够证明同一产品在6个月内经上级市场监督管理部门监督抽查的，下级市场监督管理部门不得重复抽查。当然在实施过程中，考虑到监督抽查的保密性和延时性，下级市场监督管理部门可能无法获悉上级的监督抽查情况，因此需要被抽查企业告知并提交相关证明材料以避免此类重复抽查。

（四）网络抽样程序

针对国内网络购物方式的普及以及所占比例的提高，消费者对于网购的关注度也逐年提升。此次新的《管理办法》针对网络抽样增加了具体程序要求，考虑到网络销售产品与一般销售产品存在较大差异，新增网络抽样章节，对网络抽样作出特别规定。明确监管范围，确定组织监督抽查部门的职责范围为本行政区域内的电子商务经营者销售的产品和电子商务经营者销售的本行政区域内的生产者生产的产品。因为网络销售产品范围遍及全国各地，如按照属地监管原则，各地市场监管部门均有权进行监管，若不加以限制，会造成大量的无序抽查，不利于监管效能的提高，也严重增加企业成本。另外，为减少网络经营者逃避监督抽查的可能，在网络抽样程序中还明确提出以“消费者的名义买样”。通过这种买样方式，能够有效规避被抽查企业得知抽查后采用各种方式规避抽查和监管的可能。通过这种不亮明身份的监管，用消费者的名义购买抽查样品，能够获取更接近于市场销售产品的最真实情况，从而提高监管的科学性、合理性和有效性。

（五）明确换机构复检

新的《管理办法》中还明确了换机构复检的要求。其中规定了除组织监督抽查的市场监督管理部门行政区域内仅有一个技术机构具备相应资质，需换机构复检的要求。换机构复检的要求主要是基于被抽查企业的诉求以及提高复检工作的公正性考虑，通过更换复检机构有效提高对检验机构的约束力，督促其提高检验的准确性，从而进一步加强复检工作的公正性、合理性和科学性。换机构复检的要求也与食品抽检换机构复检的做法保持一致。需要说明的是，《管理办法》中明确被抽查机构可以提出换机构异议复检的申请，但是选择更换的复检机构是由监督抽查组织部门来指定。同时，考虑到我国检验检测技术资源分布不均的实际情况，尤其地市级抽查，有可能所在省内的资源无法满足换机构复检的要求，而跨省协调技术资源的成本较大、效率较低，因此《管理办法》中也明确了对于行政区域内仅有一个技术机构具备相应资质不再更换机构复检。目前，该《管理办法》以“暂行”的方式命名，相信随着产品质量监督抽查工作经验的不断积累，还会进行不断地总结和完善，以适应未来产品质量监管的需要。

五、《食品安全抽样检验管理办法》介绍

2019年7月30日，国家市场监督管理总局第11次局务会议审议通过《食品安全抽样检验管理办法》(国家市场监督管理总局令第15号)，自2019年10月1日起实施，对原管理办法进行了修正。根据2022年9月29日国家市场监督管理总局令第61号，进行了第二次修正。该办法两次修正主要包括以下内容。

（一）完善抽样检验含义

根据工作目的和工作方式的不同，将食品安全抽检工作分为监督抽检、风险监测和评价

性抽检。

第五十二条第一款　本办法所称监督抽检是指市场监督管理部门按照法定程序和食品安全标准等规定，以排查风险为目的，对食品组织的抽样、检验、复检、处理等活动。

第五十二条第二款　本办法所称风险监测是指市场监督管理部门对没有食品安全标准的风险因素，开展监测、分析、处理的活动。

第五十三条第二款　评价性抽检是指依据法定程序和食品安全标准等规定开展抽样检验，对市场上食品总体安全状况进行评估的活动。

（二）完善程序要求

1. 完善抽样程序

一是落实“双随机一公开”要求，明确食品安全抽样工作应当遵守随机选取抽样对象、随机确定抽样人员的要求。

二是规定现场抽样和网络抽样应当履行的程序要求，并对网络食品抽检方式、费用支付、信息采集、样品收集等作出规定。

三是明确市场监督管理部门可以参照本办法关于网络食品安全监督抽检的规定对自动售卖机、无人超市等没有实际经营人员的食品经营者组织实施抽样检验。

2. 完善复检程序规定

调整了申请复检时限、复检机构确定方式，明确复检备份样品移交、报告提交、结果通报等各环节工作时限。规定复检备份样品确认由复检机构实施并记录，改变既往复检机构、初检机构、复检申请人三方确认的做法，提高工作效率。

3. 完善抽样异议处理程序

依法保障食品生产经营者权益，将抽样、检验及判定依据纳入异议申请范围，针对不同的异议情形明确异议提出主体。同时，补充完善了异议提出、受理、审核、结果通报等各环节时限和程序等相关规定要求，提高工作效率。

（三）强化主体法律责任

1. 明确食品生产经营者配合抽检的义务

第四条第二款　食品生产经营者是食品安全第一责任人，应当依法配合市场监督管理部门组织实施的食品安全抽样检验工作。

第十九条第二款　现场抽样时，抽样人员应当书面告知被抽样食品生产经营者依法享有的权利和应当承担的义务。被抽样食品生产经营者应当在食品安全抽样文书上签字或者盖章，不得拒绝或者阻挠食品安全抽样工作。

第四十条第一款　食品生产经营者收到监督抽检不合格检验结论后，应当立即采取封存不合格食品，暂停生产、经营不合格食品，通知相关生产经营者和消费者，召回已上市销售的不合格食品等风险控制措施，排查不合格原因并进行整改，及时向住所地市场监督管理部门报告处理情况，积极配合市场监督管理部门的调查处理，不得拒绝、逃避。

第四十一条第二款　接到通知的食品生产经营者应当立即进行自查，发现食品不符合食品安全标准或者有证据证明可能危害人体健康的，应当依照《食品安全法》第六十三条的规定停止生产、经营，实施食品召回，并报告相关情况。

2. 依法加大了食品生产经营者不配合抽检工作的处罚力度

第四十条第二款　在复检和异议期间，食品生产经营者不得停止履行前款规定的义务。食品生产经营者未主动履行的，市场监督管理部门应当责令其履行。

第四十一条第三款　食品生产经营者未主动履行前款规定义务的，市场监督管理部门应当责令其履行，并可以对食品生产经营者的法定代表人或者主要负责人进行责任约谈。

第四十七条　食品生产经营者违反本办法的规定，无正当理由拒绝、阻挠或者干涉食品安全抽样检验、风险监测和调查处理的，由县级以上人民政府市场监督管理部门依照《食品安全法》第一百三十三条第一款的规定处罚；违反治安管理处罚法有关规定的，由市场监督管理部门依法移交公安机关处理。

食品生产经营者违反本办法第三十七条的规定，提供虚假证明材料的，由市场监督管理部门给予警告，并处 1 万元以上 3 万元以下罚款。

违反本办法第四十二条的规定，食品经营者未按规定公示相关不合格产品信息的，由市场监督管理部门责令改正；拒不改正的，给予警告，并处 2000 元以上 3 万元以下罚款。

第四十八条　违反本办法第四十条、第四十一条的规定，经市场监督管理部门责令履行后，食品生产经营者仍拒不召回或者停止经营的，由县级以上人民政府市场监督管理部门依照食品安全法第一百二十四条第一款的规定处罚。

3. 强化信用惩戒

第四十六条第一款　市场监督管理部门应当通过政府网站等媒体及时向社会公开监督抽检结果和不合格食品核查处置的相关信息，并按照要求将相关信息记入食品生产经营者信用档案。市场监督管理部门公布食品安全监督抽检不合格信息，包括被抽检食品名称、规格、商标、生产日期或者批号、不合格项目，标称的生产者名称、地址，以及被抽样单位名称、地址等。

第四十九条　市场监督管理部门应当依法将食品生产经营者受到的行政处罚等信息归集至国家企业信用信息公示系统，记于食品生产经营者名下并向社会公示。对存在严重违法失信行为的，按照规定实施联合惩戒。

（四） 2022 年修正内容

2022 年，对《食品安全抽样检验管理办法》作出修正，主要包括以下内容。

（1）将第二十五条第一款修改为：“食品安全监督抽检的检验结论合格的，承检机构应当自检验结论作出之日起 3 个月内妥善保存复检备份样品。复检备份样品剩余保质期不足 3 个月的，应当保存至保质期结束。合格备份样品能够合理再利用，且符合省级以上市场监督管理部门要求的，可以不受上述保存时间限制。”

（2）将第二十七条中的“食品安全抽样检验信息系统”修改为“国家食品安全抽样检验信息系统”。

第四节　反食品浪费法

2020 年 9 月，全国人大常委会启动了为期 1 个多月的珍惜粮食、反对浪费专题调研。同年 12 月 21 日，第十三届全国人民代表大会常务委员会第二十四次会议，审议全国人大常委会委员长会议关于提请审议反食品浪费法草案的议案，12 月 22 日《中华人民共和国反食品浪费法》草案提请十三届全国人大常委会初次审议并于 2021 年 4 月 29 日，第十三届全国人民代表大会常务委员会第二十八次会议通过《中华人民共和国反食品浪费法》（以下简称《反食品浪费法》），自公布之日起开始施行。《反食品浪费法》是为了防止食品浪费、保障国家粮食安全、弘扬中华民族传统美德、践行社会主义核心价值观、节约资源、保护环境、促进经济社会可持续发展、根据宪法而制定的法律。自实施以来，我国的食品浪费程度得到明显改观，群众的珍惜食品和粮食安全意识得到明显提高，《反食品浪费法》的持续推进，对防止食品浪费，保障国家粮食安全产生了重大的推进作用。

《中华人民共和国反食品浪费法》

一、基本信息

1. 食品

《反食品浪费法》所指的食品，是指各种供人食用或者饮用的成品和原料以及按照传统既是食品又是药品的物品，但是不包括以治疗为目的的物品。

2. 食品浪费

食品浪费是指对可安全食用或者饮用的食品未能按照其功能目的合理利用，包括废弃、因不合理利用导致食品数量减少或者质量下降等行为，从而减少了食品本身价值的现象。

3.《反食品浪费法》实行范围

《反食品浪费法》已经在全国范围内正式开始执行。该法旨在加强对食品浪费行为的监督与惩罚，促进勤俭节约和可持续消费。从国家、行业、企业、消费者等不同范围内全面推进法规的实施。

国家和各级人民政府范围内坚持多措并举、精准施策、科学管理、社会共治的原则，采取技术上可行、经济上合理的措施防止和减少食品浪费。倡导文明、健康、节约资源、保护环境的消费方式，提倡简约适度、绿色低碳的生活方式。加强对反食品浪费工作的领导，确定反食品浪费目标任务，建立健全反食品浪费工作机制，组织对食品浪费情况进行监测、调查、分析和评估，加强监督管理，推进反食品浪费工作。

超市和餐饮行业等经营者，反食品浪费法要求采取合理措施防止浪费，通过合理的库存管理、调整供应链、精细化运营等方式来减少过期食品的浪费。同时，餐厅也应该鼓励顾客点菜适量、不浪费食品。对于大量浪费食物的餐厅，相关单位会对其进行纠正和处罚。

消费者和生产者也应承担相关责任。消费者应该以适量为原则消费食品，尽可能减少浪费；生产者则要按需生产，避免供过于求的情况，同时要加强食品的质量和安全控制，保证更多的食品被有效利用。

4.《反食品浪费法》推行调整的关系

统筹发展，平衡促进消费与粮食安全的关系，要在保障国家粮食安全的基础上，促进经济社会可持续发展，同时倡导文明、健康、节约资源、保护环境的消费方式。

注重公平，平衡创新发展与社会分配的关系，各类社会主体都被调动防止和减少食品浪费，通过社会力量解决社会问题，更加公平合理配置社会资源，并最终培养“厉行节约、反对浪费”的社会风尚。

厉行法治，平衡道德约束与法律制度的关系，解决食品浪费问题的关键在于德治与法治并行。勤俭节约等传统美德只能够作为个人内心的道德约束，《反食品浪费法》的出台弥补了在法律制度上的缺口，使得解决食品浪费问题有法可依，在德治之外有了法治手段。保障了在道德和法律双层面上自我要求。

二、《反食品浪费法》的内容体系

《反食品浪费法》共三十二条，包括对定义、反食品浪费的原则和要求、政府及部门职责、各类主体责任、激励和约束措施、法律责任等作出规定。

第一条至第二条　分别阐述了《反食品浪费法》出台的原则和要求及作用，对食品及食品浪费等名词作出定义解释。

第三条至第六条　分别从国家、各级人民政府、国务院各相关部门等对于反食品浪费工作的推行提出全新的要求及推进措施作出了规定。

第七条至第十二条　对设有食堂的单位、学校、餐饮外卖平台、旅游经营者等食品经营者在为消费者提供服务的同时也应该提醒消费者“量力而行，杜绝浪费”，将反食品浪费工作情况纳入相关质量标准等级评定指标等措施，从经营者层面推行《反食品浪费法》作出了规定。

第十三条至第十六条　对于个人、各级人民政府及其有关部门、国家等不同层面通过制定和修改有关食品标准，树立合理的消费理念中将防止食品浪费作为重要考虑因素，在保证食品安全的前提下，最大程度防止浪费。在《反食品浪费法》具体实施过程中对政府及部门职责作出了规定。

第十七条至第二十五条　规定各级人民政府及其有关部门，食品、餐饮行业协会等，通过建立反食品浪费监督检查机制，加强行业自律，同时通过新闻媒体，学校教育等手段加强宣传、普及防止食品浪费知识，推广先进典型，引导人民自觉开展反食品浪费活动，形成科学的饮食习惯，养成健康生活。对于各类主体责任作出了规定。

第二十六条至第三十一条　对防止食品浪费的举措进行激励，同时对于违反本法规定的经营者等依法追究法律责任，责令改正或罚款，对《反食品浪费法》奖惩及法律责任作出了规定。

第三十二条　对于《反食品浪费法》的具体实施时间作出了规定。

三、《反食品浪费法》的主要规范

（一）实施原则要求，划定政府职责

根据《反食品浪费法》的规定，国家坚持多措并举、精准施策、科学管理、社会共治的原则，采取技术上可行、经济上合理的措施防止和减少食品浪费。国家倡导文明、健康、节约资源、保护环境的消费方式，提倡简约适度、绿色低碳的生活方式。通过法律条文的形式准确地对各级人民政府及其有关部门的反食品浪费责任作出了明确规定，做到法定职责清晰。

明确各级人民政府加强对反食品浪费工作的领导力度，建立健全反食品浪费工作机制，确定反食品浪费目标任务，加强监督管理，推进反食品浪费工作，体现政府责任意识带动群众自觉推进反食品浪费工作实施。

重点明确国务院发展改革部门、商务主管部门、市场监督管理部门、粮食和物资储备部门对有关反食品浪费的工作职责，并规定了县级以上地方人民政府每年向社会公布反食品浪

费工作情况，全民监督。

（二）阐明主体责任，倡导厉行节约

《反食品浪费法》坚持约束与倡导相结合，约束公务用餐，规范餐饮服务提供者和餐饮外卖平台的餐饮服务行为，加强对食堂、校外供餐单位的有效管理，明确经营者的主体责任，倡导个人和家庭形成科学健康、物尽其用、防止浪费的良好习惯和生活方式，要求婚丧嫁娶、朋友聚会等活动的组织者、参加者科学适度点餐，文明、健康用餐。明确食品、餐饮行业协会等每年向社会公布有关反食品浪费情况及监测评估结果。鼓励餐饮服务经营者向社会公开反食品浪费情况，尽最大可能防止浪费，做到全民参与监督，共同推动《反食品浪费法》的有效实施。

（三）实行社会共治，促进协同发展

按照《反食品浪费法》的明确要求，对于食品、餐饮行业协会应加强行业自律，依法制定、实施反食品浪费等相关团体标准和行业自律规范。强调教育行政部门、学校将厉行节约、反对浪费纳入教育、教学内容。规定新闻媒体开展反食品浪费的公益宣传，从不同层面，向大众积极宣传反对食品浪费的原则，倡导文明、健康用餐的生活方式。

（四）注重奖惩并重，规范责任意识

按照《反食品浪费法》的相关规定，县级以上人民政府采取相关措施，对防止食品浪费的科学研究、技术开发等活动予以支持。政府采购有关商品和服务，应当有利于防止食品浪费。国家实行有利于防止食品浪费的税收政策。同时餐饮服务经营者可以对参与“光盘行动”的消费者给予相关合理奖励。激励大众在日常生活中践行反食品浪费的规范要求。

对于违反《反食品浪费法》规定的餐饮服务经营者进行责令改正，给予警告。拒不改正的，处一千元以上一万元以下罚款。在食品生产经营过程中造成严重食品浪费的，由有关部门责令改正，拒不改正的，处五千元以上五万元以下罚款。违反该法规定设有食堂的单位，广播电台、电视台、网络音视频服务提供者制作、发布、传播宣扬量大多吃、暴饮暴食等浪费食品的节目或者音视频信息的，由相关部门责令改正，给予警告。若广播电台、电视台、网络音视频服务提供者拒不改正或者情节严重的，处一万元以上十万元以下罚款，并可以责令暂停相关业务、停业整顿，对直接负责的主管人员和其他直接责任人员依法追究其法律责任。做到处理结果，有法可依，人民群众清晰违法后果。

（五）强化监督机制，大众共同参与

依照《反食品浪费法》的相关规定，各级人民政府及其有关部门建立反食品浪费监督检查机制。规定县级以上人民政府采取措施，对防止食品浪费的科学研究、技术开发等活动予以支持；国家实行有利于防止食品浪费的税收政策。明确任何单位和个人发现食品生产经营者有食品浪费行为的，有权向有关主管部门和机关举报。对未主动进行防止食品浪费提示提醒，制作、发布、传播宣扬量大多吃、暴饮暴食等浪费食品的节目或者音视频信息等违法行为规定相应的法律责任。加强监督机制，对于违反《反食品浪费法》的相关规定的部门及人员做到处罚结果合理有依，令受罚部门及人员及时整改，大众共同参与相互监督，推动自觉养成反对食品浪费的习惯。

四、国家政府、生产经营者、消费者反食品浪费的责任和义务

（一）国家政府的反食品浪费的责任和义务

国家政府在设立法规及监督过程中，应该承担起反食品浪费的责任和相应的义务。①国家坚持多措并举、精准施策、科学管理、社会共治的原则，采取技术上可行、经济上合理的措施防止和减少食品浪费。倡导文明、健康、节约资源、保护环境的消费方式，提倡简约适度、绿色低碳的生活方式。②建立健全反食品浪费工作机制，组织对食品浪费情况进行监测、调查、分析和评估，加强监督管理，推进反食品浪费工作。③加强对全国反食品浪费工作的组织协调，每年向社会公布反食品浪费情况，提出加强反食品浪费措施，持续推动全社会反食品浪费。④建立反食品浪费监督检查机制，对发现的食品浪费问题及时督促整改。加强对食品生产经营者反食品浪费情况的监督，督促其落实反食品浪费措施。⑤国家粮食和物资储备部门应当加强粮食仓储流通过程中的节粮减损管理，会同国务院有关部门组织实施粮食储存、运输、加工标准。⑥国务院有关部门依照本法和国务院规定的职责，采取措施开展反食品浪费工作。⑦国家开展引领营养状况监测、营养知识普及，引导公民形成科学的饮食习惯，减少不健康饮食引起的疾病风险。

（二）生产经营者的反食品浪费的责任和义务

生产经营者在生产及销售过程中，应该承担起反食品浪费的责任和相应的义务。①食品生产经营者应当采取相关措施，改善食品贮存、运输、加工条件，防止食品变质，降低贮存、运输中的损耗。②提高食品加工利用率，避免过度加工和过量使用原材料。尽可能地降低原材料损失。③在销售过程中，要做到主动对消费者进行防止食品浪费提示提醒，引导消费者按需适量点餐，不得诱导、误导消费者超量点餐，避免浪费。④餐饮服务经营者可运用信息化手段分析用餐需求，通过建设中央厨房、配送中心等措施，对食品采购、运输、贮存、加工等进行科学管理。⑤提醒消费者适量点餐、取餐。有关行业应当将生产经营者反食品浪费工作情况纳入相关质量标准等级评定指标。

（三）消费者的反食品浪费的责任和义务

消费者在消费过程中，应该承担起反食品浪费的责任和相应的义务。①消费者应当树立文明、健康、理性、绿色的消费理念，外出就餐时根据个人健康状况、饮食习惯和用餐需求合理点餐、取餐。②家庭及成员在家庭生活中，应当培养形成科学健康、物尽其用、防止浪费的良好习惯，按照日常生活实际需要采购、贮存和制作食品。

第五节　危害分析与关键控制点

一、概述

危害分析与关键控制点（hazard analysis and critical control point，HACCP）是对可能发生

在食品加工环节中的危害进行评估，进而采取控制的一种预防性的食品安全控制体系。有别于传统的质量控制方法，HACCP 是对原料、各生产工序中影响产品安全的各种因素进行分析，确定加工过程中的关键环节，建立并完善监控程序和监控标准，采取有效的纠正措施，将危害消除或降低到消费者可接受水平，以确保食品加工者能为消费者提供更安全的食品。

HACCP 强调预防为主，监控为重点，确保食品在生产、加工、制造、准备和食用等过程中的安全，在危害识别、评价和控制方面是一种科学、合理和系统的方法。

（一） HACCP 的起源与发展

20 世纪 60 年代，HACCP 体系是由美国某公司鲍曼等与宇航局和美国陆军纳蒂克研究所共同开发的体系，其主要被用于航天食品中，1971 年被美国食品与药物管理局（FDA）接受。1974 年在《美国联邦法规》（*Code of Federal Regulations*，CFR）21 卷第 113 部分的“低酸罐头食品的 GMP”中采用了 HACCP 原理，这也是国际上首次有关 HACCP 的立法。随后，由美国农业部食品安全检验署（FSIS）、美国陆军纳蒂克研究所、FDA、美国海洋渔业局（NMFS）4 家政府机构及大学和民间机构的专家组成的美国食品微生物学基准咨询委员会（NACMCF）于 1992 年采纳了食品生产的 HACCP 七个原则。1993 年，CAC 批准了《HACCP 体系应用准则》，1997 年颁发了新版《HACCP 体系及其应用准则》，该准则已被广泛接受并得到国际上普遍的采纳。

HACCP 概念已被认可为世界范围内生产安全食品的准则，HACCP 体系被认为是控制食品安全和风味品质的最有效的管理体系，在世界各国得到广泛应用和发展。

我国 HACCP 的发展自 20 世纪 80 年代开始，起初对于 HACCP 的实施只是处于探讨和应对进口国的要求的发展初级阶段。20 世纪 90 年代初，国家出入境检验检疫相关部门针对出口冻鸡肉、冻猪肉、冻烤鳗、冻虾仁、芦笋罐头、蜂蜜等食品中存在的质量安全问题，以及如何应用推广 HACCP 进行大量工作，陆续发布了《出口食品厂、库卫生要求》和《出口畜禽肉及其制品加工企业注册卫生规范》等 9 个卫生注册规范。1991 年，国家卫生部正式把 HACCP 应用于食品卫生监督。经过 10 多年的 HACCP 的试行，HACCP 认证体系已经成为政府对出口食品安全管理控制的重要法规依据。2002 年 3 月，国家认监委发布了《食品生产企业危害分析与关键控制点（HACCP）管理体系认证管理规定》，对开展 HACCP 官方验证和第三方认证提出规范性要求。由此拉开了我国食品企业 HACCP 认证的序幕，2021 年，国家认监委发布了新版《HACCP 体系认证实施规则》，现在 HACCP 体系已经成为中国食品安全控制的基本方法。

（二） HACCP 的作用

作为一个系统化的方法，HACCP 是现代世界确保食品安全的基础，其作用是防止食品生产过程（包括制造、贮运和销售）中食品有害物质的产生。HACCP 不是依赖对最终产品的检测来确保食品的安全，而是将食品安全建立在对加工过程的控制上，以防止食品产品中的可知危害或将其减少到一个可接受的程度。

HACCP 体系是一个以预防食品安全为基础的食品生产、质量控制的保证体系，是一个系统的、连续性的食品安全预防和控制方法。该体系的核心是用来保护食品从农田到餐桌的整个过程中免受可能发生的生物、化学、物理因素的危害，尽可能把发生食品安全危害的可能性消灭在生产、加工、贮存、运输过程中，而不是像传统的质量监督那样单纯依靠事中事后检验以保证食品安全。这种步步为营的全过程的控制防御系统，可以最大限度地减少产生食品安全危害的风险。

随着食品工业规模化与多样化的发展，人们对食品安全与卫生方面的监控与管理工作提出了更高的要求，政府和企业界付出了巨大的努力。但是，世界各国食品安全事件仍呈逐年上升趋势。例如，在美国，每年有650万~3300万人因食品中含有病原菌而患病，其中约有9000人死亡，造成国民经济损失65亿~350亿美元；欧洲在过去10年中，食物中毒案例增加了200%。纵观分析各类食品安全事件，食源性疾病占主导位置，产生原因有：①原料质量差；②原料处理不当；③产品配方随意变更；④产品工艺变更；⑤发生交叉污染；⑥清洁不当；⑦维修保养不当；⑧添加剂使用不符合法规要求；⑨以经济欺骗为目的掺杂使假。这些原因导致食品中存在各种生物、化学和物理性危害，危害消费者健康，其中生物性危害所引起的结果最为严重，食源性疾病占整个食物中毒事故的90%以上。HACCP体系建立是以预防为主的食品安全控制体系，可最大限度地消除、减少食源性疾病，其作用有以下几方面。

HACCP是一种结构严谨的食品安全控制体系，它能够及时识别出所有可能发生的危害(包括生物、化学和物理性的危害)，并在科学的基础上建立预防性措施。例如，它将加工企业对原料的要求传递给原料供应商，从而确保原料的安全性，减少食品的原始危害。所以，实施HACCP体系能最大限度地控制食品生产、贮存和销售过程中的食品安全问题。

HACCP体系是保证生产安全食品最有效、最经济的方法，由于其目标直接指向生产过程中的有关食品卫生和安全问题的关键环节，因此能降低质量管理成本，减少最终产品的不合格率，提高产品质量。延长产品货架期，大大减少由于食品腐败而造成的经济损失，不但降低了生产成本，而且极大地减少了因产品缺陷带给消费者的风险。

HACCP体系能通过预测潜在危害因素，提出控制措施，使新工艺和新设备的设计与制造更加容易、可靠，最大限度保证食品安全的生产方式，有利于食品企业生产技术的发展与改革。

HACCP体系为食品生产企业和政府监督机构提供了一种最理想的食品安全监测和控制方法，使食品质量管理与监督体系更完善、管理过程更科学。应用HACCP体系可以弥补传统的质量控制与监督方法的不足。实践证明，对最终产品进行抽样检测以确定产品是否合格，往往只能做一些事后补救工作，很难有效确保食品的安全性。HACCP的基本思想是：将“安全”融入产品加工过程中，在食源性疾病发生前就预先监控食品链中“关键控制点（CCP）”。做到防患于未然，这种以预防为主的食品安全控制体系，为食品生产企业和政府监督机构提供了最经济、最有效的手段。

HACCP已被政府监督机构、媒介和消费者公认为目前最有效的食品安全保证体系，企业实施该体系等于向公众证明企业是将食品安全视为首要任务，从而增加人们对产品的信心，提高产品在消费者中的置信度，保证食品工业和流通领域的稳定性。

HACCP已逐渐成为一个全球性食品安全保证体系，对促进食品安全贸易、企业开拓国际市场起到积极推动作用。主要表现在以下三个方面：

①符合目标市场的法规要求，打破技术贸易壁垒。

②为出口加工型企业赢得客户的信任，增强吸引力和竞争力。HACCP在许多国家被强制执行，国内食品生产企业要成为它们的供应商，必须推行HACCP，并通过认证。

③在食品对外贸易上重视 HACCP 审查，可以减少对成品烦琐的商检程序，缩短产品订货期，提高业务效率和反应能力。

二、 HACCP 的基本原理

1993 年，由 FAO 和 WHO 联合创建的 CAC，开始鼓励各国推行使用 HACCP，其下属机构食品卫生委员会（Food Hygiene Committee of Codex Alimentarius Commission）起草了《HACCP 原理应用指导》，提出了 HACCP 七项基本原理。

1. 原理一：进行危害分析（hazard analysis， HA）

危害分析与控制措施是 HACCP 原理的基础，在制定 HACCP 计划的过程中，最重要的就是确定所有涉及食品安全性的显著危害，并针对这些危害采取相应的预防措施，对其加以控制。实际操作中可利用危害分析表分析并确定潜在危害。食品危害分析是指识别出食品中可能存在的给人们身体带来伤害或疾病的生物、化学和物理因素，并评估危害的严重程度和发生的可能性，以便采取措施加以控制。食品危害分析一般分为危害识别和危害评估。

（1）危害识别　食品的危害识别在 HACCP 体系中是十分关键的环节，它要求在食品原料使用、生产加工和销售、包装、运输等各个环节对可能发生的食品危害进行充分的识别，列出所有潜在的危害，以便采取进一步的行动。食品中的危害一般可分为生物危害、化学危害和物理危害。

①生物危害：食品中生物危害包括病原性微生物、病毒和寄生虫。

病原性微生物一般会导致食源性疾病的发生，且发病率较高。在美国平均每年达 3 万多例，我国每年报告的集体发病事件，多数也属于食源性疾病。病原性微生物对人体健康造成的伤害包括食源性感染和食源性中毒。食源性感染会造成腹泻、呕吐等症状；食源性中毒，即食物中毒，对人体造成的危害更加严重。病原性微生物主要的来源是，在适宜的环境如营养成分、pH、温度、水分活度、气体（氧气）等条件下，微生物会快速繁殖，从而引起食物腐败变质。食品生产中常见的致病微生物包括肉毒梭菌、弧菌（霍乱弧菌、副溶血性弧菌、其他弧菌）、李斯特菌、沙门氏菌、炭疽杆菌、结核杆菌、布鲁氏杆菌、志贺氏菌、致病性大肠杆菌和金黄色葡萄球菌等。

病毒比细菌更小，食品携带病毒后，可以通过感染人体细胞从而引起疾病。如 1998 年春天上海暴发的大规模甲肝，造成大约 30 万人感染甲型肝炎病毒，导致发烧、腹痛腹泻、肝脏炎症并伴有黄疸等症状。除常见的甲肝病毒、乙肝病毒外，诺瓦克病毒、禽流感病毒和导致疯牛病的朊病毒都属于食源性病毒。病毒污染食品的途径一般有：动植物原料感染了病毒，如人们食用的毛蚶感染了甲肝病毒；原料动物携带病毒，如牛口蹄疫；食品加工人员带有病毒，如乙肝患者。

寄生虫通常寄生在宿主体表或体内，通过食用携带寄生虫的食品而感染人体，可能出现淋巴结肿大、脑膜炎、心肌炎、肝炎、肺炎等症状。例如，猪囊虫病，就是人们食用了未煮熟的囊虫病猪肉而被感染。寄生虫污染食品的途径有：原料动物患有寄生虫病；食品原料遭到寄生虫卵的污染；粪便污染。

②化学危害：食品中化学危害可分为天然的化学危害、添加的化学危害和外来的化学危害。

天然的化学危害来自物质内部自身形成的某种化学物质，这些化学物质在动物、植物自然生产过程中产生，如人们常说的毒蘑菇、某些生长在谷物上的霉菌毒素（如可以致癌的黄曲霉毒素）、河豚中含有的毒素、某些贝类因食用一些微生物和浮游植物而产生的贝类毒素。

添加的化学危害来自：一方面是人们在食品加工、包装运输过程中加入可食用的食品色素、防腐剂、发色剂、漂白剂等添加剂，如果超过安全使用限量水平就成为化学危害。另一方面是人为添加非食品添加剂或用非食品原料制作食品，从而导致的化学危害。例如，苏丹红（鸭蛋）、孔雀石绿（水产养鱼）、瘦肉精（养猪）、三聚氰胺（乳粉）等，以及不断涌现的各类食品掺杂使假事件，这些均会导致严重的化学危害。

外来的化学危害主要来源于以下几种途径：农用杀虫剂、除草剂、化肥等化学药品的使用；兽用药品、抗生素、生长激素等的使用在动物体内的残留；工业污染如铅、砷、汞等化学物质进入动植物及水产品体内；食品加工企业使用的润滑剂、清洁剂、灭鼠药、消毒剂等化学物质污染食品。

化学危害对人体可能造成急性中毒、慢性中毒、影响人体发育、致畸、致癌，甚至致死等后果。

③物理危害：物理危害是指在食品中发现的不正常有害异物，当人们误食后可能造成身体外伤、窒息或其他健康问题，如食品中常见的金属、玻璃、碎骨等异物对人体的伤害。物理危害主要来源于以下几种途径，植物收获过程中掺进玻璃、铁丝、铁钉、石头等；水产品捕捞过程中掺杂鱼钩、铅块等；食品加工设备上脱落的金属碎片、灯具及玻璃容器破碎造成的玻璃碎片等；畜禽在饲养过程中误食铁丝，畜禽肉和鱼剔骨时遗留骨头碎片或鱼刺。

（2）危害评估　危害评估就是对识别出来的食品危害是否构成显著危害进行评价。事实上只要控制显著危害，就是降低了食品危害风险系数。

显著性危害有哪些？一般应从两个方面来确定：一是发生的可能性（风险性）；二是一旦控制不当会给人们带来不可接受的健康损害（严重性）。在实际生产中，一般是根据工作经验、流行病学数据、客户投诉及现有的技术资料、信息来评估危害发生的可能性；通过政府部门、权威研究机构向社会公布的风险分析来判定危害的严重程度。需要注意的是，在进行危害分析时必须考虑加工企业无法控制的因素，如销售、运输环节及食用方式等，这些因素应在食品包装上以适当的文字或图形加以说明，给消费者合适的信息，防止食品在食物链后期发生不必要的食品危害。对于消费群体不同的饮食习惯，可能会产生的危害，某些食品应注明合适的消费人群。例如，儿童食用果冻就曾经发生过窒息死亡事件，鱼骨鱼刺对成年人来说通常不是危害，但对儿童就有可能构成危害。

食品危害的识别和分析一般由食品企业HACCP体系负责小组来完成，也可以聘请技术专家指导完成。HACCP体系小组应对历史上发生过的一些食品安全事件加以关注，尤其是流行病的发生，应充分考虑新出现的食品危害。例如，对来自欧洲的牛肉，前几年可能不会考虑疯牛病带来的危害，而现在则应将其作为显著危害来对待。

在危害识别、分析过程中，HACCP体系小组应组织发动各类人员，集思广益，广开言路，尽可能发现潜在危害，防止遗漏显著危害。

控制措施是预防措施，而非纠正措施。即通过预先的行动来防止或消除食品危害的发生，或将其危害降到可接受的水平，控制措施主要是针对显著危害而言的。在实际中，可以有很多方法来控制食品危害的发生，有时一个显著危害只需一种控制方法就可以控制，有时可能同时需要几种方法来控制；有时一种方法也可以同时控制几种不同的危害。

①生物危害的控制措施：对病原性微生物（细菌）的控制可以有以下几种措施，如加热和蒸煮，可以使致病菌失活；冷却和冷冻，可以抑制细菌生长；发酵或 pH 控制，可以抑制部分不耐酸的细菌生长；添加盐或其他防腐剂，可以抑制某些致病菌生长；高温或低温干燥，可以杀死某些致病菌或抑制某些致病菌生长。

②化学危害的控制措施：对化学危害的源头控制有时比控制生物危害更加困难，如农药、兽药的残留问题，一般可考虑从非污染区域和合格供应商采购食品原料。有条件的可以选择通过有机产品认证的食品原料。加工过程控制主要通过合理使用食品添加剂，使用无毒、食品专用清洁剂，严格禁止使用非食品原料制作食品和添加非食品添加剂，控制化学危害的产生。

③物理危害的控制措施：对物理危害的控制，一是靠预防，如通过供应商和原料控制尽可能减少杂质的掺入；二是通过金属探测、磁铁吸附、筛选、空气干燥机等方法控制；三是通过眼看、手摸等方法进行人工挑选。

传统的食品安全着重于防止食品在生产加工过程中受到生物、化学和物理危害的偶然污染，这种食品的非蓄意污染能够根据加工的类型合理的预测出来，这是 HACCP 体系确保食品安全的基础；对于食品链遭到人为蓄意污染和破坏的危险，即非传统的食品安全问题，可行的控制方法就是启动食品防护计划，它是为达到食品防护目的而制定的一系列制度化、程序化的书面文件，是建立在全面的食品防护安全评估基础上。

2. 原理二：确定关键控制点（critical control points，CCP）

确定能够实施控制且可以通过正确的控制措施达到预防危害、消除危害或将危害降低到可接受水平的 CCP。一个 CCP 应是加工工艺中一个特殊点，以使预防措施能有效地控制危害。

（1）CCP 选择　下列一些点、步骤或过程在实际生产加工中可用来作为 CCP。

①预防危害发生：通过控制接受步骤来预防病原体或药物残留（如供应商的声明）；通过配方或添加配料来控制预防病原体在成品中的生长（如改变 pH 或添加防腐剂等）；在冷藏或冷冻条件下保存能防止细菌生长；改进食品的原料配方，可防止化学危害（如食品添加剂的危害）。

②消除危害：加热、烹调杀死所有的致病性细菌；在-38℃以下冷冻可以杀死寄生虫；金属检测器可剔除金属碎片。

③将危害减少到可接受水平：外来物质的发生通过人工挑选和自动收集来减小到最低程度；可以通过从认可海区获得的贝类使某些微生物和化学危害被减小到最低程度。

事实上，完全消除或预防显著的危害也许是不可能的，在一些过程中，将危害减至最低是 HACCP 计划唯一合理的目标。

（2）CCP 与危害以及控制点（CP）的关系　CCP 控制的是影响食品安全的显著危害，但显著危害的引入点不一定是 CCP。例如，在生产单冻虾仁的过程中，原料虾有可能带有细菌性病原体，它是一种显著危害，原料虾收购是细菌性病原体的引入点，但该点并不是 CCP，关键控制点在虾的蒸煮阶段，通过蒸煮可以把细菌性病原体杀死。

另外，一个 CCP 能用于控制一种以上的危害。例如，冷冻贮藏可能是控制病原体和组胺形成的一个 CCP。同样，一个以上的 CCP 可以用来控制一种危害，如在蒸熟的汉堡饼中控制病原体，如果蒸熟时间取决于最大饼的厚度，则蒸熟和成饼的步骤都被认为是关键控制点。

CP 是指能控制生物的、物理的或化学因素的任何点、步骤或过程。CCP 仅限于能最有效地控制显著危害的那个点或那些点。也就是说，CCP 肯定是 CP，而 CP 不一定都是 CCP。在流程图中不能被确定为 CCP 的许多点可以认为是 CP，这些点可以记录质量因素的控制，如食品的颜色或风味，或非 HACCP 法规要求列入填写标准等。它们与食品的安全性无直接关系，一般不列入 HACCP 计划中。

3. 原理三：确定 CCP 的关键限值（critical limit， CL）

指出与 CCP 相应的预防措施必须满足的要求。例如，糕点烘烤温度的高低、时间的长短、pH 的范围以及盐浓度等是确保食品质量安全的 CL。每个 CCP 都必须有一个或多个 CL，一旦操作中偏离了 CL，必须采取相应的纠偏措施才能确保食品的安全性。

建立 CL 应注意以下几点。

①对每个 CCP 必须设立 CL；

②CL 是一个数值，而不是一个数值范围；

③CL 应具有可操作性。在实际操作当中，多用一些物理的（时间、温度、厚度、大小）、化学的（pH、水分活度、盐浓度）指标；而不要用一些费时费钱又需大量样品而且结果不均一的微生物学限量或指标；

④CL 应符合相关的国家标准、法律法规要求；

⑤CL 应具有科学依据。正确的关键限值需要通过实验或从科学刊物、法律性标准、专家及科学研究等渠道收集信息，予以确定。例如，需对鱼饼进行油炸 CCP，以控制致病菌，油炸鱼饼可以有三种 CL 的选择方案。

选择 1：CL 值定为“无致病菌检出”；

选择 2：CL 值定为“最低中心温度 66℃；至少保持 1min”；

选择 3：CL 值定为“最低油温 177℃；最大饼厚 0.625cm；至少保持 1min”。

4. 原理四：建立 CCP 的监控措施

即通过一系列有计划的观察和测定（如温度、时间、pH、水分、压力等）活动来评估 CCP 是否在控制范围内，准确记录监控结果，针对没有满足 CCP 要求的过程或产品，应立即采取纠偏措施。凡是与 CCP 有关的记录和文件都应该有监控员的签名。例如，糕点厂原料监控室通过核对供应商名单及提供检查分析证书进行质量保证的 CCP；糕点烘烤的 CCP 是通过目测检查并签署烤炉记录图表来实施监控的。

5. 原理五：建立纠偏措施

如果监控结果表明加工过程失控，应立即采取适当的纠偏措施，减少或消除失控所导致的潜在危害，使加工过程重新处于控制之中。纠偏措施应在制定 HACCP 计划时预先确定，其功能包括：①决定是否销毁失控状态下生产的食品；②纠正或消除导致失控的原因；③保留纠偏措施的执行记录。

6. 原理六：建立关于 HACCP 原理及其应用的所有过程和数据记录的文件系统

记录是 HACCP 计划成功实施的重要组成部分。需要保存的记录包括：HACCP 计划的目的和范围，产品描述和识别，加工流程图，危害分析，HACCP 审核表，确定关键限值的依据，对关键限值的验证，监控记录，纠偏措施，验证活动的记录，校验记录，清洁记录，产品的标识与可追溯性记录，害虫控制记录，培训记录，签约经认可的供应商的记录，产品回收记录，审核记录，对 HACCP 体系的修改、复审材料记录。

7. 原理七：建立审核程序以证明 HACCP 体系有效运行

虽然经过了危害分析，实施了 CCP 的监控、纠偏措施并保持有效的记录，但是并不等于 HACCP 体系的建立和运行能确保食品的安全性，关键在于：①验证各个 CCP 是否都按照 HACCP 计划严格执行；②确证整个 HACCP 计划的全面性和有效性；③验证 HACCP 体系是否处于正常、有效的运行状态。这三项内容构成了 HACCP 的验证程序。在整个 HACCP 执行程序中，分析潜在危害、识别加工中的 CCP 和建立 CCP 关键限值，这三个步骤构成了食品危险性评价操作，它属于技术范畴，由技术专家主持，而其他步骤则属于质量管理范畴。

三、 HACCP 体系的特点

（1）针对性　针对性强，主要针对食品的安全卫生，是为了保证食品生产系统中任何可能出现的危害或有危害危险的地方得到控制。

（2）预防性　是一种用于保护食品防止生物、化学和物理危害的管理工具，它强调企业自身在生产全过程的控制作用，而不是最终的产品检测或者是政府部门的监管作用。

（3）经济性　设立 CCP 控制食品的安全，降低了食品安全的检测成本，同以往的食品安全控制体系比较，具有较高的经济效益和社会效益。

（4）实用性　在世界各国都得到了广泛的应用和发展。

（5）强制性　被世界各国的官方所接受，并被用来强制执行。同时，也得到了 FAO、WHO 和 CAC 的认同。

（6）动态性　HACCP 中的 CCP 随产品、生产条件等因素改变而改变，企业如果出现设备、检测仪器、人员等的变化，都可能导致 HACCP 计划的改变。

HACCP 是一个预防体系，但绝不是一个零风险体系，它只能将危害降低到一个可接受的水平。

第六节　食品良好生产规范

《食品安全法》第四十八条第一款规定：国家鼓励食品生产经营企业符合良好生产规范要求，实施危害分析与关键控制点体系，提高食品安全管理水平。

要保证食品安全必须从源头开始，从原料的生态环境、种植、饲养过程着手。现代食品安全控制体系就是建立在这种思想基础之上的，它以良好生产规范（good manufacturing practice，GMP）、卫生标准操作程序（SSOP）为基础，通过 HACCP 体系的有效实施，最终实现全程质量控制，确保产品的安全性。

食品的 GMP 是对食品生产企业的厂房与厂房设施、人员、原料、生产过程、包装容器的洗涤、灭菌和保洁、产品杀菌、产品灌装或装填、包装、标识、成品贮存与运输以及原料、加工过程、成品品质管理等贯穿整个食品生产加工链条的技术要求、措施和方法的操作规范，是用科学、合理、规范化的条件和方法来保证食品安全、优质的一整套生产与管理系统。该规范以企业为核心，涉及建厂设计、产品开发、产品加工、产品销售、产品回收等各环节，以质量和卫生为主线，全面细致地确定各种管理方案。

GMP 是国际上普遍推荐使用的用于食品生产的先进管理体系，它要求食品生产企业具备良好的生产工艺设备、合理的生产过程、完善的质量管理手段和严格的产品检验系统，以确保终产品的质量符合质量安全标准。

一、GMP 的起源和发展

GMP 最早是美国国会为了规范药品生产而于 1963 年颁布的。早在第一次世界大战期间，美国食品工业的不良状况和药品生产的欺骗行径被媒体披露，促使美国制定了《食品、药品和化妆品法》，开始以法律形式来保证食品、药品的质量，由此还建立了世界上第一个国家级的食品药品管理机构——美国 FDA。1963 年 FDA 制定了药品 GMP，并于 1964 年开始实施。由于 GMP 在规范药品的生产，提高药品的质量，保证药品的安全方面效果非常明显，1969 年，美国 FDA 将 GMP 的观点引到食品生产法规中。目前，世界上已有 100 多个国家实行了 GMP 制度。

我国食品企业质量管理规范的制定工作起步于 20 世纪 80 年代中期，从 1988 年起，先后颁布了 21 个食品企业卫生规范。这些卫生规范主要是针对当时我国大多数食品企业卫生条件和卫生管理比较落后的情况，重点规定了厂房、设备、设施的卫生要求和企业的自身卫生管理等内容，促进了我国食品企业卫生状况的改善，预防和控制各种有害因素对食品的污染。这些规范制定的指导思想与 GMP 的原则类似，将保证食品卫生质量的重点放在成品出厂前的整个生产过程的各个环节上，而不仅仅着眼于最终产品，针对食品生产全过程提出相应技术要求和质量控制措施，以确保最终产品卫生质量合格。自上述规范发布以来，我国食品企业的整体生产条件和管理水平有了较大幅度的提高，食品工业得到了长足发展。由于营养型、保健型和特殊人群专用食品的生产企业迅速增加，食品种类日益增多，单纯控制卫生质量的措施已不适应企业品质管理的需要，鉴于制定我国食品企业 GMP 的时机已经成熟，1994 年，我国制定了 GB 14881—1994《食品企业通用卫生规范》（2013 年修订为 GB 14881—2013《食品安全国家标准　食品生产通用卫生规范》），作为我国食品企业必须执行的国家标准发布；1998 年卫生部发布了 GB 17405—1998《保健食品良好生产规范》和 GB 17404—1998《膨化食品良好生产规范》（2016 年修订为 GB 17404—2016《食品安全国家标准　膨化食品生产卫生规范》）。这是我国首批颁布的食品 GMP 标准，标志着我国食品企业管理向高层次的发展。GMP 要求食品生产企业应具备良好的生产设备、科学合理的生产过程、完善的质量管理和严格的检测系统、高水平的人员素质、严格的管理体系和制度，确保最终产品的质量（包括食品安全性）符合法律、法规要求。

二、GMP 的主要内容

GMP 根据 FDA 的法规，分为四个部分：总则、建筑物与设施、设备、生产和加工控制。GMP 适用于所有食品企业，注重常识性生产卫生要求、与食品卫生质量有关的硬件设施的维护和人员卫生管理。应该说，强调食品的生产和贮运过程应避免微生物、化学性和物理性污染，符合 GMP 的要求是控制食品安全的第一步。我国 GB 14881—2013《食品安全国家标准　食品生产通用卫生规范》是在 GMP 的基础上建立起来的，并以强制性国家标准形式来实施。该规范适用于食品生产、加工企业或工厂，并作为制定各类食品厂的专业卫生依据。GB 14881—2013《食品安全国家标准　食品生产通用卫生规范》规定了食品生产过程中原料采购、加工、包装、贮存和运输等环节的场所、设施、人员的基本要求和管理准则，包括选址及厂区环境、厂房和车间、设施与设备、卫生管理、食品原料和食品添加剂及食品相关产品、生产过程的食品安全控制（产品污染风险控制、生物污染的控制、化学污染的控制、物理污染的控制、包装）、检验、食品的贮存和运输、产品召回管理、培训、管理制度和人员、记录和文件管理等方面的内容。

GMP 实际上是一种包括 4M 管理要素的质量保证制度，即选用符合规定要求的原料（material），以合乎标准的厂房设备（machine），由胜任的人员（man），按照既定的方法（method），制造出品质既稳定又安全卫生的产品的一种质量保证制度。实施 GMP 的主要目的包括三方面：①降低食品制造过程中人为的错误；②防止食品在制造过程中遭受污染或品质劣变；③建立完善的质量管理体系。

GMP 是对食品生产过程中的各个环节、各个方面实行严格监控而提出的具体要求并采取必要的良好的质量监控措施，从而形成和完善了质量保证体系。GMP 是将保证食品质量的重点放在成品出厂前的整个生产过程的各个环节上，而不仅仅着眼于最终产品上，其目的是从全过程入手，从根本上保证食品质量。

三、 GMP 的实施

CAC 一直致力于制定一系列的食品卫生规范、标准，以促进国际食品贸易的发展。CAC 的标准规范是推荐性的，一旦被进口国采纳，这些国家就会要求出口国的产品达到标准规定。“食品卫生通则”［CAC/RCP 1-1969，Rev. 3（1997）］适用于全部食品加工的卫生要求，作为推荐性的标准，提供给各国。标准本文是按食品由最初生产到最终消费的食品链，说明每个环节的关键控制措施，尽可能地推荐使用以 HACCP 为基础的方法，提高食品的安全性，达到 HACCP 体系及其应用导则的要求。食品卫生通则中总则所述的控制措施是保证食品食用的安全性和适宜性的国际公认的重要方法。总则主要内容有以下几点。

1. 目标

明确可用于整个食品链的必要卫生原则，以达到保证食品安全和适宜消费的目的；推荐采用 HACCP 体系提高食品的安全性。

2. 使用范围和定义

内容应涉及食品初级生产、加工及流通各环节必要的卫生条件。政府可参考执行，确保企业生产食品适于人类食用、保护消费者健康，维护食品在国际贸易中的信誉。

3. 初级生产

最初生产的管理应根据食品的用途保证食品的安全性和适宜性。食品生产加工应避免在有潜在危害物的场所中进行。生产采用 HACCP 体系预防危害，避免由空气、泥土、水、饮料、化肥、农兽药等对食品的污染。在搬运、贮藏和运输期间保护食品及配料免受化学、物理及微生物等污染物的污染，并注意控制温度、湿度，防止食品变质、腐败。设备清洁和养护工作能有效进行，能保持个人卫生。

4. 加工厂设计与设施

加工厂设计目标是使污染降到最低限度。选址要远离污染区。厂房和车间设计布局满足良好食品卫生操作要求。设备保证在需要时可以进行充分的清理、消毒及养护。废弃物、不可食用品及危险物盛放容器及存储池结构合理、不渗漏、醒目，符合相应规范要求。供水达到 WHO《饮用水质量指南》标准，供水系统易识别，排水和废物处理避免污染食品。清洁设备完善，配有个人卫生设施，保证个人卫生，避免污染食品。有完善的更衣设施和满足卫生要求的卫生间。温度控制满足要求，通风（自然和机械）区域的空气质量符合要求，照明色彩不应产生误导。贮藏设施设计与建造可避免害虫侵入，易于清洁，使食品免受污染。

5. 生产控制

目标是通过食品危害的控制、卫生控制等防止微生物交叉感染，原料、未加工食品与即食食品要有效地分离；加工区域进出要有序控制，保持人员卫生、工器具的清洁消毒，防止物理和化学污染；在食品加工和处理中都应采用饮用水；建立完善生产文件与记录制度，对超过产品保质期要建立召回产品程序，并在发现问题时能完全、迅速地从市场将该批食品撤回，具备完好的风险防范机制。

6. 工厂安全养护与卫生

建立有效防控害虫、废弃物管理、保障食品卫生的机制。

7. 工厂员工

应保持良好的个人清洁卫生，保证生产人员不污染食品。对患疾病与受伤者必须调离食品加工岗位（黄疸、腹泻、呕吐、发烧、耳眼鼻中有流出物、外伤等）；坚决杜绝可能导致食品污染的吸烟、吐痰、吃东西等行为；进入食品加工区不佩戴饰物。

8. 运输

目标是为食品提供一个良好环境，保护食品不受潜在污染危害、不受损伤，有效控制食品病原菌或毒素产生。应预防食品和包装造成污染，保障食品运输过程温度、湿度条件要求等。

9. 产品信息和消费者的意识

产品应具有完整的信息，保证为食品链中各环节提供完整、易懂的产品信息；对同一批或同一宗产品应易于辨认或者必要时易于撤回；消费者应对食品卫生知识有足够的了解，保证消费者认识产品信息的重要性。

10. 培训

对于从事食品生产与经营，并直接或间接与食品接触的人员应进行食品卫生知识培训和（或）指导，每个人都应该认识到自己在防止食品污染和质控中的任务及责任，应具有必要的知识和技能，以保证食品的加工处理符合卫生要求。

GMP 制度是对生产企业及管理人员的行为长期实行有效控制和制约的措施，体现在以下几个方面。

（1）食品生产企业必须有足够的资历，食品生产主要技术人员应具备食品生产质量管理能力并清楚自己的职责；

（2）对操作者应进行必要的培训，以便正确地按照食品生产规程操作；

（3）企业必须按照规范化加工工艺规程进行生产；

（4）企业应确保生产厂房、环境、生产设备符合卫生要求，并保持良好的生产状态；

（5）企业加工生产用的物料、包装容器和标签应符合规范要求；

（6）按照企业生产食品特性要求应具备合适的贮存、运输等设备条件；

（7）企业全生产过程严密，并具备有效的质检和管理体系；

（8）企业拥有专业的质量检验人员、完善的设备和实验室；

（9）企业应具备对生产加工的关键步骤和加工发生的重要变化进行验证的能力；

（10）企业应建立对生产中使用手工或记录仪进行生产记录的制度，并证明所有生产步骤是按规程要求进行的，使产品达到预期的数量和质量要求，出现的任何偏差都能记录并做好检查；

（11）企业要保存生产记录及销售记录，以便根据这些记录追溯各批产品的全部历史，具备由销售和供应渠道收回任何一批产品的有效系统，将影响产品质量的危险性降至最低限度；

（12）企业应经常了解市售产品的用户意见，调查出现质量问题的原因，并针对问题提出处理意见。

第七节　食品卫生标准操作程序

一、SSOP 简介

卫生标准操作程序（sanitation standard operating procedure，SSOP），是食品企业为了满足食品安全的要求，在卫生环境和加工过程中如何实现清洗、消毒和卫生等方面所需实施的具体程序，是实施 HACCP 和保证达到 GMP 所规定要求的前提条件。

1995 年 2 月颁布的《美国肉、禽类产品 HACCP 法规》中第一次提出了要求建立一种书面的常规可行的程序，即卫生标准操作程序，确保生产出安全、无掺杂的食品。1995 年 12 月，美国 FDA 颁布的《美国水产品 HACCP 法规》中进一步明确了 SSOP 必须包括的八个方面及验证等相关程序，从而建立了 SSOP 的完整体系。我国食品生产的 SSOP 规范包括 GB 14881—2013《食品企业通用卫生规范》、GB 8950—2016《食品安全国家标准　罐头食品生产卫生规范》和 GB 8957—2016《食品安全国家标准　糕点、面包卫生规范》等。SSOP 的正确制定和有效执行，对控制危害是非常有价值的。企业可根据法规和自身需要建立文件化的 SSOP。

SSOP 实际上是落实 GMP 卫生法规的具体程序。GMP 和 SSOP 共同作为 HACCP 体系的基础，保障了企业食品安全计划在食品生产加工过程中顺利实施，没有前期的管理规范措施，工厂不会成功地实施 HACCP。如金字塔的结构一样，仅有顶端的 HACCP 计划的执行文件是不够的，HACCP 体系必须牢固建立在遵守现行 GMP 和可接受 SSOP 的基础上，具备这样牢固的基础才能使 HACCP 体系有效地运行。

SSOP 规定了生产车间、设施设备、生产用水（冰）、与食品接触的表面卫生状况、雇员的健康与卫生控制以及虫害的防治等要求和措施。SSOP 的制定和有效执行是企业实施 GMP 法规的具体体现，使 HACCP 计划在企业得以顺利实施。GMP 卫生法规是政府颁发的强制性法规，而企业的 SSOP 文本是由企业自己编写的卫生标准操作程序。企业通过实施自己的 SSOP 达到 GMP 的要求。SSOP 监控记录可以用来证明 SSOP 执行的情况，并表征 SSOP 制定的目标和频率能否达到 GMP 的要求。

二、SSOP 的基本要求

食品 SSOP 的基本要求至少要考虑以下八个方面内容。

1. 对食品生产用水和冰的安全性要求

生产用水（冰）的卫生质量是影响食品卫生的关键因素。对于任何食品的加工，首要的一点就是要保证水（冰）的安全。食品加工企业一个完整的SSOP计划，首先要考虑与食品接触或与食品接触物表面接触的水（冰）的来源与处理应符合有关规定，并要考虑非生产用水及污水处理的交叉污染问题。

①食品加工者必须保障在各种条件下提供足够的饮用水（符合国家饮用水标准），对于自备水井，通过专门检测确认水井周围环境、井深度、污水等可能影响因素是否对水源造成污染。井口必须是斜面，要密封，具备防止污水进入的措施。对储水设备（水塔、储水池、蓄水池）要有完善的防尘、防虫鼠措施，并定期清洗和消毒。无论是城市供水还是自备水源都必须有防范控制措施，有合格检验证明。

②对于公共供水系统必须提供供水网络图，并清楚标明出水口编号和管网区标记。合理地设计给水、废水和排水管道，防止饮用水与污水及虹吸倒流造成的交叉污染。

③重点关注加工操作中易产生交叉污染的区域。水管龙头需采用典型的真空中断器或其他阻止回流装置以避免产生负压；清洗、解冻、漂洗槽要有防虹吸设备，水管离水面距离二倍于水管直径，防止水倒流，水管龙头设有真空排气阀；要定期对大肠菌群和其他影响水质的成分进行分析，至少每月对水质进行一次微生物监测，每天对水的pH和余氯进行监测，当地主管部门每年至少进行一次水的全项目的监测，并有正本报告；对自备水源监测频率要增加，一年至少两次。水监测取样必须包括总的出水口，一年内做完所有的出水口监测。

④当冰与食品或食品表面相接触时，必须以符合卫生的方式生产和贮存。制冰用水必须符合饮用水标准，制冰设备应卫生、无毒、不生锈。贮存、运输和存放的容器应卫生、无毒、不生锈。食品与不卫生的物品不能同存于冰中。必须防止人员在冰上走动引起的污染，应检验确保制冰机内部清洁，无交叉污染。水的监控、维护及其他问题的处理都要有记录。

2. 对食品接触表面的清洁要求

食品接触表面是指食品可与之接触的任意表面。保持食品接触表面清洁是为了防止污染食品，与食品接触的表面一般包括：直接表面（加工设备、工器具和台案，加工人员的手或手套、工作服等）和间接表面（未经清洗消毒的冷库、卫生间的门把手、垃圾箱等）。

①食品接触表面在加工前和加工后都应彻底清洁，并在必要时消毒：加工设备和器具进行彻底清洗消毒（除去微生物赖以生长的营养物质、确保消毒效果），首选82℃水杀菌消毒，如肉类加工厂；消毒剂杀菌消毒，如次氯酸钠100~150mg/L；物理方法杀菌消毒，如紫外线、臭氧等。例如，大型设备在每班加工结束之后进行消毒；工器具2~4h进行一次消毒；加工设备、器具被污染之后要立即进行消毒；手和手套的消毒要求在上班前和生产过程中每隔1~2h进行一次。

②食品安全质量控制人员或检验员需要判断是否达到适度的清洁：必须严格把控检验环节，他们需要检查和监测难清洗的区域和产品残渣可能滞留的地方，应重点关注加工台面下或桌子表面的排水孔内等易使产品残渣聚集或使微生物繁殖的死角区域。

③设备的设计和安装应易于清洗：食品加工设备设计及安装应无粗糙焊缝、破裂和凹陷，表里如一，在不同表面接触处应具有平滑的过渡。设备始终保持完好的运行状态，必须用适于食品表面接触的材料制作，具有耐腐蚀、光滑、易清洗、不生锈的特点。对于多孔和难以清洁的木头等材料，不应作为食品接触表面。

④工作服和手套的清洁消毒：食品生产车间工人穿戴的工作服和手套属于食品接触的表面材料，为食品安全关键控制环节。针对工人的工作服和手套，食品加工厂应具备适当的清洁和消毒的程序及条件，不得使用纱线手套。工作服应集中清洗和消毒，应有专用的洗衣房、洗衣设备，不同区域的工作服分别清洗消毒，清洁区工作服与非清洁区工作服应分别放置，每天及时清洗消毒，存放工作服的房间应干燥、清洁，并具备臭氧、紫外线等杀菌消毒条件。

⑤固定场所的清洗消毒：推荐使用热水、蒸汽和冷凝水；要用流动水；排水设施要完善，防止清洗剂、消毒剂的残留。及时记录食品接触面状况，如消毒剂浓度、表面微生物检验结果等，记录的目的是便于追溯检查，证实管理措施的有效性，发现问题能及时纠正。

3. 防止交叉污染的要求

交叉污染是指通过食品加工者或食品加工环境及食品原料把生物或化学的污染物转移到食品中的过程。此过程涉及预防污染的人员要求、原材料和熟食产品的隔离及工厂预防污染的设计等。

①人员要求：操作人员的手必须严格进行清洗和消毒，防止污染。对手清洗的目的是去除有机物质和暂存细菌，若佩戴管形、线形饰物或缠绷带等，手的清洗和消毒不可能达到要求；加工区内严禁吃、喝或抽烟等行为；要注意在所有情况下，手应避免靠近鼻子，约50%的人鼻孔内有金黄色葡萄球菌；皮肤污染也是关键控制点，未经消毒的肘、胳膊或其他裸露皮肤不应与食品或食品表面相接触。个人物品也可能导致污染，必须远离生产区存放。

②隔离要求：隔离是防止交叉污染的一种有效方式。工厂的合理选址和车间的合理设计布局是防止交叉污染最重要条件之一。食品原材料及成品必须与生产和储藏分离以防止交叉污染；生、熟食品应单独生产和存放，防止相接触发生交叉污染；产品贮存区域应建立每日检查制度；食品生产加工区域应注意人流、物流、水流和气流的方向，工艺流程应从高清洁区到低清洁区，要求人走门、物走专用传递口。当生产线增加产量和新设备安装时应防止交叉污染。

③人员操作：人员操作不当极易导致产品污染。人员清洗和消毒非食品加工表面未按规范操作时易发生污染，若发生交叉污染要及时采取措施，必要时停产全方位彻底清洗和消毒，或评估产品的安全性及纠正措施是否合理（评估依据为每日监控记录、消毒控制记录、纠正措施记录等）。

4. 严格执行人员与食品接触暴露部位的清洁、消毒和卫生设施的卫生要求

操作人员清洗方法为：清水洗手、用皂液或无菌皂洗手、冲净皂液、于消毒液中浸泡30s、清水冲洗、干手。手的清洗和消毒设施需设在方便之处，且有足够的数量。手的清洗台的设计需要防止再污染，水龙头用非手动开关。清洗和消毒频率一般为：加工期间每30~60min进行1次。必要时可采用流动消毒车，但它们与产品不能离得太近，应避免与产品交叉污染的风险发生。

卫生间要进出方便，通风、卫生、冲洗条件良好，地面清洁、干燥；门具有自动关闭功能，不能开向工作区；卫生间数量要与加工人员相适应；手纸和纸篓保持清洁卫生，设有洗手设施和消毒设施；有防蚊蝇设施；厕所最好设有缓冲间，便于人员如厕前脱工作服、换鞋。

5. 防止外来污染物污染的要求

食品加工企业设施经常要使用一些化学物质，如润滑剂、燃料、清洁剂、杀虫剂、消毒

剂等，生产过程中会产生一些废弃物、冷凝物、地板污物等，下脚料在生产中要加以控制。防止食品、食品包装材料和食品接触面被生物类、化学类和物理类污染物污染。

6. 有毒化合物的处理、贮存和使用要求

食品加工生产中需要使用特定的物质，如洗涤剂、消毒剂（如次氯酸钠）、杀虫剂、润滑剂、食品添加剂（如硝酸钠），尤其是实验室用试剂等，必须小心谨慎，要按照生产规范、产品说明书适量使用，做到正确标记、随时准确记录、贮存安全，防止污染加工食品。

7. 人员的健康状况要求

食品加工者（包括检验人员）是直接接触食品的人，其身体健康及卫生状况直接影响食品卫生质量。所有和加工有关的人员及管理人员，应具备良好的个人卫生习惯和卫生操作习惯，不得患有妨碍食品卫生的传染病，如病毒性肝炎（甲型、戊型）、活动性肺结核等，应持有效的健康证上岗，并有体检档案；不能有外伤，不得化妆、佩戴首饰等个人物品进入生产区；生产中必须穿戴工作服、帽、口罩、鞋等，并及时洗手消毒。食品生产企业应制定卫生培训计划，定期对人员进行培训，并记录存档。

8. 害虫的灭除和控制要求

害虫是传播食源性疾病的主要途径之一，虫害的防治对食品加工厂是至关重要的。害虫的灭除和控制涉及工厂、企业各个区域，甚至包括工厂周围，重点是厕所、下脚料出口、垃圾箱周围、食堂、贮藏室等。安全有效的控制害虫传播食源性疾病必须由厂外开始，害虫可通过厂房的窗（天窗）、门、排污口、水泵管道周围的裂缝和其他开口进入加工区。防范措施有：清除滋生地；安装风幕、纱窗、门帘、挡鼠板、返水弯等。

企业建立 SSOP 之后，必须制定监控程序，由专人定期实施检查，对检查结果不合格的必须采取措施进行纠正，对所有的监控行动、检查结果和纠正措施都要记录，通过这些记录说明企业不仅制定并实行了 SSOP，而且行之有效。食品加工企业日常的卫生监控记录是工厂重要的质量记录和管理资料，应使用统一的表格，归档保存。卫生监控记录表格基本要素有：监控的某项卫生状况或操作，必要的纠正措施等。

三、 HACCP 与 GMP、 SSOP 的关系

（一） GMP

GMP 是食品生产全过程中保证食品具有高度安全卫生的良好生产管理系统。它运用物理、化学、生物、微生物、毒理等学科的基础知识来解决食品生产加工全过程中有关安全卫生和营养问题，从而保证食品卫生质量。GMP 基本内容就是从食品原料到成品全部过程控制的卫生条件和操作规程。CAC 推荐的 GMP 主要有《食品卫生通则》，虽然其本身没有法律法规的强制性，但它是世界各国政府制定本国食品 GMP 法规的主要依据。最新版本的《食品卫生通则》是 CAC/RCP1-1969，Rev. （1997），以及其附录《HACCP 体系及其应用准则》（1999 年修改）。

（二） SSOP

SSOP 是 GMP 中最关键的技术参考规程，在食品生产中全面实现 GMP 目标的操作规范，它体现了一套特殊的与食品卫生处理和加工厂环境清洁程度密切相关的目标管理活动。

SSOP 条款包括八个方面：①水和冰的安全性；②食品接触的表面清洁；③防止交叉污染；④洗手、手的消毒和卫生设施；⑤防止污染物造成的污染；⑥有害化合物的适当处理、贮存和使用；⑦雇员的健康状况；⑧害虫的控制及去除。这八个方面已经被国家认证认可监督管理委员会所接受。国家认监委发布的 2002 年第 3 号公告《食品生产企业危害分析与关键控制点（HACCP）管理体系认证管理规定》中已明确规定，企业必须建立和实施卫生标准操作程序，达到以上八个方面的卫生要求。

（三）HACCP 与 GMP、SSOP 的关系

GMP 不仅规定了一般的卫生措施，而且也规定了防止食品在不卫生条件下变质的措施。GMP 把保证食品质量的工作重点放在从原料的采购到成品及其贮存运输的整个生产过程的各个环节上，而不是仅仅着眼于最终产品上。这一点与 HACCP 是一致的。实施 GMP 可以更好地促进食品企业加强自身质量保证措施，更好运用 HACCP 体系，从而保证食品安全卫生。

SSOP 既能控制一般危害又能控制显著危害，而 HACCP 仅用于控制显著危害。一些由 SSOP 控制的显著危害在 HACCP 中可以不作为 CCP，而只由 SSOP 控制，从而使 HACCP 中的关键控制点更简化，使 HACCP 更具针对性，避免了 HACCP 因关键控制点过多增加了操作的复杂性。事实上，显著危害正是通过 HACCP 关键控制点和 SSOP 的有机组合而被有效地控制。当 SSOP 被包含在 HACCP 中时，HACCP 变得更为有效。因为它不仅能关注加工厂的环境卫生危害影响，还能关注与食品和加工环节的相关其他危害因素。

SSOP 侧重于解决卫生问题，HACCP 更侧重于控制食品的安全性，而良好的 GMP 是食品企业得以规范运行的先决条件。HACCP 必须建立在良好的 GMP 和 SSOP 的基础之上。企业的良好卫生状况只有与 GMP、SSOP 有机结合，HACCP 才能更完整、更有效实施。HACCP 已在全球食品界得到广泛认可与大力推广，国际标准也全面采用 HACCP。国际食品贸易采用 HACCP 为主的质量保证已呈大势所趋。当然，任何事物都是发展变化的。食品风险分析体系也许是 HACCP 之后的更完善的质量保证方法，但是为全球的食品行业接受并且应用尚需时日。

GMP 和 SSOP 是建立 HACCP 的前提性条件或基础程序。HACCP 的基础程序一般都要符合政府的卫生法规、行业的作业规范、GMP 或 SSOP 规程等。通常 HACCP 的支持程序主要涉及生产区域的清洁、检测器具的准确度、虫害控制和监控岗位人员的专门培训等内容。根据 CAC 和 FDA 的论述，可以得出这样的结论，即 GMP、SSOP 是制定和实施 HACCP 计划的前提和基础，也就是说，如果企业达不到 GMP 法规的要求或没有制定有效的、具有可操作性的 SSOP 或未有效地实施 SSOP，则实施 HACCP 计划将成为一句空话。

GMP、SSOP 与 HACCP 的关系，实际上是一个三角关系，整个三角形代表一个食品安全控制体系的主要组成部分。GMP 是整个食品安全控制体系的基础，SSOP 计划是根据 GMP 中有关卫生方面的要求制定的卫生控制程序，是执行 HACCP 前提计划之一；HACCP 计划则是控制食品安全的关键程序。这里需要强调的是，任何一个食品企业都必须首选遵守 GMP 法规，然后建立并有效实施 SSOP 计划和其他前提计划。GMP 与 SSOP 是互相依赖的，只强调满足卫生方面的 SSOP 及其对应的 GMP 条款而不遵守 GMP 其他条款也是错误的。

但是从 CAC/RCP1-1969，Rev.（1997）《食品卫生通则》等 GMP 法规看，GMP 中包括

了 HACCP 计划，因此，GMP、SSOP 与 HACCP 应具有以下关系：

HACCP 计划的前提计划，以及 HACCP 计划本身的制定和实施，共同组成了企业的 GMP 体系。HACCP 是执行 GMP 法规的关键和核心，SSOP 和其他前提计划是建立和实施 HACCP 计划的基础。简言之，执行 GMP 法规的核心是 HACCP，基础是 SSOP 等前提计划，实质是确保食品安全卫生。

第八节 食品质量安全市场准入制度

市场准入一般是指货物、劳务与资本进入市场的程度的许可。对于产品的市场准入可理解为，市场的主体（产品的生产者与销售者）和客体（产品）进入市场的程度的许可。食品质量安全市场准入制度是为了保证食品的质量安全，具备规定条件的生产者才允许进行生产经营活动，具备规定条件的食品才允许生产销售的一种监管制度。

一、实行食品质量安全市场准入制度的目的

1. 提高食品质量、保证消费者的健康安全

食品是一种特殊的商品，直接关系到每一个消费者的身体健康和生命安全。为从食品生产加工的源头确保食品质量安全，必须制定一套符合社会主义市场经济要求、运行有效、与国际通行做法一致的食品质量安全监管制度。

2. 保证食品生产加工企业的基本条件，强化食品生产法制管理

我国食品工业的生产技术水平总体上同国际先进水平还存在差距。一些食品生产加工企业规模极小，加工设备简陋，环境条件很差，技术力量薄弱，质量意识淡薄，难以保证食品的质量安全。有些食品加工企业不具备产品检验能力，产品出厂不检验，企业管理混乱，不按标准组织生产。企业是保证和提高产品质量的主体，为保证食品的质量安全，必须加强食品生产加工环节的监督管理，从企业的生产条件上把住生产准入的大关。

3. 适应改革开放、创造良好经济运行环境

在我国的食品生产加工和流通领域中，存在降低标准、偷工减料、以次充好、以假充真等违法犯罪活动。为规范市场经济秩序，维护公平竞争，适应我国社会经济快速发展的形势，保护消费者的合法权益，必须实行食品质量安全市场准入制度，采取审查生产条件、强制检验、加贴标识等措施，对各类违法活动实施有效的监督管理。

二、市场准入的具体制度

1. 食品生产企业实施生产许可证制度

实行生产许可证管理是指对食品生产加工企业的环境条件、生产设备、加工工艺过程、原材料把关、执行产品标准、人员资质、贮运条件、检测能力、质量管理制度和包装要求等条件进行审查，并对其产品进行抽样检验，从生产条件上保证了企业能生产出符合质量安全要求的产品。对于具备基本生产条件、能够保证食品质量安全的企业，发放食品生产许可证，准予生产获证范围内的产品；未获得食品生产许可证的企业不准生产食品。

2. 对企业生产的食品实施强制检验制度

未经检验或经检验不合格的食品不准出厂销售。对于不具备自检条件的生产企业强令实行委托检验。这项规定适合我国企业现有的生产条件和管理水平，能有效地把住产品出厂质量安全关。

三、食品市场准入的质量安全要求

根据《食品相关产品质量安全监督管理暂行办法》的有关规定，食品生产者、销售者对其生产、销售的食品相关产品质量安全负责。

1. 食品安全要求

禁止生产、销售下列食品相关产品：①使用不符合食品安全标准及相关公告的原辅料和添加剂，以及其他可能危害人体健康的物质生产的食品相关产品，或者超范围、超限量使用添加剂生产的食品相关产品；②致病性微生物、农药残留、兽药残留、生物毒素、重金属等污染物质以及其他危害人体健康的物质含量和迁移量超过食品安全标准限量的食品相关产品；③在食品相关产品中掺杂、掺假，以假充真，以次充好或者以不合格食品相关产品冒充合格食品相关产品；④国家明令淘汰或者失效、变质的食品相关产品；⑤伪造产地，伪造或者冒用他人厂名、厂址、质量标志的食品相关产品；⑥其他不符合法律、法规、规章、食品安全标准及其他强制性规定的食品相关产品。

2. 人员要求

国家建立食品相关产品生产企业质量安全管理人员制度。食品相关产品生产者应当建立并落实食品相关产品质量安全责任制，配备与其企业规模、产品类别、风险等级、管理水平、安全状况等相适应的质量安全总监、质量安全员等质量安全管理人员，明确企业主要负责人、质量安全总监、质量安全员等不同层级管理人员的岗位职责。企业主要负责人对食品相关产品质量安全工作全面负责，建立并落实质量安全主体责任的管理制度和长效机制。质量安全总监、质量安全员应当协助企业主要负责人做好食品相关产品质量安全管理工作。

在依法配备质量安全员的基础上，直接接触食品的包装材料等具有较高风险的食品相关产品生产者，应当配备质量安全总监。

3. 原辅料要求

食品相关产品生产者应当建立并实施原辅料控制，生产、贮存、包装等生产关键环节控制，过程、出厂等检验控制，运输及交付控制等食品相关产品质量安全管理制度，保证生产全过程控制和所生产的食品相关产品符合食品安全标准及其他强制性规定的要求。食品相关产品生产者应当制定食品相关产品质量安全事故处置方案，定期检查各项质量安全防范措施的落实情况，及时消除事故隐患。

食品相关产品生产者实施原辅料控制，应当包括采购、验收、贮存和使用等过程，形成并保存相关过程记录。食品相关产品生产者应当对首次使用的原辅料、配方和生产工艺进行安全评估及验证，并保存相关记录。

4. 生产者自检要求

食品相关产品生产者应当通过自行检验，或者委托具备相应资质的检验机构对产品进行检验，形成并保存相应记录，检验合格后方可出厂或者销售。食品相关产品生产者应当建立不合格产品管理制度，对检验结果不合格的产品进行相应处置。

5. 进货查验要求

食品相关产品销售者应当建立并实施食品相关产品进货查验制度，验明供货者营业执照、相关许可证件、产品合格证明和产品标识，如实记录食品相关产品的名称、数量、进货日期以及供货者名称、地址、联系方式等内容，并保存相关凭证。形成的相关记录和凭证保存期限不得少于产品保质期，产品保质期不足2年的或者没有明确保质期的，保存期限不得少于2年。

6. 质量安全追溯要求

食品相关产品生产者应当建立食品相关产品质量安全追溯制度，保证从原辅料和添加剂采购到产品销售所有环节均可有效追溯。鼓励食品相关产品生产者、销售者采用信息化手段采集、留存生产和销售信息，建立食品相关产品质量安全追溯体系。

7. 产品标识要求

食品相关产品标识信息应当清晰、真实、准确，不得欺骗、误导消费者。标识信息应当标明下列事项：①食品相关产品名称；②生产者名称、地址、联系方式；③生产日期和保质期（适用时）；④执行标准；⑤材质和类别；⑥注意事项或者警示信息；⑦法律、法规、规章、食品安全标准及其他强制性规定要求的应当标明的其他事项。

食品相关产品还应当按照有关标准要求在显著位置标注“食品接触用”“食品包装用”等用语或者标志。

食品安全标准对食品相关产品标识信息另有其他要求的，从其规定。

8. 其他要求

鼓励食品相关产品生产者将所生产的食品相关产品有关内容向社会公示。鼓励有条件的食品相关产品生产者以电子信息、追溯信息码等方式进行公示。

食品相关产品需要召回的，按照国家召回管理的有关规定执行。

鼓励食品相关产品生产者、销售者参加相关安全责任保险。

四、食品市场准入的标志

根据2018年12月29日第十三届全国人民代表大会常务委员会第七次会议《关于修改〈中华人民共和国产品质量法〉等五部法律的决定》修正的《食品安全法》开始施行后，作为其配套规章，原国家食品药品监督管理总局制定的《食品生产许可管理办法》（以下称《办法》）同步实施，并且根据2017年11月7日国家食品药品监督管理总局局务会议《关于修改部分规章的决定》进行了修正。《办法》明确规定，新获证食品生产者应当在食品包装或者标签上标注新的食品生产许可证编号“SC”加14位阿拉伯数字，不再标注“QS”标志。为能尽快全面实施新的生产许可制度，又可避免生产者的包装材料和食品标签浪费，《办法》给予了生产者最长不超过三年的过渡期，即2018年10月1日及以后生产的食品，一律不得继续使用原包装和标签以及“QS”标志。

五、市场准入现场审查工作的要求

对食品生产加工企业必备条件进行核查应当遵循以下要求。

1. 企业标准合理性审查

核查组应当对企业标准的合理性进行审查，并要在书面材料审查阶段完成。审查的主要内容是：企业标准是否经过备案；是否符合强制性标准的要求；低于推荐性国家或行业标准要求的指标是否合理。

2. 现场核查

承担企业现场核查任务的核查人员（专家除外）必须取得核查员资格，核查组长必须经省级市场监督部门批准，报国家市场监督管理总局备案。企业现场核查工作实行组长负责制。省级、市（地）级市场监督部门应当于核查前5日通知受审查的食品企业，以使企业有所准备。现场核查应当做出明确的核查结论，并填写《食品生产加工企业必备条件现场核查报告》。一个企业如拥有多个不具备营业执照的分厂或生产加工点时，核查组应使用一份《食品生产加工企业必备条件现场核查表》进行现场核查，一般不合格项和严重不合格项应当累加计算。

3. 免于现场核查

对通过HACCP认证和出口食品卫生注册（登记）的企业，可免于现场核查。但应当查验认证机构的资质和企业提交的认证、注册（登记）证书和不合格项记录及改进情况等材料，并确认企业是否具备出厂检验能力，然后在《食品生产加工企业必备条件现场核查报告》上填写核查结论。

原则上免于现场核查的企业，其核查结论可定为合格（A级）；但核查组在确认企业是否具备出厂检验能力等过程中，发现企业确有一般不合格或者严重不合格问题的，应当按照食品生产加工企业必备条件现场核查结论确定原则，来确定其核查结论。

为了保证食品质量安全，维护人民群众身体健康，国务院于2008年9月18日决定废止1999年12月5日发布的《国务院关于进一步加强产品质量工作若干问题的决定》（国发〔1999〕24号）中有关食品质量免检制度的内容。同日，原国家质检总局公布第109号总局令，决定自公布之日起，对《产品免于质量监督检查管理办法》（国家质量监督检验检疫总局令第9号）予以废止。

受“三鹿奶粉事件”警示，经过了两次审议的食品安全法草案，在进入三审程序时又做了诸多修改，其中《食品安全法》第八十七条规定：“食品安全监督管理部门对食品不得实施免检”。

4. 分装企业要求

实施食品质量安全市场准入制度的食品，原则上不允许分装生产。所谓分装生产，就是大包换小包、大袋换小袋的加工生产。如果在换袋过程中有其他的加工工序，如调配工序、抛光工序等，则应视为生产加工，而非分装生产。

允许分装生产加工的食品，分装企业应当具备与生产企业一样的生产环境、原辅材料仓库、成品库，具有审查细则中规定的分装包装设备，具有原材料及成品的检验能力，并具有审查细则中要求的与其分装产品相适应的其他必备条件。其分装的食品来自国内的，必须提供供货企业的食品生产许可证复印件；来自境外的，必须具有出入境检验检疫机构出具的合格证明。

5. 不合格项改进

核查组应当将企业存在的不合格项的内容填入《食品生产加工企业不合格项改进表》，并要求企业在规定的时间内对不合格项进行改进。一般不合格项通常在1个月内（或现场核查期间）完成改进，严重不合格项通常在3个月内完成改进。市场监督管理部门应当及时监督督促企业整改到位。

6. 抽样

对现场核查合格的企业，核查组要按照相关食品《审查细则》规定进行抽样。抽样基数、抽样量和抽样品种应符合相应《审查细则》的规定，所抽样品应为企业产量较大、生产加工难度较大的或容易出现质量问题的产品品种。

六、食品质量安全检验工作的要求

食品质量安全检验工作应当遵循以下要求。

1. 检验项目

发证检验是对产品的全项目检验，应当按照相关食品《审查细则》规定的发证检验项目进行检验。定期监督检查是对产品重点项目进行检验，应当按相关食品的《审查细则》规定的定期监督检验项目进行检验。出厂检验是依据标准进行的产品出厂前的检验，其检验项目至少应当符合相关食品的《审查细则》中规定的出厂检验项目。在出厂检验项目栏中有“＊”标记的项目，企业要每年进行2次以上检验，以保证食品质量安全。

2. 发证检验

发证检验由国家市场监督管理总局或省级市场监管部门指定的检验机构实施。检验机构开展发证检验工作需要注意3个问题：对食品标签要进行检验，并且在发证检验报告中列明标签检验的具体内容；在发证检验报告上，要详细列出检验项目的具体指标，食品添加剂应当列明食品添加剂的具体名称或种类名称；在发证检验中，对于企业在食品标签上标注的所有明示指标以及企业执行标准中的所有指标，检验机构都要进行检验。

3. 发证检验判定

发证检验应当按照国家标准、行业标准进行判定，没有国家标准和行业标准的，可以按照地方标准进行判定，特殊情况下可以按照核查组确认的企业标准判定。企业明示的质量要求高于国家标准、行业标准时，应当按照企业明示的质量要求判定。原产地产品等应当按照相应的产品标准进行检验判定。

检验项目全部符合规定的，判定为符合发证条件；检验项目中有1项或者1项以上不符合规定的，判定为不符合发证条件（《审查细则》另有规定的除外）。企业使用了某种食品添加剂，未按照食品标签标准规定在食品标签上注明的，检验机构一旦检出，即判定为不符合发证条件。

4. 出厂检验

生产企业应当具备《审查细则》中规定的必备的出厂检验设备，并有符合要求的实验室和检验人员，能完成《审查细则》中规定的出厂检验项目。企业可以使用其他的检测设备、检验方法完成出厂检验，但必须能够证明其检验方法与标准检验方法间具有良好的一致性和相关性。企业应当按照生产批次逐批进行出厂检验。企业同一批投料、同一条生产线、同一班次的产品为一个生产批。自行出厂检验的企业，应当每年参加一次市场监督部门组织的出厂检验能力比对试验，以保证企业实验室数据的准确性。

5. “*”号检验项目的检验

企业具备“＊”号项目检验能力的，可自行检验；企业不具备此检验能力的，应当委托有资质的检验机构进行检验。企业应当每年检验“＊”号项目2次以上（《审查细则》中另有规定的除外)。如果企业每年接受的县级以上市场监督部门的监督检验中包括“＊”号项目且检验结论为“合格”的，具有 2 次以上产品监督检验合格报告，企业可不再进行“＊”号项目的自检或委托检验。

思考题

1. 企业质量体系认证和产品质量认证之间有什么关系？
2. 《产品质量法》对产品的标签有何规定？
3. 产品生产者和销售者的责任有哪些？
4. 农户是否要对生产经营的农产品质量安全负责？
5. 哪些农产品不得销售？违反会有什么后果？
6. 农产品生产企业、农民专业合作社、农业社会化服务组织应当建立农产品生产记录，记录的内容有何要求？未按要求记录的后果是什么？
7. 对于农业生产经营主体的农产品质量安全管理制度建设方面有什么样的要求？
8. 食品安全评价性抽检报告能否作为行政处罚依据？
9. 抽样人员不得对哪些情形的产品进行抽样？
10. 制定《产品质量监督抽查管理暂行办法》的目的是什么？
11. 国家为什么制定《反食品浪费法》？
12. 《反食品浪费法》第六条规定，哪些单位应当按照国家有关规定，细化完善公务活动用餐规范，带头厉行节约，反对浪费？
13. HACCP 的主要内容有哪些？
14. HACCP 体系具有哪些特点？
15. 实施 HACCP 的作用和意义有哪些？
16. 实施 GMP 的重要性体现在哪些方面？
17. SSOP 的基本要求有哪些？
18. 简述 GMP、SSOP 和 HACCP 之间的关系。
19. 实行食品质量安全市场准入制度的目的有哪些？

第五章

05

食品标准化管理与标准制定

学习目的与要求

1. 了解标准化的概念及特点、在国家治理中的战略地位；了解标准化在食品质量安全管理中的意义；
2. 了解我国标准化改革的历程；熟悉我国标准化管理体制及管理体系；
3. 掌握我国食品标准的分类及基本内容，熟悉食品标准化体系的内容。

第一节　标准化概述及战略地位

一、标准化概念及特点

GB/T 20000. 1—2014《标准化工作指南　第1部分：标准化和相关活动的通用术语》中对标准化的定义作出了详细的解释，标准化是指“为了在既定范围内获得最佳秩序，促进共同效益，对现实问题或潜在问题确立共同使用和重复使用的条款以及编制、发布和应用文件的活动”。“标准化活动确立的条款，可形成标准化文件，包括标准和其他标准化文件。”“标准化的主要效益在于为了产品、过程或服务的预期目的改进它们的适用性。促进贸易、交流以及技术合作。”标准化是人类从事的一项制定标准、应用标准的活动，活动的目的是获得最佳秩序，促进共同效益。标准是实践经验的总结，是具有重复性特征的事物，按照以往的经验加以积累，反映了截至某一时间点，人类对于某一事物的最佳生产管理实践。

标准化这一概念是标准化专业领域众多概念中最基本的概念，该领域中的其他概念都是在标准化概念的基础上衍生出来的或者是与标准化相关的概念。标准化的概念也体现了标准化的对象、标准化的领域、标准化的目的以及内容。这也是标准化活动区别于人类的其他活动的主要特点。

1. 标准化活动的对象

标准化活动针对的是“现实问题或潜在问题”。从宏观层面来讲，它是把已经发生在某个范围内日趋明显的无序状况，或者意识到将来可能存在的无序状况，通过标准化活动，从无序到有序，进而促进人们的共同效益。微观层面来讲，具体的标准化活动可以是“产品、过程或者服务”，也可以继续细化到“原材料、零部件、制成品、系统、方法、过程或者服务”。例如，小麦粉、食品安全生产过程、餐饮服务等。

2. 标准化活动的领域

标准化活动是在某一个既定的范围获得最佳秩序，这里的既定范围可以认为是标准化活动的领域。这里包含两层含义，一是指地域范围既定，如标准化活动约束的国际、国家或省市等区域是确定的；二是指标准化活动涉及的专业范围是既定的，如农业、轻工业、工程建设等也是确定的。同时也暗含了参与标准化文件制定人员的地域及专业范围需要与标准化活动相适应。

3. 标准化活动的目的

标准化活动的目的是获得最佳秩序，促进共同效益。把人类无序的、混乱的活动以及该活动带来的结果（产品、服务），通过一项专门的活动“标准化”来消除混乱或者规范其行为，通过这种秩序的获得促进共同效益。每项标准化活动都有其特定的目的，如产品的安全性、生产过程的控制、资源的有效利用、环境保护等。

4. 标准化活动的内容

从标准化的定义可以看出，它的内容主要有确立条款、编制文件、发布文件和应用文件四个方面。确立条款就是指要找到容易引起混乱的因素并得到有效解决方案形成条款，这一阶段需要通过调研或者试验确定有效解决方案；编制文件是指起草标准化文件的草案，这个过程也是已经标准化了的程序，按照程序将收集的数据或者资料形成文件；发布文件是审定批准经过修改或征求意见的文件草案并予以发布；应用文件是标准化活动的重要环节，是将文件中的条款应用到人类活动中，从而建立最佳秩序、促进共同效益。后续讲到的标准的制定，通常是指确立条款、编制文件和发布文件。因此，标准化活动的主要内容可以简单概括为两个方面，制定标准化文件和应用标准化文件。

二、食品标准化

标准化活动是人类实践经验不断积累和不断深化的过程，通过分析标准化的定义不难发现，制定标准的对象具有“重复性”。在生产活动中，同一事物反复多次出现，同一类技术活动在不同的地点、对象上同时或相继发生，某一种概念、方法和符号被许多人反复应用，为经验总结和积累提供了条件。食品标准化贯穿于食品加工的整个过程。从最开始的原辅料标准化，用于加工食品的原材料品质必须符合国家相关法律法规，不得使用非食品原料或者超范围超量使用食品添加剂等；生产设备标准化，即进行食品生产的设备要严格符合国家的相关标准才能投入使用，在使用过程中要注意设备的维护保养及杀菌消毒；生产场所标准化，要求食品生产场地功能齐全，布局合理并做好消毒杀菌工作；周边环境标准化，在食品生产场地的周围不得有化工类或其他具有污染性的工厂，保证食品安全；加工工艺标准化，需要企业制定与工艺相匹配的作业指导书以及操作规程等；产品检验标准化，包括原辅料验收、半成品以及成品的检验工作；贮存运输标准化，根据产品的属性不同，确定适宜的运输和贮存条件，如温度、湿度。

近年来，随着我国社会经济发展速度的不断提高，人们的生活质量也在不断地提升，食品质量与安全也引起了人们的广泛关注。“民以食为天，食以安为先”，食品安全直接影响人体健康，与此同时还关乎社会和国家的稳定。

标准化是实现食品质量安全的重要依据。习近平总书记强调要把食品安全作为一项重大的政治任务来抓，坚持党政同责，用最严谨的标准、最严格的监管、最严厉的处罚、最严肃的问责，确保人民群众“舌尖上的安全”。“最严格的标准”即是立足国情、对接国际，加快制修订产业发展和监管急需的食品安全基础标准、产品标准、配套检验方法标准，完善食品添加剂、食品相关产品等标准制定。

三、标准化在国家治理中的战略地位

“高质量发展是全面建设社会主义现代化国家的首要任务”“我们要坚持以推动高质量发展为主题，推动经济实现质的有效提升和量的合理增长”“我们要建设现代化产业体系，坚持把发展经济的着力点放在实体经济上，推进新型工业化，加快建设制造强国、质量强国、航天强国、交通强国、网络强国、数字中国”……党的二十大报告对建设质量强国等工作作出新的重要部署。鉴于高质量发展已经成为中国经济社会发展的主题，因此标准化在推进国家治理体系和治理能力现代化中发挥着基础性、引领性作用。新时代推动高质量发展、全面建设社会主义现代化国家，迫切需要进一步加强标准化工作。

2021 年 10 月，中共中央、国务院印发了《国家标准化发展纲要》（以下简称《纲要》），《纲要》中指出，要以习近平新时代中国特色社会主义思想为指导，深入贯彻党的十九大和十九届二中、三中、四中、五中全会精神，按照统筹推进“五位一体”总体布局和协调推进“四个全面”战略布局要求，坚持以人民为中心的发展思想，立足新发展阶段、贯彻新发展理念、构建新发展格局，优化标准化治理结构，增强标准化治理效能，提升标准国际化水平，加快构建推动高质量发展的标准体系，助力高技术创新，促进高水平开放，引领高质量发展，为全面建成社会主义现代化强国、实现中华民族伟大复兴的中国梦提供有力支撑。

《2023 年全国标准化工作要点》中要求 2023 年标准化工作要以习近平新时代中国特色社会主义思想为指导，全面贯彻党的二十大精神，认真落实中央经济工作会议和党中央、国务院决策部署，扎实推进中国式现代化，坚持稳中求进工作总基调，完整、准确、全面贯彻新发展理念，加快构建新发展格局，着力推动高质量发展，更好统筹疫情防控和经济社会发展，更好统筹发展和安全，深入实施《纲要》，加快推进质量强国建设，紧紧围绕扩大内需和深化供给侧结构性改革，服务构建全国统一大市场，优化标准供给，强化标准实施，稳步扩大标准制度型开放，加快构建推动高质量发展的标准体系，努力提升标准化治理效能，为全面建设社会主义现代化国家开好局起好步提供标准支撑。

标准化助力政府转变职能，提高政府效能。利用标准化手段，探索开展行政管理标准建设和应用试点，制定和推行公共服务和社会管理标准，有利于高效公平地运用公共资源，提高社会公民满意度。例如，全国各地政府推行“标准化+”服务，提升政府公共服务水平。政府以“互联网+行政审批+标准化”为手段，推进治理能力现代化，提出了“群众和企业到政府办事最多跑一次”的要求，提高政府效能。

标准化提升居民生活品质。围绕普及健康生活、优化健康服务，倡导健康饮食，发展健康产业等方面，建立广覆盖、全方位的健康标准。如开展养老和加征服务标准化，完善职业教育、智慧社区等，将改变民生作为落脚点，抓住与民生相关的重要领域健全标准体系，营造和谐稳定的社会环境。

标准化为全面依法治国奠定基础。标准作为自愿性手段，是法律体系向具体化、精细化方向的延伸，既体现了法治的基本精神，又弥补了法律法规的不足，为依法治国奠定扎实的基础。标准化活动推动了政府主导型服务向群众需求型服务转变，经验型管理向依法管理转变。

标准化有利于促进国际贸易、技术交流。产品进入国际市场，首先要符合国际或其他国家的标准，同时标准也是贸易仲裁的依据。国际权威机构研究表明，标准和合格评定影响着80%的国际贸易。

四、标准化在食品质量安全管理中的意义

1. 保证食品原材料的质量安全

食品原材料的采购是食品加工安全的第一道保护屏障。建立完善的标准化采购制度不但确保食品原料的安全，也为食品加工奠定了良好的基础。食品原材料采购的标准化可有效提高原料供应商的安全意识，倒逼原料供应商关注产品的品质，如采购农产品，如果该农产品不符合生产企业的采购标准，影响销售额，利润便会减少，因此供货商必须对生长过程中的问题高度关注并及时解决。原辅料的运输、贮存条件也应有严格的要求，偏离适宜的温度和湿度，会加速原材料的品质下降，也会带来食品安全隐患。

2. 规范食品生产加工过程

在食品的生产加工过程中，场所周边环境、厂区内的卫生条件、生产厂房的布局、与生产能力匹配的生产设备、生产加工工艺的合理性以及食品加工人员的健康和专业能力等，都会直接或间接的影响食品质量安全。食品加工过程有着复杂的操作流程，标准化的建立就是完善每个环节保证食品质量安全，只有按照标准化流程进行生产加工，才能够确保品质安全。

3. 规范产品检验方法

产品检验对产品质量安全有着保障作用，需要确认原辅料、半成品以及成品符合有关标准的规定。一般标准化检验需要设置三个环节对检验进行控制，包括原辅料检验、生产加工作业过程和成品检测。部分食品加工还会增添半成品检测，确保整个食品生产过程都能够在标准化的规范之中。标准化的检验方法，即是保证产品质量安全的基础。

食品标准化的建立为我国的食品质量安全工作保驾护航，也为我国的食品监督抽检工作提供有力准绳。食品安全问题与我们每个人息息相关，需建立和完善食品标准化体系，有效推动食品相关法律法规的完善，切实保障人们的合法利益。

第二节　标准化改革及管理

改革开放以来我国的标准化事业取得较快发展，标准化被视为经济和社会发展的重要技术基础，标准化在保障产品质量和促进产业转型升级方面发挥了积极作用，为中国制造提质增效。

2021 年，中共中央、国务院印发的《纲要》明确了：到 2025 年，实现标准供给由政府主导向政府与市场并重转变，标准运用由产业与贸易为主向经济社会全域转变，标准化工作由国内驱动向国内国际相互促进转变，标准化发展由数量规模型向质量效益型转变。标准化更加有效推动国家综合竞争力提升，促进经济社会高质量发展，在构建新发展格局中发挥更大作用；到 2035 年，结构优化、先进合理、国际兼容的标准体系更加健全，具有中国特色的标准化管理体制更加完善，市场驱动、政府引导、企业为主、社会参与、开放融合的标准化工作格局全面形成。我国标准“走出去”的步伐正逐步加快，国际标准化工作取得显著进

展，中国标准将逐渐走向国际标准的舞台中央。

一、标准化改革创新

2015 年，国务院印发《深化标准化工作改革方案》，开展了为期六年的标准化改革工作，从 2015 到 2020 年每两年为一个阶段，基本建成结构合理、衔接配套、覆盖全面、适应经济社会发展需求的新型标准体系。此次标准化改革的总目标是建立政府主导制定的标准与市场自主制定的标准协同发展、协调配套的新型标准体系，健全统一协调、运行高效、政府与市场共治的标准化管理体制，形成政府引导、市场驱动、社会参与、协同推进的标准化工作格局，有效支撑统一市场体系建设，让标准成为对质量的“硬约束”，推动中国经济迈向中高端水平。此次改革，效果显著，主要体现在以下五个方面。

第一，加强了标准化战略与国家重大战略互动对接，提升标准化工作的战略定位。准确把握了创新驱动发展、乡村振兴、区域协调发展、可持续发展等国家战略对标准化的需求。

第二，提升了标准化的发展活力，优化了标准管理工作。此次改革完善了强制性国家标准的管理、优化推荐性国家标准的管理、规范行业标准的管理、做优做强团体标准、增强企业标准竞争力。

第三，加强了标准体系建设，提升引领高质量发展的能力。特别是新冠肺炎疫情防控期间相关标准体系的建设，如疫情防控相关领域的标准体系、疫情防控检测方法和质量控制领域的标准等。落实食品质量标准清理工作，废止、制定和修订一批食品质量标准和计划，推进构建食品质量标准体系。推动工业基础、智能制造、绿色制造、服务型制造标准体系建设；制定智能制造装备、数字化车间、智能工厂、工业软件等标准。推进营商环境评价、市场主体保护、行政执法和监管等标准研制，开展营商环境标准化试点。这些行之有效的举措，从各个领域引领了高质量发展。

第四，参与国际标准治理，提升标准国际化水平。近年来，我国积极履行担任 ISO、IEC 常任理事国职责，为 IEC 主席履职尽责做好服务支撑，在国际标准组织治理变革和治理能力提升中，分享中国实践，提出中国方案。开展国际标准转化行动，推动先进适用国际标准在我国转化应用。积极参与国际标准制定，提出更多国际标准提案。

第五，加强科学管理，提升标准化治理效能。加快完善标准化法配套法规制度，推动标准化法实施条例的修订，推进国家标准、行业标准、团体标准以及国家标准样品等规章制修订工作。鼓励标准化技术组织和机构围绕企业复工复产提供标准化咨询等标准技术服务，加强标准化人才队伍建设。

2021 年 10 月，《国家标准化发展纲要》的发布，引领我国进入标准化改革的新时期。未来，我国标准化改革仍是要推动标准化与科技创新互动发展，提升产业标准化水平，完善绿色发展标准化保障，同时加快城乡建设和社会建设标准化进程，继续提升标准化对外开放水平。

二、标准化管理概述

（一）我国标准化管理体制和标准体系

1. 我国标准化管理体制

根据《中华人民共和国标准化法》，我国标准化工作实行“统一管理、分工负责”的管理体制。“统一管理”，就是政府标准化行政主管部门对标准化工作进行统一管理。具体来说，国务院标准化行政主管部门统一管理全国标准化工作；县级以上地方标准化行政主管部门统一管理本行政区域内的标准化工作。“分工负责”，就是政府有关行政主管部门根据职责分工，负责本部门、本行业的标准化工作。具体来说，国务院有关行政主管部门分工负责本部门、本行业标准化工作，县级以上地方有关行政主管部门分工负责本行政区内本部门、本行业的标准化工作。

《中华人民共和国标准化法》

2. 标准体系

我国标准体系由五个层级的标准构成，分别是国家标准、行业标准、地方标准、团体标准和企业标准。

(1) 国家标准 2022年修订的《国家标准管理办法》规定，对农业、工业、服务业以及社会事业等领域需要在全国范围内统一的技术要求，可以制定国家标准（含国家标准样品）。国家标准由国务院标准化行政主管部门统一制定发布。

为了加强国家标准的管理，促进技术进步，目前发布的国家标准相关的管理办法有《国家标准管理办法》《强制性国家标准管理办法》《食品安全标准管理办法》《绿色产品评价国家标准编制指南》等。按照标准效力，国家标准分为强制性和推荐性两种。

①强制性国家标准：为保障人身健康和生命财产安全、国家安全、生态环境安全以及满足经济社会管理基本需要的技术要求，应制定为强制性国家标准。《食品安全法》规定，食品安全标准是强制执行的标准。除食品安全标准外，不得制定其他食品强制性标准。强制性国家标准一经发布必须执行，不符合强制性国家标准的产品、服务，不得生产、销售、进口或者提供，并在一定范围内通过法律、行政法规等强制性手段加以实施。强制性国家标准由国务院批准发布或者授权批准发布。强制性国家标准在国家质量管理中起到兜底与保护作用，为最低技术要求，强制性标准必须执行。为符合国家质量管理要求以及技术法规的强制性规定，应当优先适用强制性国家标准。截至2023年3月，我国现行的强制性国家标准共2110项。

②推荐性国家标准：对满足基础通用、支撑强制性国家标准制定和实施、对各有关行业起引领作用等需要的技术要求，由国务院标准化行政主管部门制定推荐性国家标准。推荐性标准不具有强制性，任何单位均有权决定是否采用，违反这类标准，不构成经济或法律方面的责任。但是，推荐性标准一经被相关法律法规引用，被企业自我声明接受并采用，或各方商定同意纳入商品经济合同中，就成为各方必须共同遵守的技术依据，予以强制执行，具有法律上的约束性。推荐性国家标准由国务院标准化行政主管部门制定。

我国实行“强制性标准优先、推荐性标准递补”原则。例如，在某一领域尚未制定强制性国家标准，可适用推荐性国家标准，由于推荐性标准由国家标准化管理委员会发布，在全国范围内适用，且在标准质量、权威性、制定主体级别等方面均高于行业标准，故推荐性国家标准适用顺位高于行业标准。截至2023年3月，我国现行的推荐性国家标准共39889项。

我国强制性标准旨在为相关活动的结果规定可证实的要求或为活动的过程规定可追溯的程序。推荐性标准与强制性标准最明显的区别是没有法律约束力，它们在一定范围内的各利益相关方协商一致的基础上形成，主要依靠标准本身技术规则的公认度和发布机构的权威性供使用者应用。需要注意的是，国际国外标准体系中没有强制性标准。

（2）行业标准 对没有推荐性国家标准、需要在全国某个行业范围内统一的技术要求，可以制定行业标准，属于推荐性标准。行业标准的技术要求不得低于强制性国家标准的相关技术要求。行业标准不得与有关国家标准相抵触。行业标准在相应的国家标准实施后，即行废止。

行业标准由国务院有关行政主管部门制定，报国务院标准化行政主管部门备案。截至2023年3月，经备案的行业标准共99229项，涉及73个行业。

除了《行业标准管理办法》外，为加强对行业标准的管理，确保行业标准的协调、统一，还制定了《消费品工业行业标准制定管理实施细则（暂行）》《海关技术规范管理办法》《中华人民共和国海关行业标准管理办法（试行）》等各行业的行业标准管理办法。

（3）地方标准 对没有国家标准和行业标准，而又需为满足地方自然条件、风俗习惯等特殊技术要求在农业、工业、服务业以及社会事业等领域制定的标准称为地方标准。地方标准由省、自治区、直辖市标准化行政主管部门制定发布，发布后需到国务院标准化行政主管部门备案。地方标准只在本行政区域内实施。在相应的国家标准或行业标准实施后，地方标准自行废止。截至2022年11月，经备案的地方标准共83667项，涉及31个省市区。

《食品安全法》规定，对地方特色食品，没有食品安全国家标准的，省、自治区、直辖市人民政府卫生行政部门可以制定并公布食品安全地方标准，报国务院卫生行政部门备案。食品安全国家标准制定后，该地方标准即行废止。食品安全地方标准包括地方特色食品的食品安全要求、与地方特色食品的标准配套的检验方法与规程、与地方特色食品配套的生产经营过程卫生要求等。食品安全地方标准属于强制性地方标准，如DBS34/003—2021《食品安全地方标准 食品小作坊卫生规范》。

目前，部分地区发布了该行政区的地方标准管理办法或标准化条例。例如，《山西省市场监督管理局关于发布〈省级地方标准管理办法〉的通告》《山西省食品安全地方标准管理办法》《广西壮族自治区市场监督管理局关于印发〈广西壮族自治区地方标准管理办法（试行）〉的通知》等。

（4）团体标准 团体标准是依法成立的社会团体为满足市场和创新需要，协调相关市场主体共同制定的标准，由本团体成员约定采用或供社会自愿采用。对具有先进性、引领性，实施效果良好，需要在全国范围推广实施的团体标准，可以按程序制定为国家标准。国务院标准化行政主管部门会同国务院有关行政主管部门对团体标准的制定进行规范、引导和监督。截至2023年3月，我国发布团体标准共53631项，涉及7254个社会团体。

国家鼓励学会、协会、商会、联合会、产业技术联盟等社会团体协调相关市场主体在重要行业、战略性新兴产业、关键共性技术等领域利用自主创新技术制定团体标准。例如，福建省食用菌行业协会在2022年发布了T/FJHX 0002—2022《灵芝工厂化代料生产技术规范》。

（5）企业标准 企业根据需要自行制定的标准，或者与其他企业联合制定的标准，称为企业标准。企业生产的产品没有国家标准和行业标准的，应当制定企业标准，作为组织生产的依据。已有国家标准或者行业标准的，国家鼓励企业制定严于国家标准或者行业标准的企业标准，在企业内部适用。

企业标准是对企业范围内需要协调、统一的技术要求、管理要求和工作要求所制定的标准。企业标准制定后须报当地政府标准化行政主管部门和有关行政主管部门备案。企业标准是企业组织生产、经营活动的依据，仅在本企业内适用。企业标准由企业法人代表或法人代表授权的主管领导批准、发布，并报省、自治区、直辖市人民政府卫生行政部门备案，由企业法人代表授权的部门统一管理。

国家支持在重要行业、战略性新兴产业、关键共性技术等领域利用自主创新技术制定企业标准。企业标准的技术要求不得低于相关国家标准和地方标准的相关技术要求。在经济全球化的今天，“得标准者得天下”，标准的作用已不只是企业组织生产的依据，而是企业开创市场继而占领市场的“排头兵”。

3. 国家标准制定修订的主体和程序

国家标准制定修订的主要单位是全国专业标准化技术委员会。有人形象地将技术委员会比喻为国家标准的“生产车间”。按照规定，技术委员会是由国家标准化管理委员会批准组建，在一定专业领域内从事全国性标准化工作的技术组织，主要承担国家标准的起草和技术审查等标准化工作。专业领域较宽的技术委员会可以下设分技术委员会，也称“SC”。

国家标准制定修订程序分为九个阶段，具体包括预研、立项、起草、征求意见、审查、发布、出版、复审、废止。我国国家标准制定修订程序与 ISO、IEC 国际标准制定程序基本一致。

4. 标准的实施

国家实行团体标准、企业标准自我声明公开和监督制度。企业应当公开其执行的强制性标准、推荐性标准、团体标准或者企业标准的编号和名称；企业执行自行制定的企业标准的，还应当公开产品、服务的功能指标和产品的性能指标。国家鼓励团体标准、企业标准通过标准信息公共服务平台向社会公开。

标准的复审周期一般不超过五年。经过复审，对不适应经济社会发展需要和技术进步的应当及时修订或者废止。特别注意的是，军用标准的制定、实施和监督办法，由国务院、中央军事委员会另行制定。

（二）国际食品标准体系

1. 国际标准化组织

国际标准化组织（International Organization for Standardization，ISO）是世界上最大、最权威的标准化机构，宗旨是在全世界范围内促进标准化工作的开展，以便利国际物资交流和相互服务，并在知识、科学技术和经济领域开展合作。国际标准的工作通常由 ISO 的技术委员会完成。ISO 制定国际标准程序主要分为七个阶段：立项申请、形成建议草案、转国际标准草案处登记、ISO 成员团体投票通过、提交 ISO 理事会批准、形成国际标准及公布出版。

ISO 在食品标准化领域的活动，包括术语、分析方法和取样方法、产品质量和分级、操作、运输和贮存要求等方面。

（1）术语　术语和定义可视为国际标准化活动的首要要求，确保所有相关组织都讲一致的语言。

（2）分析方法和取样方法　物品和服务国际交换的首要条件就是要有检验质量的认可分析方法和取样方法。

（3）产品质量和分级　每类产品都应有一个标准充分和明确的判断或描述产品质量，以使国际贸易更加便利。

（4）操作、运输和贮存要求　由 ISO 制定的产品标准包括了相关物品的操作、运输和贮存规定，同时还有专门的技术委员会涉及包装和物品操作的标准化，以及地面、空中、水上运输和集装箱化。

截至 2022 年 10 月，ISO 共有 167 个成员，809 个技术委员会和小组委员会，涉及 24544 项国际标准。TC34 是专门负责食品工作的技术委员会，创建于 1947 年，下设 17 个小组委员会和 8 个工作组，其秘书处设在法国。

2. 国际食品法典委员会

国际食品法典委员会（Codex Alimentarius Commission，CAC）是 FAO 和 WHO 于 1963 年联合设立的政府间国际组织，专门负责协调政府间的食品标准，建立一套完整的食品国际标准体系。国际食品法典委员会有 180 个成员国，覆盖全球 98%的人口。

中国于 1984 年正式加入国际食品法典委员会，1986 年成立了中国食品法典委员会，由与食品安全相关的多个部门组成。国家卫生健康委员会作为委员会的主任单位，负责国内食品法典的协调工作。委员会秘书处设在国家食品安全风险评估中心。秘书处的工作职责包括：组织参与国际食品法典委员会及下属分委员会开展的各项食品法典活动、组织审议国际食品法典标准草案及其他会议议题、承办委员会工作会议、食品法典的信息交流等。经过多年的工作实践，我国已全面参与了国际法典工作的相关事务，在多项标准的制修订工作中突显了我国的作用，逐渐得到了国际社会的认可。

CAC 以《食品法典》的形式汇集国际公认的食品标准，是各国食品生产者、消费者、加工者以及管理机构和国际贸易组织的全球参照标准。国际食品法典标准体系的构架，包括标准、准则、操作规范、最大残留限量和其他 5 类，标准代号为“CXS”“CXC”“CXG”“CXM”和“CXA”，截至 2022 年 12 月，共有 371 项标准。其中，通用标准、准则和操作规范是法典的核心内容，适用于所有产品和产品类别。

《食品法典》准则分为两类：一类是规定某些关键领域政策的原则；另一类是解释这些原则或解释《食品法典》通用标准规定的准则，目前共计 81 项。

《食品法典》标准由两大类构成：一类是各种通用的技术标准、法规和良好规范；另一类是某些特定食品或某类别食品的产品标准，共计 230 项。

操作规范类标准共 55 项，包括各类产品的生产和加工规范、食品中污染因素的控制规范和一般性通用规范。

第三节　食品标准分类

我国食品标准可按以下方式分类。

1. 按照制定主体分类

前面提到过，根据《标准化法》规定，我国标准可以分为国家标准、行业标准、地方标准、团体标准和企业标准五级。国家标准是五级标准体系的主体，行业标准是对国家标准的补充，是专业性、技术性较强的标准。另外，对于技术上在发展中，需要有相应的标准文件引导其发展或具有标准化价值，尚不能制定为标准的项目，以及采用国际标准化组织、国际电工委员会及其他国际组织的技术报告的项目，可以制定国家标准化指导性技术文件。

2. 按照标准的约束力分类

我国标准可以分为强制性标准和推荐性标准两类。

保障人体健康，人身、财产安全的标准和法律、行政法规规定强制执行的标准是强制性标准，其他标准是推荐性标准。省、自治区、直辖市标准化行政主管部门制定的工业产品的安全、卫生要求的地方标准，在本行政区域内是强制性标准。

3. 按照食品标准的内容分类

食品标准从内容上来分，主要有食品的产品标准、食品卫生标准、食品工业基础标准及相关标准、食品添加剂标准、食品检验方法标准、食品包装材料与容器包装标准等。

4. 根据标准信息载体进行分类

按照标准的信息载体可以分为两类：①用文字表达的标准，称为标准文件；②实物标准，包括各类计量标准、标准物质、标准样品等。

5. 根据标准的公开程度进行分类

根据公开程度可以分为两类：公开获得的标准和不予公开的标准。

第四节　食品标准的制定

标准化文件的起草一般有两种途径。一是自主研制标准化文件；二是以 ISO/IEC 标准化文件为基础起草我国国家标准化文件。这两种途径都有需要遵守的起草规则，第二种途径主要是 ISO/IEC 标准化文件形成准确译文以后，评估在我国的适用性，可根据我国的情况进行修改，这种标准化文件的制定在这里不作详细说明，有需要可参考《标准化文件的起草》第七章内容。

自主研制标准化文件在起草时没有以国际标准文件为蓝本，文件结构的搭建、技术内容的表述不以任何一个国际标准文件为基础，但在编写文件的过程中会收集国内外相关标准化文件的资料，一些技术内容参考国际标准文件也是正常的事情。

一、我国标准制定原则

我国标准制定应遵循的三原则是：目的性原则、性能原则和可证实性原则。

目的性原则是依据文件编制目的有选择地规定标准的技术内容，确保标准技术内容选择的科学性。可以从不同方面，如产业发展的需求、质量发展的需求、技术创新与产品创新的需求、国际贸易的需求、保护公众利益的需求、社会可持续发展的需求、政府监管的需求等考虑标准制定的目的性，考虑标准的技术内容。因此，制定标准时，应考虑标准制定的目的性原则，确保标准技术内容的选择满足实际需求，达到预期的效果。

性能是指产品实现预期功能能力的特性。所选择规定标准的技术内容中，能由性能特性来表达的，尽量不用描述特性来表达。当要求用性能特性表达时，会给产品的生产、设计及技术发展留有最大空间。因此，性能特性优先的原则有时也被称为最大自由度原则。

可证实性原则也可称为可检验性原则。标准中所规范的内容都应该是非常明确的，同时应该是可以被证实的。不论标准的目的如何，标准中只能选择能被证实的要求，因此，标准中的要求应尽可能量化，不应使用形容词。在标准文件的起草中，需要对所规范的内容进行验证实验。

二、标准编写基本要求

编写国家标准、地方标准、行业标准、团体标准和企业标准，都需要满足以下要求。

1. 保证标准的适用性

所编写的标准在发布实施后，应产生较好的社会、经济、生态效益，对保障我国市场经济的发展起到很好的促进作用。当该标准得到社会的广泛关注和接纳时，也就有可能被法律法规或者其他标准引用。

2. 标准的技术内容应具有先进性和合理性

标准技术内容的水平决定了标准的水平。编写标准时，应采用多种方法或措施，包括收集资料、技术验证、试验、评审等来体现和保障其内容的先进性和合理性。在保证标准先进性的同时还要考虑标准的可操作性。

3. 标准编写的格式和方法应具有规范性

起草我国的标准化文件都需要遵守 GB/T 1.1—2020《标准化工作导则　第 1 部分：标准化文件的结构和起草规则》，该标准是适用于起草各类标准化文件的最基础的标准。我国目前已经发布了一系列的标准，形成了由 6 个系列标准构成的“支撑标准制定工作的基础性国家标准体系”：GB/T 1《标准化工作导则》、GB/T 20000《标准化工作指南》、GB/T 20001《标准编写规则》、GB/T 20002《标准中特定内容的起草》、GB/T 20003《标准制定的特殊程序》和 GB/T 20004《团体标准化》。从事标准化工作，尤其是起草标准，需要全面了解支撑标准制定工作的基础性国家标准体系。

三、标准制定

依据标准的主管单位，可以将五大标准分为两类：政府标准（国家标准、地方标准和行业标准）和市场标准（团体标准和企业标准）。《深化标准化工作改革方案》的总体目标就是，建立政府主导制定的标准与市场自主制定的标准协同发展、协调配套的新型标准体系。在标准的制定程序上这两类标准体系是有差别的。

（一）国家标准的制定

制定国家标准的常规程序包括八个阶段，依次为项目提出、立项、组织起草、征求意见、技术审查、对外通报、编号、批准发布。

2022 年 9 月，国家市场监督管理总局发布修订后的《国家标准管理办法》，对国家标准的制定、修订有非常详细的规定。结合国家标准化工作实践，规范国家标准的制定和管理，明确了国家标准制定程序和各阶段的工作要求。为满足不断增长的标准需求和提高标准国际化水平，明确了国家标准在制修订程序、组织管理、实施监督等方面的新要求。进一步完善了从实施到制定的反馈机制和标准更新机制。本章节不再详细阐述。

（二）地方标准的制定

地方标准的制定程序与国家标准一致。只是负责地方标准的制定、组织实施及其监督管理单位与国家标准不同。2020 年 1 月 16 日，国家市场监督管理总局颁布了《地方标准管理办法》，该办法对地方标准的制定和管理有详细的说明。加强地方标准管理，提高地方标准质量和实施效果，以先进标准引领高质量发展。

依据《中华人民共和国标准化法》第十三条第一款：为满足地方自然条件、风俗习惯等特殊技术要求，可以制定地方标准。地方标准由省、自治区、直辖市人民政府标准化行政主管部门制定；设区的市级人民政府标准化行政主管部门根据本行政区域的特殊需要，经所在地省、自治区、直辖市人民政府标准化行政主管部门批准，可以制定本行政区域的地方标准。地方标准由省、自治区、直辖市人民政府标准化行政主管部门报国务院标准化行政主管部门备案，由国务院标准化行政主管部门通报国务院有关行政主管部门。

我国大部分省、市标准化行政主管部门都制定了地方标准的管理办法。一是贯彻市场监管总局《地方标准管理办法》的相关要求；二是规定地方标准的制定、实施等要求，形成了闭环管理；三是细化地方标准的组织起草、征求意见、技术审查等工作；四是根据地方需求，提出地方标准管理方面的创新做法。如山东省市场监督管理局根据《中华人民共和国标准化法》《强制性国家标准管理办法》《山东省标准化条例》等相关法律、行政法规的规定，结合该省实际，制定《山东省地方标准管理办法》；青岛市市场监督局根据《中华人民共和国标准化法》、市场监管总局《地方标准管理办法》和山东省市场监督管理局《山东省地方标准管理办法》等相关法律法规规定，结合该市实际，制定《青岛市地方标准管理办法》，其特色在于发挥地方技术机构在标准立项评估和制定过程中的技术支持作用、地方标准范围限定在没有上级政府提供的标准或高于现有标准、开展胶东半岛区域协同标准、标准涉及专利处理等，青岛市的地方标准建设起到很好的规范和促进作用。

因此，地方标准在制定时，建议先查阅当地标准化行政主管部门是否颁布相关的管理办法，结合国家的法律法规等文件，完成标准制定。

（三）行业标准的制定

行业标准的制定包括立项、起草、审查、报批、批准公布、出版、复审、修订、修改等工作。行业标准是在没有国家标准而又需要在全国某个行业范围内统一技术要求的情况下而制定的标准。由国务院有关行政主管部门制定，并报国务院标准化行政主管部门备案，在公布国家标准之后，该项行业标准即行废止。

《行业标准管理办法》于 1990 年 8 月 14 日以国家技术监督局令第 11 号发布，于 2023 年 11 月由国家市场监督管理总局公布修订版，于 2024 年 6 月 1 日起施行。行业标准的批准发布部门为了规范行业标准的制定程序，也都依据国家的法律法规制定了相关的管理办法或工作细则，如《国家发展改革委行业标准制定管理办法》《轻工业行业标准制修订工作细则》《农业农村标准化管理办法》等。

（四）团体标准的制定

团体标准是由社会团体按照团体确立的标准制定程序自主制定发布，一般供团体内的单位自愿采用。在法规方面，《中华人民共和国标准化法》（2017 年修订）第十八条、第二十条、第二十一条、第二十七条、第四十二条对团体标准作出了相关规定，明确了团体标准的合法地位。2019 年，国家标准化管理委员会、民政部制定了《团体标准管理规定》，对完善团体标准科学性和规范性、细化团体标准制定程序中重要环节、提出社会团体应主动处理团体标准相关问题、明确团体标准监督管理等方面提出了进一步的要求。

团体标准的制定程序一般包括提案、立项、起草、征求意见、技术审查、批准、编号、发布、复审。与地方标准和行业标准一样，团体标准的批准部门也依据国家的法律法规制定了自己团体的团体标准相关规定，便于团体标准的管理。

与政府标准不同的是，团体标准应当按照社会团体规定的程序批准，以社会团体文件的形式予以发布。国家鼓励社会团体通过标准信息公共服务平台自我声明公开其团体标准信息。标准信息公共服务平台方便用户和消费者查询团体标准信息，为政府部门监督管理提供支撑。

食品团体标准的标准类型主要为产品标准、控制管理标准、检验与评价方法标准 3 类，其中产品标准占比超过一半。与国家标准、行业标准相比，团体标准在应用的过程中可以根据技术发展的变化进行调整和优化。与企业标准相比，团体标准是多个企业参与，在市场主体下，团体内部共同协商一致形成的文件，比企业标准的实施范围广，能达到较好的市场效果。

（五）企业标准的制定

国家市场监管总局修订出台《企业标准化促进办法》，已于 2024 年 1 月 1 日起正式施行，1990 年 8 月 24 日原国家技术监督局令第 13 号公布的《企业标准化管理办法》同时废止。《企业标准化促进办法》旨在为企业标准化工作营造更加优良的环境，激发企业标准化工作内生动力。该办法提出，用企业标准自我声明公开和监督制度代替企业标准备案管理制度。与备案制相比，企业在公共服务平台上公开一项标准，仅需要 10min 左右的时间，并且不需要任何费用，企业标准自我声明公开为企业节约了大量的经济成本和时间成本。

随着企业标准的普及，越来越多的企业都开始制定企业标准，但是很多人不熟悉企业标准的制定流程。制定企业标准的一般程序包括调查研究、起草标准草案、对标准草案进行必要的验证、征求意见、发布/备案、修订。

制定企业标准对于企业的运营、发展、市场竞争以及产品质量提升等方面都具有重要意义。企业标准往往高于或严于国家、行业标准，通过制定并执行企业标准，可以确保产品从原材料采购、生产加工到成品检验的每一个环节都达到甚至超越行业平均水平，从而提升产品的整体质量。制定企业标准需要企业结合自身实际情况和技术能力，这往往促使企业进行技术创新和研发，以制定更高水平的标准。同时，执行高标准也能激励企业持续改进工艺，提升技术水平。在市场竞争中，拥有高标准的企业往往更能赢得消费者的信任和青睐。企业标准可以作为产品宣传的亮点，提升品牌形象和市场竞争力。同时，高标准也能作为市场准入的门槛，限制低质量产品的进入。

第五节　食品企业标准体系建设

食品企业标准体系即是企业范围内的标准按照其内在的联系组成的科学的有机整体。以技术标准为主体，管理标准和工作标准作支撑，构建起企业的标准体系。

目前，我国现行有效的企业标准体系相关国家标准有：GB/T 35778—2017《企业标准化工作　指南》、GB/T 15496—2017《企业标准体系　要求》、GB/T 15497—2017《企业标准体系　产品实现》、GB/T 15498—2017《企业标准体系　基础保障》、GB/T 19273—2017《企业

标准化工作　评价与改进》等，这些国家标准为企业标准体系建立提供了技术支持。

一、食品企业标准体系构建

食品生产企业标准体系包括技术标准体系、管理标准体系和工作标准体系。所有标准都应在标准化及食品安全相关法律法规、本企业的标准化规定和方针目标及其他相关的国家法律法规指导下形成。

（一）技术标准体系

食品生产企业的技术标准体系主要涵盖产品研发技术、产品标准、原辅料采购标准、工艺规程、各环节的检验、验收和试验方法技术标准、生产设备设施、标识、包装、贮运要求、产品售后和生产安全等。

1. 产品研发技术标准

产品研发技术标准是指企业研发新产品的程序，从市场调研并结合企业自身的实际情况出发定位新产品。

2. 产品标准

产品流向市场必须符合相应的标准，满足食品安全要求，这里的标准就是产品需要经过检验证明符合要求，产品的执行标准可以是国家标准、地方标准、行业标准，也包括备案有效的团体标准和企业标准。

3. 原辅料采购标准

食品加工涉及很多的原辅料，这些物料也必须满足相应的标准方可使用，没有对应的标准可执行时，企业可以自行制定内控标准。这里还包括对供应商的评价和选择、采购流程等。

4. 工艺规程标准

企业生产过程中需要制定作业指导书、生产工艺流程，以及关键控制点等，这些要素都必须文件化。

5. 检验、验收和试验方法技术标准

其包括对食品原辅料及相关产品制定的验收要求，所采用的验收方法以及进货查验记录等相关文件。

6. 生产设备设施标准

其包括生产加工所必需的设备设施的操作规程、维修保养、改造等技术文件。

7. 标识、包装、贮运标准

其包括产品标签标识需要载明的信息、包装材料的要求以及贮存和运输中要遵循的要求等。

8. 产品售后

其包括不合格品的召回、退换货处理、消费者赔偿等文件要求。

9. 生产安全标准

其包括生产车间的消防设施、安全警示标志、车间的洁净度要求、生产废水的处理要求等文件。

（二）管理标准体系

管理标准体系可以简单理解为对技术标准体系里涉及的所有的文件、标准的管理。例如生产记录、销售记录、检验报告、进货凭证、技术档案、质量体系文件等。在这里不再展开描述。

（三）工作标准体系

工作标准主要是对人员的要求，是对员工工作的考核。从管理层到技术人员以及操作工，企业都需要制定岗位职责、任职要求、考核方式等。

二、企业标准的制定程序

1. 调查研究

企业在拟定标准的新工作项目时，需要通盘考虑、合理安排、收集相关资料。需要企业收集的信息有以下几个方面。

（1）标准化对象的国内外现状和发展方向；

（2）有关最新科技成果；

（3）顾客的需求和期望；

（4）生产/服务提供过程及市场反馈的统计资料、技术数据；

（5）国际标准、国外先进标准和技术法规及国内相关标准。

该阶段就是需要拟定标准内容提要，如范围、主要技术内容等，确定制定标准的原则和依据，必要性和可行性的论证。通过上述工作，可对标准新工作的必要性和可行性有一个明确的认识，对下一步制定工作有一个全面的了解和规划。必要性论证主要是通过广泛调查研究，收集各类标准资料、生产经验、相关科研成果、生产和使用中存在的问题及解决办法等，综合研究、对比分析明确制定标准的目的和意义、标准的适用范围。

2. 起草标准草案

企业在标准立项后，要成立标准起草小组（或起草工作组），参加起草小组的人员和人数应根据所起草标准的对象而定，一般由具有实践经验的从事技术工作或管理岗位的骨干成员组成。

标准起草小组或单位应当系统地收集和整理国内外有关标准及规范、规程、文献等资料，及时掌握相关标准的现状、发展趋势和动态信息。应按 GB/T 1《标准化工作导则》系列标准的要求起草标准草案，同时编写编制说明。

食品产品标准内容的编写应反映产品特性，至少包括满足产品使用需求的功能性指标、技术指标、必要的理化指标及相关检验方法，还可包括检验规则、标志、包装、贮运等要求。具体按 GB/T 20001.10—2014《标准编写规则　第 10 部分：产品标准》的规定编写。

3. 对标准草案进行必要的验证

编制完成后反复确认修改，确保标准的相符性、合理性、可操作性。必要时，需要数据支撑的要先对产品做相关的检验检测，得出相应的数据。

4. 征求意见

企业将标准草案发企业有关部门（必要时发企业外有关单位，如客户、检验机构等）征求意见，对反馈的意见逐一分析研究，决定取舍后形成标准送审稿。

5. 标准发布

国家实行团体标准、企业标准自我声明公开和监督制度。企业应当公开其执行的强制性标准、推荐性标准、团体标准或者企业标准的编号和名称；企业执行自行制定的企业标准的，还应当公开产品、服务的功能指标和产品的性能指标。国家鼓励团体标准、企业标准通过标准信息公共服务平台向社会公开。企业应当按照标准组织生产经营活动，其生产的产品、提供的服务应当符合企业公开标准的技术要求。平台没有审核环节，当地主管部门在企业公开标准后会对于企业的标准以及产品进行监督检查。备案完成后，直接下载标准文本，文本会自动生成专属的二维码和水印。

6. 标准修订、复审

当企业标准需要修订时，可删除之前的文本、重新在标准信息公共服务平台上传新的文本；可以改动标准名称、标准编号、产品信息等操作，修订完成后，再次通过平台提交，查看修订状态，会产生一条状态为“现行有效”的标准，原来的标准状态显示为“企业自行废止”。

企业标准的复审周期一般不超过三年，当外部或者企业内部运行条件发生变化时，应及时对企业标准进行复审。

三、食品企业标准体系存在的问题

（一）法律法规及标准理解不到位

一方面，部分食品生产企业对于食品安全相关的法律、法规及强制性国家标准要求认识不全面，随着新的国家标准的公布实施，企业未及时更新标准对产品类别和名称方面的要求，导致理解不到位出现偏差。另一方面是食品加工企业在备案企业标准方面有一定难度，为寻找合适的国家标准、行业标准等，导致在产品名称和执行标准上牵强附会。

（二）缺乏标准化专业人才

一些食品生产企业并没有建立标准化体系，其标准化意识尚未健全，缺少专业人才开展这项工作，导致企业的标准化体系建设能力不足，从而容易引发产品质量不合格，食品安全问题频频出现。特别是制定企业标准的生产企业，不按照实际情况编写，随意借鉴其他标准，未对其进行验证。

（三）食品企业标准制定需要规范

一是企业标准制定时先明确产品的分类。产品名称应符合《食品生产许可分类目录》。《国家市场监督管理总局关于修订公布食品生产许可分类目录的公告》（2020 年第 8 号），明确了许可的食品类别。根据产品名称和产品特点，结合执行标准进行正确的分类。

例如，企业申报产品名称为“膳食纤维益生菌固体饮料”，执行标准名称为“蛋白固体饮料”，归类在 0606 固体饮料中的“2. 蛋白固体饮料”。企业称其申报产品蛋白质含量满足标准中≥1%，故满足蛋白固体饮料的质量要求。

下面问题值得思考：

①既然申报 0606 固体饮料中的“2. 蛋白固体饮料”，且产品满足蛋白固体饮料的质量要求（GB/T 29602—2013《固体饮料》），那为什么其产品名称不是“蛋白固体饮料”？

②固体饮料中满足蛋白质含量≥1%，是按照标签标识的冲调或者冲泡方法稀释后满足，

而不是固体的状态满足蛋白质含量≥1%。

③按产品名称和配方（益生元粉和益生菌粉为主要原料），其应归类“7. 其他固体饮料（植物固体饮料、谷物固体饮料、营养素固体饮料、食用菌固体饮料、其他）”。

因此，制定企业标准的名称，能够反映产品属性，符合产品分类，以便于产品在食品安全标准中通用标准的归类准确。

二是产品名称的符合性。产品名称必须反映食品真实属性。例如，产品名称“小球藻制品”不符合《关于批准蛋白核小球藻等 4 种新资源食品的公告》（2012 年第 19 号），应为“蛋白核小球藻”。藻类分类学中，小球藻不能代表蛋白核小球藻。

三是企业标准规定与食品安全标准或者公告文件的要求保持一致。在现场核查中发现部分企业标准中，如新食品原料，规定的质量要求与公告不一致。例如，透明质酸钠新资源食品公告要求，公布其是新资源食品时，质量要求有透明质酸钠含量、水分、pH 等。因此，企业制定标准时，新食品原料公告中的名称、质量要求、适用范围均需和公告一致。

四、食品企业标准中指标确定的方法和依据

食品企业标准制定过程中，经常遇到的一个问题就是如何确定技术指标的标准值。对于很多企业来说，由于缺乏标准化专业人才，不知道如何去确定这些指标，容易盲目地确定严于国家标准或者只是简单地与国家标准保持一致。

一般产品标准确立技术指标的标准值有两种方法。

一是直接采纳。国家标准、行业标准中已经明确的指标，可以直接采用。如果产品的原料较为复杂，需要具体问题具体分析，不能随意按照原料中最严格的指标去控制，容易在实际生产中造成原材料的废弃。

二是根据企业生产实际利用统计学方法确定。大多数企业的做法是根据检验数据凭经验确定指标限量为最大（或最小）的检测值。此方法缺乏科学性，会导致产品合格率降低，给企业带来很大风险。统计学的区间估计是科学的方法，对检验数据进行统计处理，由置信度确定置信区间，区间的边界为指标的标准值。也就是说，限制性指标的标准值为边界上限，非限制性指标标准值为边界下限。需要注意的是，样品量要大于 50 才为大样本，可以提高统计的准确度。

五、企标执行过程中的典型案例

（一）某食品制造有限公司生产标签含有虚假内容

2022 年 6 月，泰州市某食品有限公司生产的一款植物蛋白饮料先后 3 批次被异地市场监管部门抽检，经检验，样品蛋白质含量不符合产品明示标准，被判定不合格。

经查，涉事企业针对该产品制定了指标要求更为严格的企业标准，生产过程中，因计量器具标尺定量不准确，导致产品蛋白质项目不符合企业标准（达到国家标准）。姜堰区市场监管局依据《食品安全法》第七十一条和第一百三十四条的相关规定，下达了停业整顿并处罚没款 50168. 5 元的行政处罚决定。

典型意义：国家鼓励食品生产企业制定严于食品安全国家标准或者地方标准的企业标准，企业出厂的食品质量应与其标签、说明书标注的企业标准一致。该案例提醒食品生产企业要

严格执行其产品标签、说明书上标示的安全标准，不得虚假标注夸大宣传。

（二）当事人自我声明的企业标准低于国家标准要求

2016年7月11日，A公司取得《全国工业产品生产许可证》，许可A公司生产食品用塑料包装工具等制品，其中包括材质为聚丙烯的一次性塑料餐饮具。2016年8月19日，A公司制定了《一次性聚丙烯塑料餐饮具》的企业标准，并根据《上海市企业产品标准自我声明公开和监督管理试行办法》的规定，在上海市质量技术监督系统办公平台对其企业产品标准申请自我声明公开。

该企业标准于同年8月25日实施，标准中第5.4条“负重试验”设备采用的砝码为100g，200g，500g，1000g。2016年12月22日，嘉定市场监管局对辖区内企业产品标准自我声明公开信息开展监督检查。检查中，发现A公司备案的企业标准中第5.4条“负重试验”采用的负重砝码标准低于GB18006.1—2009《塑料一次性餐饮具通用技术要求》第6.6条“负重试验”负重砝码质量为3kg的规定。嘉定市场监管局认为A公司制定并公开的企业标准低于国家标准规定的行为违反了《企业标准化管理办法》第七条第（一）项和《上海市企业产品标准自我声明公开和监督管理试行办法》第十三条的规定，责令A公司自接到责令整改通知书之日起30日内整改上述行为。A公司对嘉定市场监管局对其作出的责令整改通知不服，向市质监局申请行政复议。市质监局于2017年1月25日受理了A公司的行政复议申请，经调查审理，维持了嘉定市场监管局作出《责令整改通知书》的行政行为。

典型意义：《食品安全法》第三十条规定，“国家鼓励食品生产企业制定严于食品安全国家标准或者地方标准的企业标准，在本企业适用，并报省、自治区、直辖市人民政府卫生行政部门备案”。《食品安全法实施条例》第十四条规定，“食品生产企业不得制定低于食品安全国家标准或者地方标准要求的企业标准。食品生产企业制定食品安全指标严于食品安全国家标准或者地方标准的企业标准的，应当报省、自治区、直辖市人民政府卫生行政部门备案。食品生产企业制定企业标准的，应当公开，供公众免费查阅”。

企业标准的制定依据和基础是食品安全国家标准，且只在企业本级具有约束和指导意义，对其他企业并没有任何约束和指导意义。2019年12月1日《食品安全法实施条例》实施后，抽检过程发现的标签明示执行企业标准，食品安全指标符合食品安全国家标准不符合企业标准规定的情况，按照《食品安全法实施条例》第七十四条的规定处理，非食品安全指标不符合企业明示的企业标准的，《食品安全法》及《食品安全法实施条例》未作出规定，根据特别法无规定的适应一般法的原则，这种情况应当适用《产品质量法》的规定处理。

（三）企业标准问题，“社会共治”

国家市场监督管理总局中，留言咨询内容：我在网上企业标准信息公共服务平台发现某生物科技有限公司备案的企标熊胆压片糖果，备案居然能通过。我想确认一下，熊胆粉不是属于药品吗，怎么用于普通的糖果中也可以？如果确定可以我们也备案一个企标。

标准创新管理司回复，《标准化法》规定企业可以根据需要自行制定企业标准，国家鼓励企业制定高于推荐性标准相关技术要求的企业标准。国家实行企业标准自我声明公开和监督制度，国家鼓励企业标准通过标准信息公共服务平台向社会公开。企业开展企业产品标准自我声明公开事前无须接受有关行政主管部门审核或者审查，企业产品标准无须备案。企业对自我声明公开的标准的合法性、真实性和准确性负责，并依法承担相关法律责任。如果发现企业自我声明公开的产品标准违反有关法律法规的，可以依法向有权处置的行政主管部门举报。

企业标准内容公示后，受到全社会监督。企业应加强标准化能力，在企业标准名称、原辅料合法性、指标设置等各方面规范好。

思考题

1. 我国的食品标准体系有哪些组成？制定程序有什么区别？
2. 阐述我国食品标准的基本内容。
3. 针对食品企业标准体系存在的问题，有何建议？

第六章

06

中国食品标准体系

学习目的与要求

1. 了解我国食品标准的现状；掌握我国食品标准体系及其构成；能检索并正确使用相关食品标准；
2. 熟悉各类食品标准中主要标准的基本内容；能依据食品标准进行食品生产、检验等工作。

第一节 概述

食品标准是为了保证食品安全卫生、营养，保障人体健康，对食品及生产经营过程中的各种相关要素所作的技术性的规定，是食品工业领域各类标准的总和，包括食品基础标准、食品产品标准、食品安全卫生标准、食品包装与标签标准、食品检验方法标准、食品管理标准以及食品添加剂标准等。

食品标准体系是为实现食品生产、消费、管理等目的，将食品从生产直到消费的整个过程中各影响因素、控制手段、控制目标等所涉及的技术要求，按照其特定的内在联系组成的有机整体。

我国的食品标准体系主要由食品安全国家标准、各类推荐性食品标准和食品企业标准组成。食品安全国家标准是由食用农产品质量安全标准、食品卫生标准、食品质量标准和有关食品的行业标准中强制执行的标准整合、统一公布而来。各类推荐性食品标准包括国家标准、行业标准、地方标准和团体标准中的推荐性食品相关标准。食品企业标准是由食品企业制定的，为了保证食品安全和质量要求的相关食品标准。其中，食品安全国家标准是在全国范围内具有强制性的标准，是以保障公众身体健康为宗旨的标准，是我国食品标准体系的核心。

自 20 世纪年代 50 年代以来，我国已经建立起以国家标准为主体，行业标准、地方标准、团体标准和企业标准相互补充的较为完整的食品标准体系。截至 2024 年 3 月，我国共发布食品安全国家标准 1610 项，标准数量在快速增长，食品标准的覆盖面在逐渐变广。

第二节 食品安全国家标准

《食品安全法》中对食品安全标准的内容作了以下明确规定。

1. 食品、食品添加剂、食品相关产品中的致病性微生物，农药残留、兽药残留、生物毒素、重金属等污染物质以及其他危害人体健康物质的限量规定

食品安全卫生指标是食品标准必须规定的内容。主要涉及食品、食品添加剂、食品相关产品中的致病性微生物、农药残留、兽药残留、生物毒素、重金属等污染物以及其他危害人体健康物质的限量规定。

目前，我国已制定的食品安全国家标准中对食品中污染物以及其他危害人体健康物质的限量指标进行了规定。

主要包括：①致病性微生物限量相关食品安全标准，如 GB 31607—2021《食品安全国家标准 散装即食食品中致病菌限量》和 GB 29921—2021《食品安全国家标准 预包装食品中致病菌限量》；②农药残留限量相关食品安全标准，主要是 GB 2763—2021《食品安全国家标准 食品中农药最大残留限量》等标准；③兽药残留相关食品安全标准，主要有 GB 31650—2019《食品安全国家标准 食品中兽药最大残留限量》；④生物毒素相关食品安全标准，主要有 GB 2761—2017《食品安全国家标准 食品中真菌毒素限量》；⑤重金属等污染物相关食品安全标准，主要是 GB 2762—2022《食品安全国家标准 食品中污染物限量》等。

2. 食品添加剂的品种、使用范围、用量

食品添加剂是为改善食品品质和色、香、味，以及为防腐、保鲜和加工工艺的需要而加入食品中的人工合成或者天然物质。还包括食品营养强化剂、食品用香料、胶基糖果中基础剂物质、食品工业用加工助剂。适当添加食品添加剂，可以改善食品的色、香、味，延长食品的保质期，满足人们对食品品质的新需求。但如果超量或者超范围使用食品添加剂，则会危害人体健康。

主要包括 GB 2760—2024《食品安全国家标准 食品添加剂使用标准》（以下简称《食品添加剂使用标准》）、GB 14880—2012《食品安全国家标准 食品营养强化剂使用标准》、GB 26687—2011《食品安全国家标准 复配食品添加剂通则》、GB 30616—2020《食品安全国家标准 食品用香精》等。

3. 专供婴幼儿和其他特定人群的主辅食品的营养成分要求

为满足特殊的身体或生理状况和（或）满足疾病、紊乱等状态下的特殊膳食需求，专门加工或有专门配方的食品，专供婴幼儿和其他特定人群食用的主辅食，对营养成分有特殊的需求，各种营养成分必须科学搭配，不能过少，也不能过多，少了会导致营养不足，多了也可能导致营养过剩，甚至中毒，因此必须在进行风险评估后规定营养成分的最高量、最低量等要求，既满足特定人群营养需求，又保证食用安全。

婴幼儿相关的食品安全标准主要包括 GB 10765—2021《食品安全国家标准 婴儿配方食品》、GB 10767—2021《食品安全国家标准 幼儿配方食品》、GB 10769—2010《食品安全国家标准 婴幼儿谷类辅助食品》、GB 10770—2010《食品安全国家标准 婴幼儿罐装辅助食品》、GB 25596—2010《食品安全国家标准 特殊医学用途婴儿配方食品通则》、GB 29922—

2013《食品安全国家标准　特殊医学用途配方食品通则》。

4. 对与卫生、营养等食品安全要求有关的标签、标志、说明书的要求

食品标签指食品包装上的文字、图形、符号及一切说明物。食品标签是依法保护消费者合法权益的重要途径。我国的《食品安全法》中对食品标签中需要载明的信息有明确的规定，预包装食品的包装上应当有标签，必须符合我国的法律法规的要求。《食品安全法》特别强调，食品和食品添加剂的标签、说明书，不得含有虚假内容，不得涉及疾病预防、治疗功能。食品和食品添加剂的标签、说明书应当清楚、明显，生产日期、保质期等事项应当显著标注，容易辨识。食品和食品添加剂与其标签、说明书的内容不符的，不得上市销售。

我国制定了GB 7718—2011《食品安全国家标准　预包装食品标签通则》、GB 28050—2011《食品安全国家标准　预包装食品营养标签通则》、GB 13432—2013《食品安全国家标准　预包装特殊膳食用食品标签》等与卫生、营养食品安全要求有关的标签标准。

5. 食品生产经营过程的卫生要求

食品产品标准除了应符合国家规定的要求外，还必须明确食品生产过程中原料采购、加工、包装、贮存和运输等环节的场所、设施、人员的基本要求和管理准则。

主要包括：①各种食品生产卫生规范，包括罐头食品、蒸馏酒及其配制酒、啤酒、酱油、食醋、食用植物油及其制品、蜜饯、糕点、面包、发酵酒及其配制酒、糖果巧克力、膨化食品、谷物加工、包装饮用水、蛋及蛋制品等，相应的标准代号为GB 8950～GB 8957、GB 12696、GB 17403、GB 17404、GB 13122、GB 19304、GB 21710等；②食品添加剂生产卫生规范，包括GB 31647—2018《食品安全国家标准　食品添加剂生产通用卫生规范》；③食品经营过程卫生规范，包括GB 31646—2018《食品安全国家标准　速冻食品生产和经营卫生规范》、GB 20799—2016《食品安全国家标准　肉和肉制品经营卫生规范》、GB 22508—2016《食品安全国家标准　原粮储运卫生规范》、GB 31621—2014《食品安全国家标准　食品经营过程卫生规范》等。

6. 与食品安全有关的质量要求

（1）各类食品及其食品用制品卫生标准或质量相关的要求　涉及肉、粮、植物油、调味品、饮用天然矿泉水等，涉及的标准代号主要包括GB 2707、GB 2715～GB 2721、GB 2726、GB 8537、GB 14884、GB 14932、GB 17399、GB 19640、GB 19643、GB 20371、GB 25595、GB 31636～GB 31640、GB 31644、GB 31645；

（2）食品添加剂相关产品质量要求　GB 1886系列标准、GB 31622～GB 31635、GB 29925～GB 29988、GB 28301～GB 28368等。

7. 与食品安全有关的食品检验方法与规程

主要包括：①食品卫生理化检验方法与规程，例如GB 5009系列标准、乳品相关检验方法GB 5413系列标准、GB 23200系列标准、放射性物质相关检验方法GB 14883系列标准等；②食品中微生物检验方法与规程，例如GB 4789系列标准；③食品接触材料及制品中有害物质检验方法，例如GB 31604系列标准。

食品检验方法标准包括理化、微生物和毒理等检验方法，是基础和产品标准中各类限量指标的配套检测方法。食品标准中规定的所有指标都应当有配套的与之对应的检验方法，没有国家标准的，可以以附录的形式在产品标准中制定。这些检验方法涉及实验条

件、试剂或材料、仪器设备、试样等规范性技术要素，目的是确保任何实验人员在任何时间、地点能够重复开展实验，处理数据都是标准化条件下完成，以保证检验数据的有效性。

8. 其他内容

“其他需要制定为食品安全标准的内容”为兜底条款，包括其他没有明确列举，但是涉及食品安全，需要制定标准的内容。

在我国，我们经常执行的食品产品标准的基本内容，一般包含范围、卫生与安全、食品营养、检验方法与规则、食品标志、包装、运输与贮藏，还有规范性引用文件。

第三节　食品基础标准

基础标准是在一定范围内作为其他标准的基础并普遍使用，具有广泛指导意义的标准。食品基础标准按照性质和作用的不同，一般分为以下几种。①技术通则类：如 GB/T 23811—2009《食品安全风险分析工作原则》、GB/T 29471—2020《食品安全检测移动实验室通用技术规范》；②通用技术语言类：名词术语、符号、代号等。这类标准的作用是使技术语言达到统一、准确和简化。如 GB/T 15091—1994《食品工业基本术语》、GB/T 12529.4—2008《粮油工业用图形符号、代号　第 4 部分：油脂工业》；③环境适应性类：如 GB/T 35129—2017《面向食品制造业的射频识别系统　环境适应要求》；④通用方法类：试验、分析、抽样、统计、计算、测定等各种方法标准。如 GB/T 5531—2018《粮油检验　植物油脂加热试验》、GB/T 10345—2022《白酒分析方法》、GB/T 12143—2008《饮料通用分析方法》。为避免内容的重复，重点介绍以下几种食品基础标准。

（一）名词术语、图形符号、代号类标准

名词术语类标准是以各种专用术语为对象所制定的标准，一般规定术语、定义（或解释性说明）和外文对应的词等。图形符号、代号类标准是以表示事物和概念的各种代号为对象制定的标准。

GB/T 15091—1994《食品工业基本术语》规定了食品工业常用的基本术语，具体包括以下几种。①一般术语：如食品，可供人类食用或饮用的物质，包括加工食品、半成品和未加工食品，不包括烟草或只作药品用的物质。②产品术语：如粮食，谷物和豆类的种子、果实，薯类的块根、块茎，以及这些物质加工产品的统称。③工艺术语：如浓缩，从溶液中除去部分溶剂的操作，是使溶质和溶剂的均匀混合液实现部分分离的过程。有常压加热浓缩、真空浓缩、冷冻浓缩、结晶浓缩等。④质量、营养及卫生术语：如营养素，能促进身体生长、发育、活动、繁殖，以及维持各种生理活动的物质。通常分为蛋白质、脂肪、碳水化合物、无机盐（矿物质）、维生素、水和膳食纤维。

各类食品工业的名词术语标准如 GB/T 30765—2014《粮油名词术语　原粮油料形态学和结构学》、GB/T 19480—2009《肉与肉制品术语》、GB/T 17204—2021《饮料酒术语和分类》、GB/T 15109—2021《白酒工业术语》、GB/T 40633—2021《茶叶加工术语》、GB/T 10221—2021《感官分析　术语》、GB/T 36193—2018《水产品加工术语》等。

食品的图形符号、代号标准有 GB/T 12529.1—2008《粮油工业用图形符号、代号　第 1 部分：通用部分》、GB/T 12529.2—2008《粮油工业用图形符号、代号　第 2 部分：碾米工业》、GB/T 12529.3—2008《粮油工业用图形符号、代号　第 3 部分：制粉工业》、GB/T 12529.4—2008《粮油工业用图形符号、代号　第 4 部分：油脂工业》、GB/T 12529.5—2010《粮油工业用图形符号、代号　第 5 部分：仓储工业》等。

（二）食品分类标准

食品分类标准是对食品大类进行分类规范的标准。国家食品分类标准主要包括 GB/T 8887—2021《淀粉分类》、GB/T 10784—2020《罐头食品分类》、GB/T 30590—2014《冷冻饮品分类》、GB/T 35886—2018《食糖分类》、GB/T 21725—2017《天然香辛料　分类》、GB/T 34262—2017《蛋与蛋制品术语和分类》、GB/T 30766—2014《茶叶分类》、GB/T 26604—2011《肉制品分类》、GB/T 30645—2014《糕点分类》、GB/T 17204—2021《饮料酒术语和分类》、GB/T 23823—2009《糖果分类》、GB/T 20903—2007《调味品分类》、QB/T 5284—2018《冷冻食品术语与分类》、SB/T 10671—2012《坚果炒货食品　分类》、SB/T 10687—2012《大豆食品分类》、SB/T 10297—1999《酱腌菜分类》、SB/T 10174—1993《食醋的分类》、SB/T 10173—1993《酱油分类》、SB/T 10172—1993《酱的分类》、SB/T 10171—1993《腐乳分类》等。

（三）食品检验规则、食品标识、物流标准

1. 食品检验规则、抽样方法类标准

检验一般分为型式检验和出厂检验两类。型式检验是对产品进行全面考核，一般按标准的要求每年或一定时间间隔进行一次。出厂检验项目包括：包装、标志、净容量、感官要求、理化要求等，是每次出厂必检项目。抽样方法标准一般包括抽样条件、抽样方法、抽取样品数量等要求。例如，GB 10346—2023《白酒检验规则和标志、包装、运输、贮存》、GB 18393—2001《牛羊屠宰产品品质检验规程》、SB/T 10314—1999《采样方法及检验规则》、QB/T 4892—2015《冷冻调制食品检验规则》、NY/T 1055—2015《绿色食品　产品检验规则》、QB/T 1006—2014《罐头食品检验规则》等。

2. 食品标识、物流标准

食品标识是表明食品基本情况的一组文字符号或图案，包括标签、图形、文字和符号。食品物流包括食品运输、贮存、配送、装卸、保管、物流信息管理等一系列活动。例如，GB/T 24616—2019《冷藏食品物流包装、标志、运输和储存》、GB/T 36192—2018《活水产品运输技术规范》、GB/T 30354—2013《食品植物油散装运输规范》、GB/T 28640—2012《畜禽肉冷链运输管理技术规范》、GB/T 27638—2011《活鱼运输技术规范》、GB/T 26544—2011《水产品航空运输包装通用要求》、GB/T 26432—2010《新鲜蔬菜贮藏与运输准则》、GB/T 18518—2001《黄瓜　贮藏和冷藏运输》等。

（四）其他标准

食品标签标准在本章第八节中详述。

食品加工操作规程类标准，例如，GB/T 17236—2019《畜禽屠宰操作规程　生猪》、GB/

T 19477—2018《畜禽屠宰操作规程　牛》、GB/T 19478—2018《畜禽屠宰操作规程　鸡》、NY/T 3026—2016《鲜食浆果类水果采后预冷保鲜技术规程》、GH/T 1076—2011《茶叶生产技术规程》等。

第四节　食品产品标准

我国的食品产品标准可以分为两大类，一是各类食品及其食品用制品卫生标准或质量相关的要求，涉及肉、粮、蛋、奶、植物油、调味品、饮用天然矿泉水等；二是食品添加剂相关产品质量要求，包括 GB 1886 系列标准、GB 31601 ~ GB 31623、GB 29925 ~ GB 29988、GB 28301 ~ GB 28368 等。

下面以乳制品为例介绍产品标准，相关的国家标准主要有 GB 19301—2010《食品安全国家标准　生乳》、GB 25190—2010《食品安全国家标准　灭菌乳》、GB 25191—2010《食品安全国家标准　调制乳》、GB 19644—2024《食品安全国家标准　乳粉和调制乳粉》、GB 19645—2010《食品安全国家标准　巴氏杀菌乳》、GB/T 21732—2008《含乳饮料》等。行业标准有 RHB 903—2017《驼乳粉》，NY/T 898—2016《绿色食品　含乳饮料》等。地方标准主要有 DBS45 系列标准，如 DBS45/012—2024《食品安全地方标准　巴氏杀菌水牛乳》、DBS15 系列标准如 DBS15/001. 3—2017《食品安全地方标准　蒙古族传统乳制品　第 3 部分：奶豆腐》、DBS65 系列标准如 DBS65/012—2023《食品安全地方标准　灭菌驼乳》等。

产品标准的内容以 GB 25190—2010《食品安全国家标准　灭菌乳》为例介绍。内容主要包括，①范围：本标准适用于全脂、脱脂和部分脱脂灭菌乳。②技术要求：原料要求（包括生乳和乳粉要求）；感官要求；理化指标（主要涉及脂肪、蛋白质、非脂乳固体、酸度的指标要求及相应采用的检验方法）；污染物限量；真菌毒素限量；微生物要求。③其他：主要涉及原料类型与标签标注的要求等内容。

第五节　食品添加剂标准

一、 GB 2760—2024《食品安全国家标准　食品添加剂使用标准》

食品添加剂是为改善食品品质和色、香、味，以及为防腐、保鲜和加工工艺的需要而加入食品中的人工合成或者天然物质。食品用香料、胶基糖果中基础剂物质、食品工业用加工助剂、营养强化剂也包括在内。

（一）标准的范围

标准规定了食品添加剂的使用原则、允许使用的食品添加剂品种、使用范围及最大使用量或残留量。

（二）食品添加剂的使用原则

1. 基本要求

食品添加剂使用时应符合以下基本要求：

（1）不应对人体产生任何健康危害；

（2）不应掩盖食品腐败变质；

（3）不应掩盖食品本身或加工过程中的质量缺陷或以掺杂、掺假、伪造为目的而使用食品添加剂；

（4）不应降低食品本身的营养价值；

（5）在达到预期效果的前提下尽可能降低在食品中的使用量。

2. 使用情况

在下列情况下可使用食品添加剂：

（1）保持或提高食品本身的营养价值；

（2）作为某些特殊膳食用食品的必要配料或成分；

（3）提高食品的质量和稳定性，改进其感官特性；

（4）便于食品的生产、加工、包装、运输或者贮藏。

3. 食品添加剂质量标准

按照该标准使用的食品添加剂应当符合相应的质量规格要求。

4. 带入原则

（1）在下列情况下食品添加剂可以通过食品配料（含食品添加剂）带入食品中：

①根据该标准，食品配料中允许使用该食品添加剂；

②食品配料中该添加剂的用量不应超过允许的最大使用量；

③应在正常生产工艺条件下使用这些配料，并且食品中该添加剂的含量不应超过由配料带入的水平；

④由配料带入食品中的该添加剂的含量应明显低于直接将其添加到该食品中通常所需要的水平。

（2）当某食品配料作为特定终产品的原料时，批准用于上述特定终产品的添加剂允许添加到这些食品配料中，同时该添加剂在终产品中的量应符合该标准的要求。在所述特定食品配料的标签上应明确标示该食品配料用于上述特定食品的生产。

（三）食品分类系统

食品分类系统用于界定食品添加剂的使用范围，只适用于该标准，举例如表6-1所示。

表6-1　食品分类标准举例

食品分类号	食品类别/名称
03.0	冷冻饮品
03.01	冰淇淋、雪糕类
03.02	—

续表

食品分类号	食品类别/名称
03.03	风味冰、冰棍类
03.04	食用冰
03.05	其他冷冻饮品

（四）食品添加剂的使用规定

食品添加剂的使用应符合标准附录规定，举例如表 6-2 所示。

海藻酸钠（又名褐藻酸钠） sodium alginate

CNS 号 20.004 INS 号 401

功能 增稠剂、稳定剂

表 6-2 食品添加剂海藻酸钠使用规定

食品分类号	食品名称	最大使用量/（g/kg）	备注
—	各类食品，GB 2760—2024《食品添加剂使用标准》表 A.2 中编号为 1～4、6～9、11～30、33～49、54～61、63～68 的食品类别除外	按生产需要适量使用	
11.01.02	赤砂糖、原糖、其他糖和糖浆	10.0	
13.03	其他特殊膳食食品（仅限 13 月龄～10 岁特殊医学用途配方食品中氨基酸代谢障碍配方产品）	1.0	适用于 13 月龄～36 月龄幼儿的产品
		按生产需要适量使用	适用于 37 月龄～10 岁人群的产品

（五）食品用香料

用于生产食品用香精的食品用香料的使用应符合标准附录规定，举例如表 6-3 所示。另外还有允许使用的食品用天然香料和允许使用的食品用合成香料名单。

表 6-3 不得添加食品用香料、香精的名单举例

食品分类号	食品名称
01.01.01	巴氏杀菌乳
01.01.02	灭菌乳和高温杀菌乳
01.02.01	发酵乳
01.05.01	稀奶油
……	……

（六）案例分析

2021年宁波市市场监督管理局和鄞州区市场监督管理局对鄞州区某食品有限公司生产的酱肉进行抽检，山梨酸及其钾盐项目实测结果为0.157g/kg和0.364g/kg。

山梨酸及其钾盐的功能为防腐剂、抗氧化剂、稳定剂。酱肉属于生腌肉制品，在GB 2760—2014《食品添加剂使用标准》中查找山梨酸及其钾盐的可应用食品名称，未找到此类制品。符合《食品安全法》中第三十四条禁止生产经营食品、食品添加剂、食品相关产品中“在食品中添加食品添加剂以外的化学物质和其他可能危害人体健康的物质”的规定。应按《食品安全法》中第一百二十三条进行相应处罚。

二、 GB 14880—2012《食品安全国家标准　食品营养强化剂使用标准》

营养强化剂是为了增加食品的营养成分（价值）而加入食品中的天然或人工合成的营养素和其他营养成分。

1. 标准范围

标准规定了食品营养强化的主要目的、使用营养强化剂的要求、可强化食品类别的选择要求以及营养强化剂的使用规定。本标准适用于食品中营养强化剂的使用。国家法律、法规和（或）标准另有规定的除外。

2. 营养强化的主要目的

①弥补食品在正常加工、贮存时造成的营养素损失。

②在一定的地域范围内，有相当规模的人群出现某些营养素摄入水平低或缺乏，通过强化可以改善其摄入水平低或缺乏导致的健康影响。

③某些人群由于饮食习惯和（或）其他原因可能出现某些营养素摄入量水平低或缺乏，通过强化可以改善其摄入水平低或缺乏导致的健康影响。

④补充和调整特殊膳食用食品中营养素和（或）其他营养成分的含量。

3. 使用营养强化剂的要求

①营养强化剂的使用不应导致人群食用后营养素及其他营养成分摄入过量或不均衡，不应导致任何营养素及其他营养成分的代谢异常。

②营养强化剂的使用不应鼓励和引导与国家营养政策相悖的食品消费模式。

③添加到食品中的营养强化剂应能在特定的贮存、运输和食用条件下保持质量的稳定。

④添加到食品中的营养强化剂不应导致食品一般特性如色泽、滋味、气味、烹调特性等发生明显不良改变。

⑤不应通过使用营养强化剂夸大食品中某一营养成分的含量或作用误导和欺骗消费者。

4. 可强化食品类别的选择要求

①应选择目标人群普遍消费且容易获得的食品进行强化。

②作为强化载体的食品消费量应相对比较稳定。

③我国居民膳食指南中提倡减少食用的食品不宜作为强化的载体。

5. 营养强化剂的使用规定

①营养强化剂在食品中的使用范围、使用量、允许使用的化合物来源应符合标准附录的规定（表6-4，表6-5）。

②特殊膳食用食品中营养素及其他营养成分的含量按相应的食品安全国家标准执行，允许使用的营养强化剂及化合物来源应符合本标准附录和（或）相应产品标准的要求。

表6-4 营养强化剂的允许使用品种、使用范围及使用量举例（维生素A）

营养强化剂	食品分类号	食品类别（名称）	使用量
维生素类			
维生素A	01.01.03	调制乳	600~1000μg/kg
	01.03.02	调制乳粉（儿童用乳粉和孕产妇用乳粉除外）	3000~9000μg/kg
		调制乳粉（仅限儿童用乳粉）	1200~7000μg/kg
		调制乳粉（仅限孕产妇用乳粉）	2000~10000μg/kg
	02.01.01.01	植物油	4000~8000μg/kg
	02.02.01.02	人造黄油及其类似制品	4000~8000μg/kg
	03.01	冰淇淋类、雪糕类	600~1200μg/kg
	04.04.01.07	豆粉、豆浆粉	3000~7000μg/kg
	04.04.01.08	豆浆	600~1400μg/kg
	06.02.01	大米	600~1200μg/kg
	06.03.01	小麦粉	600~1200μg/kg
	06.06	即食谷物，包括辗轧燕麦（片）	2000~6000μg/kg
	07.02.02	西式糕点	2330~4000μg/kg
	07.03	饼干	2330~4000μg/kg
	14.03.01	含乳饮料	300~1000μg/kg
	14.06	固体饮料类	4000~17000μg/kg
	16.01	果冻	600~1000μg/kg
	16.06	膨化食品	600~1500μg/kg

表6-5 允许使用的营养强化剂化合物来源名单举例（维生素A）

营养强化剂	化合物来源
维生素A	醋酸视黄酯（醋酸维生素A）
	棕榈酸视黄酯（棕榈酸维生素A）
	全反式视黄醇
	β-胡萝卜素

6. 食品类别（名称）说明

食品类别（名称）说明用于界定营养强化剂的使用范围，只适用于该标准。如允许某一营养强化剂应用于某一食品类别（名称）时，则允许其应用于该类别下的所有类别食品，另有规定的除外。

7. 营养强化剂质量标准

按照该标准使用的营养强化剂化合物来源应符合相应的质量规格要求。

第六节　食品规范标准

我国的食品规范标准涉及各种食品及食品添加剂生产卫生规范标准，如 GB 8950—2016《食品安全国家标准　罐头食品生产卫生规范》、GB 8951—2016《食品安全国家标准　蒸馏酒及其配制酒生产卫生规范》、GB 8952—2016《食品安全国家标准　啤酒生产卫生规范》、GB 8953—2016《食品安全国家标准　酱油生产卫生规范》、GB 8954—2016《食品安全国家标准　食醋生产卫生规范》、GB 8955—2016《食品安全国家标准　食用植物油及其制品生产卫生规范》、GB 8956—2016《食品安全国家标准　蜜饯生产卫生规范》、GB 8957—2016《食品安全国家标准　糕点、面包卫生规范》、GB 31647—2018《食品安全国家标准　食品添加剂生产通用卫生规范》、GB 12695—2016《食品安全国家标准　饮料生产卫生规范》、DB 33/3008—2016《浙江省食品安全地方标准　火腿生产卫生规范》等。

下面以 GB 12695—2016《食品安全国家标准　饮料生产卫生规范》为例介绍，主要内容包括，①范围：规定了饮料生产过程中原料采购、加工、包装、贮存和运输等环节的场所、设施、人员的基本要求和管理准则。适用于除包装饮用水外的饮料生产，不适用于现制现售的饮料；②选址及厂区环境；③厂房和车间要求；④设施与设备：包括如一般要求、设施（供水设施、排水设施、清洁消毒设施、个人卫生设施、仓储设施）、设备（生产设备、设备要求）；⑤卫生管理；⑥食品原料、食品添加剂和食品相关产品（一般要求、食品添加剂、食品相关产品、菌种）；⑦生产过程的食品安全控制（一般要求、产品污染风险控制、生物污染的控制、化学污染的控制、物理污染的控制）；⑧检验；⑨产品的贮存和运输；⑩产品召回管理。此外，还包括培训、管理制度和人员、记录和文件管理等。

食品规范标准除各种食品、食品添加剂的生产卫生规范之外，还包括食品经营过程卫生规范，如 GB 31646—2018《食品安全国家标准　速冻食品生产和经营卫生规范》、GB 20799—2016《食品安全国家标准　肉和肉制品经营卫生规范》、GB 22508—2016《食品安全国家标准　原粮储运卫生规范》、GB 31621—2014《食品安全国家标准　食品经营过程卫生规范》、SN/T 1881—2007《进出口易腐食品货架贮存卫生规范》系列标准等。

第七节　食品检验标准

1. 食品卫生理化检验方法与规程

主要包括 GB 5009 系列标准、乳品相关检验方法、GB 5413 系列标准、GB 23200 系列标准、辐照食品相关检验方法、GB 14883 系列标准等；另外还有国家推荐标准、行业标准、地方标准等，如 GB/T 21330—2007《动物性食品中链霉素残留量测定方法　酶联免疫法》、SN/T 1777. 1—2006《动物源性食品中大环内酯类抗生素残留量测定方法　第 1 部分：放射受体分析法》、NY/T 1096—2006《食品中草甘膦残留量测定》等。本部分以国家强制性标准为例介绍这类检验标准的主要内容。

食品中理化物质检验方法以 GB 5009. 93—2017《食品安全国家标准　食品中硒的测定》

为例介绍，内容主要包括，①标准范围：标准规定了食品中硒含量测定的氢化物原子荧光光谱法、荧光分光光度法和电感耦合等离子体质谱法。标准适用于各类食品中硒的测定；②三种测定方法：分别从原理、试剂和材料、仪器和设备、分析步骤、分析结果的表述、精密度等方面详细介绍。

2. 食品中微生物检验方法与规程

主要包括 GB 4789 系列标准，另外还有国家推荐性标准、行业标准等，如 SN/T 2552.12—2010《乳及乳制品卫生微生物学检验方法　第 12 部分：单核细胞增生李斯特氏菌检测与计数》、SN/T 2376—2009《番茄酱中主要腐败微生物的检验方法》等。

食品中微生物检验方法以 GB 4789.3—2016《食品安全国家标准　食品微生物学检验　大肠菌群计数》为例介绍，内容主要包括，①范围：标准规定了食品中大肠菌群计数的方法。标准第一法适用于大肠菌群含量较低的食品中大肠菌群的计数，第二法适用于大肠菌群含量较高的食品中大肠菌群的计数；②检验原理：MPN 法和平板计数法；③两种检测方法分别依次介绍设备和材料、培养基和试剂、检验程序、操作步骤等。

3. 食品接触材料及制品中有害物质检验方法

主要包括 GB 31604 系列标准，例如，GB 31604.49—2023《食品安全国家标准　食品接触材料及制品　多元素的测定和多元素迁移量的测定》主要内容为有害物质残留量检测。

第八节　食品标签标准

现行的食品标签标准主要包括 GB 7718—2011《食品安全国家标准　预包装食品标签通则》、GB 13432—2013《食品安全国家标准　预包装特殊膳食用食品标签》和 GB 28050—2011《食品安全国家标准　预包装食品营养标签通则》。以上三项标准均属于国家强制性标准，是为了进一步规范食品标签，给消费者最大程度知情权。

一、 GB 7718—2011《食品安全国家标准　预包装食品标签通则》

预包装食品是预先定量包装或者制作在包装材料和容器中的食品，包括预先定量包装以及预先定量制作在包装材料和容器中并且在一定量限范围内具有统一的质量或体积标识的食品。标准适用于直接提供给消费者的预包装食品标签和非直接提供给消费者的预包装食品标签，不适用于为预包装食品在储藏运输过程中提供保护的食品贮运包装标签、散装食品和现制现售食品的标识。

（一）基本要求

（1）应符合法律、法规的规定，并符合相应食品安全标准的规定。

（2）应清晰、醒目、持久，应使消费者购买时易于辨认和识读。

（3）应通俗易懂、有科学依据，不得标示封建迷信、色情、贬低其他食品或违背营养科学常识的内容。

（4）应真实、准确，不得以虚假、夸大、使消费者误解或欺骗性的文字、图形等方式介绍食品，也不得利用字号大小或色差误导消费者。

（5）不应直接或以暗示性的语言、图形、符号，误导消费者将购买的食品或食品的某一性质与另一产品混淆。

（6）不应标注或者暗示具有预防、治疗疾病作用的内容，非保健食品不得明示或者暗示具有保健作用。

（7）不应与食品或者其包装物（容器）分离。

（8）应使用规范的汉字（商标除外）。具有装饰作用的各种艺术字，应书写正确，易于辨认。

①可以同时使用拼音或少数民族文字，拼音不得大于相应汉字。

②可以同时使用外文，但应与中文有对应关系（商标、进口食品的制造者和地址、国外经销者的名称和地址、网址除外）。所有外文不得大于相应的汉字（商标除外）。

（9）预包装食品包装物或包装容器最大表面面积大于 $35cm^2$ 时，强制标示内容的文字、符号、数字的高度不得小于 1.8mm。

（10）一个销售单元的包装中含有不同品种、多个独立包装可单独销售的食品，每件独立包装的食品标识应当分别标注。

（11）若外包装易于开启识别或透过外包装物能清晰地识别内包装物（容器）上的所有强制标示内容或部分强制标示内容，可不在外包装物上重复标示相应的内容；否则应在外包装物上按要求标示所有强制标示内容。

（二）必须标示内容

直接向消费者提供的预包装食品标签标示应包括食品名称、配料表、净含量和规格、生产者和（或）经销者的名称、地址和联系方式、生产日期和保质期、贮存条件、食品生产许可证编号、产品标准代号及其他需要标示的内容。

1. 食品名称

（1）应在食品标签的醒目位置，清晰地标示反映食品真实属性的专用名称。

①当国家标准、行业标准或地方标准中已规定了某食品的一个或几个名称时，应选用其中的一个，或等效的名称。

②无国家标准、行业标准或地方标准规定的名称时，应使用不使消费者误解或混淆的常用名称或通俗名称。

（2）标示“新创名称”“奇特名称”“音译名称”“牌号名称”“地区俚语名称”或“商标名称”时，应在所示名称的同一展示版面标示。

①当“新创名称”“奇特名称”“音译名称”“牌号名称”“地区俚语名称”或“商标名称”含有易使人误解食品属性的文字或术语（词语）时，应在所示名称的同一展示版面邻近部位使用同一字号标示食品真实属性的专用名称。

②当食品真实属性的专用名称因字号或字体颜色不同易使人误解食品属性时，也应使用同一字号及同一字体颜色标示食品真实属性的专用名称。

（3）为不使消费者误解或混淆食品的真实属性、物理状态或制作方法，可以在食品名称前或食品名称后附加相应的词或短语。如干燥的、浓缩的、复原的、熏制的、油炸的、粉末的、粒状的等。

2. 配料表

（1）预包装食品的标签上应标示配料表，配料表中的各种配料应按上面食品名称的要求标示具体名称，食品添加剂应当标示其在 GB 2760《食品添加剂使用标准》中的食品添加剂通用名称。

①配料表应以“配料”或“配料表”为引导词。当加工过程中所用的原料已改变为其他成分（如酒、酱油、食醋等发酵产品）时，可用“原料”或“原料与辅料”代替“配料”“配料表”，并按该标准相应条款的要求标示各种原料、辅料和食品添加剂。加工助剂不需要标示。

②各种配料应按制造或加工食品时加入量的递减顺序一一排列；加入量不超过2%的配料可以不按递减顺序排列。

③如果某种配料是由两种或两种以上的其他配料构成的复合配料（不包括复合食品添加剂），应在配料表中标示复合配料的名称，随后将复合配料的原始配料在括号内按加入量的递减顺序标示。当某种复合配料已有国家标准、行业标准或地方标准，且其加入量小于食品总量的25%时，不需要标示复合配料的原始配料。

④食品添加剂应当标示其在 GB 2760《食品添加剂使用标准》中的食品添加剂通用名称。食品添加剂通用名称可以标示为食品添加剂的具体名称，也可标示为食品添加剂的功能类别名称并同时标示食品添加剂的具体名称或国际编码（INS 号）。在同一预包装食品的标签上，应选择附录中的一种形式标示食品添加剂。当采用同时标示食品添加剂的功能类别名称和国际编码的形式时，若某种食品添加剂尚不存在相应的国际编码，或因致敏物质标示需要，可以标示其具体名称。食品添加剂的名称不包括其制法。加入量小于食品总量 25%的复合配料中含有的食品添加剂，若符合 GB 2760《食品添加剂使用标准》规定的带入原则且在最终产品中不起工艺作用的，不需要标示。

⑤在食品制造或加工过程中，加入的水应在配料表中标示。在加工过程中已挥发的水或其他挥发性配料不需要标示。

⑥可食用的包装物也应在配料表中标示原始配料，国家另有法律法规规定的除外。

（2）下列食品配料，可以选择按表 6-6 的方式标示。

表 6-6　配料标示方式

配料类别	标示方式
各种植物油或精炼植物油，不包括橄榄油	“植物油”或“精炼植物油”；如经过氢化处理，应标示为“氢化”或“部分氢化”
各种淀粉，不包括化学改性淀粉	“淀粉”
加入量不超过 2%的各种香辛料或香辛料浸出物（单一的或合计的）	“香辛料”“香辛料类”或“复合香辛料”
胶基糖果的各种胶基物质制剂	“胶姆糖基础剂”“胶基”
添加量不超过 10%的各种果脯蜜饯水果	“蜜饯”“果脯”
食用香精、香料	“食用香精”“食用香料”“食用香精香料”

3. 配料的定量标示

（1）如果在食品标签或食品说明书上特别强调添加了或含有一种或多种有价值、有特性的配料或成分，应标示所强调配料或成分的添加量或在成品中的含量。

（2）如果在食品的标签上特别强调一种或多种配料或成分的含量较低或无时，应标示所强调配料或成分在成品中的含量。

（3）食品名称中提及的某种配料或成分而未在标签上特别强调，不需要标示该种配料或成分的添加量或在成品中的含量。

4. 净含量和规格

（1）净含量的标示应由净含量、数字和法定计量单位组成，如450g。

（2）应依据法定计量单位，按以下形式标示包装物（容器）中食品的净含量：

①液态食品，用体积升（L）、毫升（mL），或用质量克（g）、千克（kg）；

②固态食品，用质量克（g）、千克（kg）；

③半固态或黏性食品，用质量克（g）、千克（kg）或体积升（L）、毫升（mL）。

（3）净含量的计量单位应按表6-7标示。

表6-7 净含量计量单位的标示方式

计量方式	净含量（Q）的范围	计量单位
体积	Q<1000mL Q≥1000mL	毫升（mL） 升（L）
质量	Q<1000g Q≥1000g	克（g） 千克（kg）

（4）净含量字符的最小高度应符合表6-8的规定。

表6-8 净含量字符的最小高度

净含量（Q）的范围	字符的最小高度/mm
Q≤50mL；Q≤50g	2
50mL<Q≤200mL；50g<Q≤200g	3
200mL<Q≤1L；200g<Q≤1kg	4
Q>1kg；Q>1L	6

（5）净含量应与食品名称在包装物或容器的同一展示版面标示。

（6）容器中含有固、液两相物质的食品，且固相物质为主要食品配料时，除标示净含量外，还应以质量或质量分数的形式标示沥干物（固形物）的含量。

（7）同一预包装内含有多个单件预包装食品时，大包装在标示净含量的同时还应标示规格。

（8）规格的标示应由单件预包装食品净含量和件数组成，或只标示件数，可不标示“规格”二字。单件预包装食品的规格即指净含量。

5. 生产者、经销者的名称、地址和联系方式

（1）应当标注生产者的名称、地址和联系方式。生产者名称和地址应当是依法登记注册、能够承担产品安全质量责任的生产者的名称、地址。有下列情形之一的，应按下列要求予以标示。

①依法独立承担法律责任的集团公司、集团公司的子公司，应标示各自的名称和地址。

②不能依法独立承担法律责任的集团公司的分公司或集团公司的生产基地，应标示集团公司和分公司（生产基地）的名称、地址；或仅标示集团公司的名称、地址及产地，产地应当按照行政区划标注到地市级地域。

③受其他单位委托加工预包装食品的，应标示委托单位和受委托单位的名称和地址；或仅标示委托单位的名称和地址及产地，产地应当按照行政区划标注到地市级地域。

（2）依法承担法律责任的生产者或经销者的联系方式应标示以下至少一项内容：电话、传真、网络联系方式等，或与地址一并标示的邮政地址。

（3）进口预包装食品应标示原产国国名或地区区名以及在中国依法登记注册的代理商、进口商或经销者的名称、地址和联系方式，可不标示生产者的名称、地址和联系方式。

6. 日期标示

（1）应清晰标示预包装食品的生产日期和保质期。如日期标示采用“见包装物某部位”的形式，应标示所在包装物的具体部位。日期标示不得另外加贴、补印或篡改。

（2）当同一预包装内含有多个标示了生产日期及保质期的单件预包装食品时，外包装上标示的保质期应按最早到期的单件食品的保质期计算。外包装上标示的生产日期应为最早生产的单件食品的生产日期，或外包装形成销售单元的日期；也可在外包装上分别标示各单件装食品的生产日期和保质期。

（3）应按年、月、日的顺序标示日期，如果不按此顺序标示，应注明日期标示顺序。

7. 贮存条件

预包装食品标签应标示贮存条件。如常温（或冷冻，或冷藏，或避光，或阴凉干燥处）保存。

8. 食品生产许可证编号

预包装食品标签应标示食品生产许可证编号的，标示形式按照相关规定执行。

9. 产品标准代号

在国内生产并在国内销售的预包装食品（不包括进口预包装食品）应标示产品所执行的标准代号和顺序号。

10. 其他标示内容

（1）辐照食品

①经电离辐射线或电离能量处理过的食品，应在食品名称附近标示“辐照食品”。

②经电离辐射线或电离能量处理过的任何配料，应在配料表中标明。

（2）转基因食品　转基因食品的标示应符合相关法律、法规的规定。

（3）营养标签

①特殊膳食类食品和专供婴幼儿的主辅类食品，应当标示主要营养成分及其含量，标示方式按照 GB 13432—2013《食品安全国家标准　预包装特殊膳食用食品标签》执行。

②其他预包装食品如需标示营养标签，标示方式参照相关法规标准执行。

（4）质量（品质）等级 食品所执行的相应产品标准已明确规定质量（品质）等级的，应标示质量（品质）等级。

（三）标示内容的豁免

（1）下列预包装食品可以免除标示保质期：酒精度≥10%的饮料酒；食醋；食用盐；固态食糖类；味精。

（2）当预包装食品包装物或包装容器的最大表面面积<10cm^{2}时，可以只标示产品名称、净含量、生产者（或经销商）的名称和地址。

（四）推荐标示内容

1. 批号

根据产品需要，可以标示产品的批号。

2. 食用方法

根据产品需要，可以标示容器的开启方法、食用方法、烹调方法、复水再制方法等对消费者有帮助的说明。

3. 致敏物质

（1）以下食品及其制品可能导致过敏反应，如果用作配料，宜在配料表中使用易辨识的名称，或在配料表邻近位置加以提示。

①含有麸质的谷物及其制品（如小麦、黑麦、大麦、燕麦、斯佩耳特小麦或它们的杂交品系）；

②甲壳纲类动物及其制品（如虾、龙虾、蟹等）；

③鱼类及其制品；

④蛋类及其制品；

⑤花生及其制品；

⑥大豆及其制品；

⑦乳及乳制品（包括乳糖）；

⑧坚果及其果仁类制品。

（2）如加工过程中可能带入上述食品或其制品，宜在配料表临近位置加以提示。

（五）案例分析

根据2022年上海市市场监督管理局公布的处罚决定书，上海某超市青浦有限公司第一分公司销售的预包装食品“某金凤鱼金汤酸菜”由5个小包装食品组成，分别为金凤鱼片200g、盐水渍芥菜100g、调味酱50g、辣椒包6g、辣爽油包5g。其中，鱼片、辣椒包的小包装上未标注任何信息，芥菜、调味酱的小包装上仅标注了生产日期，油包的小包装上除了食品名称外未标注其他任何信息。

根据GB 7718—2011《食品安全国家标准 预包装食品标签通则》中“净含量应与食品名称在包装物或容器的同一展示版面标示”和“当预包装食品包装物或包装容器的最大表面面积小于10cm^{2}时，可以只标示产品名称、净含量、生产者（或经销商）的名称和地址”的规定，案例中小包装标签存在信息标识不规范问题。

二、GB 13432—2013《食品安全国家标准　预包装特殊膳食用食品标签》

特殊膳食用食品是为满足特殊的身体或生理状况和（或）满足疾病、紊乱等状态下的特殊膳食需求，专门加工或配方的食品。这类食品的营养素和（或）其他营养成分的含量与可类比的普通食品有显著不同。

（一）强制标示内容

1. 一般要求

预包装特殊膳食用食品标签的标示内容应符合 GB 7718—2011《食品安全国家标准　预包装食品标签通则》中相应条款的要求，强制标示内容一般要求如表 6-9 所示。

表 6-9　预包装特殊膳食用食品标签强制标示内容一般要求

名称	一般要求
食品名称	只有符合特殊膳食用食品定义的食品才可以在名称中使用“特殊膳食用食品”或相应的描述产品特殊性的名称
能量和营养成分	应以“方框表”的形式标示能量、蛋白质、脂肪、碳水化合物和钠，以及相应产品标准中要求的其他营养成分及其含量。预包装特殊膳食用食品中能量和营养成分的含量应以每 100g（克）和（或）每 100mL（毫升）和（或）每份食品可食部中的具体数值来标示
食用方法和适宜人群	应标示预包装特殊膳食用食品的食用方法，每日或每餐用量，必要时应标示调配方法或复水再制方法；应标示预包装特殊膳食用食品的适宜人群
贮存条件	必要时应标明开封后的贮存条件

2. 标示内容的豁免

当预包装特殊膳食用食品包装物或包装容器的最大表面面积小于 $10cm^2$ 时，可只标示产品名称、净含量、生产者（或经销者）的名称和地址、生产日期和保质期。

（二）可选择标示内容

1. 能量和营养成分占推荐摄入量或适宜摄入量的质量百分比

在标示能量值和营养成分含量的同时，可依据适宜人群，标示每 100 g（克）和（或）每 100 mL（毫升）和（或）每份食品中的能量和营养成分含量占《中国居民膳食营养素参考摄入量》中的推荐摄入量（RNI）或适宜摄入量（AI）的质量百分比。无推荐摄入量（RNI）或适宜摄入量（AI）的营养成分，可不标示质量百分比，或者用“—”等方式标示。

2. 能量和营养成分的含量声称

（1）能量或营养成分在产品中的含量达到相应产品标准的最小值或允许强化的最低值时，可进行含量声称。例如，声称无或不含糖应满足≤0.5g/100g（固体）或 100mL（液体）。

（2）某营养成分在产品标准中无最小值要求或无最低强化量要求的，应提供其他国家和

（或）国际组织允许对该营养成分进行含量声称的依据。

（3）含量声称用语包括“含有”“提供”“来源”“含”“有”等。

3. 能量和营养成分的功能声称

（1）符合含量声称要求的预包装特殊膳食用食品，可对能量和（或）营养成分进行功能声称。功能声称的用语应选择使用 GB 28050—2011《食品安全国家标准　预包装食品营养标签通则》中规定的功能声称标准用语。例如，能量的标准功能声称用语，人体需要能量来维持生命活动。机体的生长发育和一切活动都需要能量。适当的能量可以保持良好的健康状况。能量摄入过高、缺少运动与超重和肥胖有关。可以任选其一使用。

（2）对于 GB 28050—2011《食品安全国家标准　预包装食品营养标签通则》中没有列出功能声称标准用语的营养成分，应提供其他国家和（或）国际组织关于该物质功能声称用语的依据。

三、GB 28050—2011《食品安全国家标准　预包装食品营养标签通则》

营养标签是预包装食品标签上向消费者提供食品营养信息和特性的说明，包括营养成分表、营养声称和营养成分功能声称。保健食品和预包装特殊膳食用食品的营养标签不适用。

1. 基本要求

（1）预包装食品营养标签标示的任何营养信息，应真实、客观，不得标示虚假信息，不得夸大产品的营养作用或其他作用。

（2）预包装食品营养标签应使用中文。如同时使用外文标示的，其内容应当与中文相对应，外文字号不得大于中文字号。

（3）营养成分表应以一个“方框表”的形式表示（特殊情况除外），方框可为任意尺寸，并与包装的基线垂直，表题为“营养成分表”。

（4）食品营养成分含量应以具体数值标示，数值可通过原料计算或产品检测获得。

（5）营养标签的格式，食品企业可根据食品的营养特性、包装面积的大小和形状等因素选择使用其中的一种格式。

（6）营养标签应标在向消费者提供的最小销售单元的包装上。

2. 强制标示内容

（1）所有预包装食品营养标签强制标示的内容包括能量、核心营养素的含量值及其占营养素参考值（NRV）的百分比。当标示其他成分时，应采取适当形式使能量和核心营养素的标示更加醒目。

（2）对除能量和核心营养素外的其他营养成分进行营养声称或营养成分功能声称时，在营养成分表中还应标示出该营养成分的含量及其占 NRV 的百分比。

（3）使用了营养强化剂的预包装食品，除强制标示内容（1）的要求外，在营养成分表中还应标示强化后食品中该营养成分的含量值及其占 NRV 的百分比。

（4）食品配料含有或生产过程中使用了氢化和（或）部分氢化油脂时，在营养成分表中还应标示出反式脂肪（酸）的含量。

（5）上述未规定 NRV 的营养成分仅需标示含量。

3. 可选择标示内容

（1）除上述强制标示内容外，营养成分表中还可选择表“能量和营养成分名称、顺序、表达单位、修约间隔和‘0’界限值”中的其他成分。

（2）当某营养成分含量标示值符合表“能量和营养成分含量声称的要求和条件”的含量要求和限制性条件时，可对该成分进行含量声称，声称方式按表“能量和营养成分含量声称的要求和条件”。当某营养成分含量满足表“能量和营养成分比较声称的要求和条件的要求和条件”时，可对该成分进行比较声称，声称方式参考表“能量和营养成分比较声称的要求和条件”。当某营养成分同时符合含量声称和比较声称的要求时，可以同时使用两种声称方式，或仅使用含量声称。含量声称和比较声称的同义语参考表“含量声称的同义词”和表“比较声称的同义词”。

（3）当某营养成分的含量标示值符合含量声称或比较声称的要求和条件时，可使用表“能量和营养成分功能声称标准用于”中相应的一条或多条营养成分功能声称标准用语。不应对功能声称用语进行任何形式的删改、添加和合并。

4. 营养成分的表达方式

（1）预包装食品中能量和营养成分的含量应以每 100 克（g）和（或）每 100 毫升（mL）和（或）每份食品可食部中的具体数值来标示。当用份标示时，应标明每份食品的量。份的大小可根据食品的特点或推荐量规定。

（2）营养成分表中强制标示和可选择性标示的营养成分的名称和顺序、标示单位、修约间隔、“0”界限值应符合表“能量和营养成分名称、顺序、表达单位、修约间隔和‘0’界限值”的规定。当不标示某一营养成分时，依序上移。

（3）当标示 GB 14880—2012《食品安全国家标准　食品营养强化剂使用标准》和原卫生部公告中允许强化的除表“能量和营养成分名称、顺序、表达单位、修约间隔和‘0’界限值”外的其他营养成分时，其排列顺序应位于上表所列营养素之后。

5. 豁免强制标示营养标签的预包装食品

下列预包装食品豁免强制标示营养标签。

（1）生鲜食品，如包装的生肉、生鱼、生蔬菜和水果、禽蛋等；

（2）乙醇含量≥0.5%的饮料酒类；

（3）包装总表面积≤100cm^2 或最大表面面积≤20cm^2 的食品；

（4）现制现售的食品；

（5）包装的饮用水；

（6）每日食用量≤10 g 或 10 mL 的预包装食品；

（7）其他法律法规标准规定可以不标示营养标签的预包装食品。

豁免强制标示营养标签的预包装食品，如果在其包装上出现任何营养信息时，应按照本标准执行。

思考题

1. 食品安全国家标准是否一定优于企业标准?
2. 何为食品标准体系？它是由哪些标准组成的?
3. 有网友爆料称，某公司在添加剂上“双标”，在国内售卖的酱油含有食品添加剂［增味剂、防腐剂（苯甲酸钠）、甜味剂（三氯蔗糖）］，而在国外售卖的酱油为零添加，仅有水、大豆、小麦和食盐等。某公司首次在官方微博回应称，其所有产品都严格按照《食品安全法》生产，食品添加剂的使用及其标识均符合我国的相关标准法规要求。之后再发声明称，各国对添加剂均有各自的标准，这些标准之间没有高低之分、优劣之别。上述公司的声明中的说法是否存在问题？作为食品专业人员应该如何全面理解这一事件?（提示：价格、标准的不同）

第七章

07

计量管理与食品检验检测机构管理

学习目的与要求

1. 掌握计量法、计量管理、计量认证的概念及程序；
2. 熟悉食品检验机构资质认定要求、检验新方法及食品检验计算机信息系统。

第一节　计量管理与计量法

一、计量管理

（一）计量管理发展概况

公元前200年左右，巴比伦王国提出了统一度量衡，标志计量发展进入古典阶段。

1875年5月20日，17个国家联合签订《米制公约》，决定成立国际计量委员会（CIPM）和国际计量局（BIPM），代表了"科学计量"的国际组织，由此开启了经典计量阶段。

1889年国际计量局制造铂铱合金"米"和"千克"原器，标志着"实物基准"时代的开始。

1960年第11届国际计量大会确定以米、千克、秒、安培、开尔文、坎德拉6个测量单位作为基本单位（后又增加摩尔），命名为国际单位制，符号为"SI"。

中国早在公元前221年，秦始皇首次提出了统一度量衡，其原始含义是关于长度、容积和质量的统一，主要器具是尺、斗和秤。从19世纪50年代开始，以"计量"取代了"度量衡"。可以说，"计量"是度量衡的发展，也被称为"现代度量衡"。计量是对"量"的定性分析和定量确定的过程。

1949年后，我国计量科学及法制管理取得显著的成就，主要表现在以下几个方面。

（1）从1986年7月1日起，开始实施了《中华人民共和国计量法》，全国各行各业已全部采用了法定计量单位制。

（2）截至2024年，我国先后建立了200项国家计量基准，社会公用计量标准6.7万余项，获得国际互任的国家校准测量能力1869项。中国计量科学研究院首席研究员李天初院士研制了NIM5-M铯喷泉钟，于2009年用于中国北斗卫星，不确定度2×10^{-15}，相当于1500万年不差1s，标志着我国时间频率基准达到国际先进。

（3）建立了统一的量值传递体系，并实现各个行业领域全覆盖应用，量值溯源能够达到国际基准。

（4）到目前为止，各省、自治区、直辖市均成立了计量管理机构；国务院有关部门和军队体系建立了计量管理机构；逐步完善了各行各业、各个地域的计量工作的监管体系。

（5）中国特色社会主义计量法制体系基本建成。

（二）计量管理内涵

一般来讲，计量管理包含两层意思，一是对“量”的管理，二是对计量器具合格使用的管理。

1. 对“量”的管理

随着科技的进步和人们需求的变化，“量”的管理在不断地完善 。以前讲“量”足不足主要是指定量包装和净含量是否超差，往往忽略了计量在食品质量安全中的重要性。准确计量是食品质量安全的内在要求，食品中“有用”和“有害”物质都由一定的“量”组成且通过“量”来体现，计量是对“量”的定性和定量准确的过程，通过计量检测实现。食品质量安全检验就是一个计量检测过程，依据定量检测分析过程，从原材料进厂到产品出厂的各个阶段，都要对产品进行各种计量检测工作。而计量检测要靠各种计量仪器设备来实现，它们的准确性直接关系到产品质量的检验结果。产品质量的好坏不仅取决于生产人员的操作技术水平，还取决于计量检测设备的精度。在生产过程中，计量更是生产工艺控制的关键因素之一。企业往往配备大量计量检测设备来实现对产品质量的有效控制，并为企业生产和产品创新提供大量的基础数据和计量保障。

2. 对计量器具合格使用的管理

计量管理的第二个内涵是保证计量器具的准确性。计量器具的准确性靠计量检定来保证，没有经过检定或校准的计量器具可能存在不合格的现象，虽然《中华人民共和国计量法》对小食品生产企业（即使是取证企业）的计量器具没有纳入强制检定范畴，但本着对人民群众负责的态度，私营业主应该配备必要的计量器具，并定期进行检定或校准。

二、计量法

（一）基本信息

《中华人民共和国计量法》（以下简称《计量法》）于1985年9月6日第六届全国人民代表大会常务委员会第十二次会议通过，自1986年7月1日起实施。分别于2009年8月、2013年12月、2015年4月、2017年12月进行了四次修正，2018年10月26日第十三届全国人民代表大会常务委员会第六次会议《关于修改〈中华人民共和国计量法〉等十五部法律的决定》进行第五次修正，为现行有效版本。

1. 立法宗旨

为保障国家计量单位制的统一和量值的准确可靠，规范计量活动，促进经济、科学技术和社会的发展，维护国家、公众的利益，制定本法。

2. 适用范围

在中华人民共和国境内使用计量单位，建立计量基准、计量标准，制造、修理、销售、进口、使用计量器具，出具计量结果等活动以实施计量监督管理，应当遵守《计量法》。

3. 法定计量单位

国际单位制计量单位和国家选定的其他计量单位，为国家法定计量单位。法定计量单位的名称、符号由国务院公布。非国家法定计量单位应当废除。因特殊需要采用非法定计量单位的管理办法，由国务院计量行政主管部门另行制定。

4. 计量基准

国务院计量行政部门负责建立各种计量基准器具，作为统一全国量值的最高依据。

5. 计量检定

必须按照国家计量检定系统表进行，计量检定必须执行计量检定规程。计量检定工作应当按照经济合理、就地就近的原则，不受行政区划和部门管辖的限制。

6. 计量认证

为社会提供公证数据的产品质量检验机构，必须经省级以上人民政府计量行政部门对其计量检定、测试的能力和可靠性考核合格。

7. 国防计量管理

中国人民解放军和国防科技工业系统计量工作的监督管理办法，由国务院、中央军事委员会依据本法另行制定。

8. 违反《计量法》法律制度应承担的法律责任

（1）制造、销售未经考核合格的计量器具新产品的，责令停止制造、销售该种新产品，没收违法所得，可以并处罚款。

（2）制造、修理、销售的计量器具不合格的，没收违法所得，可以并处罚款。

（3）属于强制检定范围的计量器具，未按照规定申请检定或者检定不合格继续使用的，责令停止使用，可以并处罚款。

（4）使用不合格的计量器具或者破坏计量器具准确度，给国家和消费者造成损失的，责令赔偿损失，没收计量器具和违法所得，可以并处罚款。

（5）制造、销售、使用以欺骗消费者为目的的计量器具的，没收计量器具和违法所得，处以罚款；情节严重的，并对个人或者单位直接责任人员依照刑法有关规定追究刑事责任。

（6）违反该法规定，制造、修理、销售的计量器具不合格，造成人身伤亡或者重大财产损失的，依照刑法有关规定，对个人或者单位直接责任人员追究刑事责任。

（7）计量监督人员违法失职，情节轻微的，给予行政处分；情节严重的，依照刑法有关规定追究刑事责任。

（8）该法规定的行政处罚，由县级以上地方人民政府计量行政部门决定。

（9）当事人对行政处罚决定不服的，可以在接到处罚通知之日起十五日内向人民法院起诉；对罚款、没收违法所得的行政处罚决定期满不起诉又不履行的，由作出行政处罚决定的机关申请人民法院强制执行。

（二）计量及其相关概念

1. 计量

实现单位统一、量值准确可靠的活动。在计量过程中，认为所使用量具和仪器是标准的，用它们来校准、检定受检量具和仪器设备，以衡量和保证使用受检量具仪器进行测量时所获得测量结果的可靠性。计量涉及计量单位的定义和转换；量值的传递和保证量值统一所必须采取的措施、规程和法制等。

2. 校准

在规定的条件下，为确定测量仪器或测量系统所指示的量值，或实物量具所代表的量值，与对应的由标准所复现的量值之间关系的一组操作，称为校准。校准的依据是校准规范或校准方法，对其通常应作统一规定，特殊情况下也可自行制定。

3. 量值传递

通过对测量仪器的校准或检定，将国家测量标准所实现的单位量值通过各等级的测量标准传递到工作测量仪器的活动，以保证测量所得的量值准确一致。量值传递是自上而下的活动，带有强制性。

4. 量值溯源

通过一条具有规定不确定度的不间断的比较链，使测量结果或测量标准的值能够与规定的参考标准（通常是国家计量标准或国际计量标准）联系起来的特性，称为量值溯源。它是量值传递的逆过程，是自下而上的活动，体现自发性。

5. 国家法定计量单位

国际单位制计量单位和国家选定的其他计量单位为国家法定计量单位。

6. 标准物质

具有一种或多种准确的特性值，用于校准计量器具，评价测量方法或给材料赋值，并附有经批准的鉴定机构发给证书的物质或材料。

7. 计量器具

指能用以直接或间接测出被测对象量值的装置、仪器仪表、量具和用于统一量值的标准物质，包括计量基准、计量标准、工作计量器具。

8. 计量检定

为评定计量器具的计量性能，确定其是否合格所进行的全部工作。

9. 测量不确定度

测量不确定度是与测量结果关联的一个参数，用于表征合理赋予被测量的值的分散性。包括标准不确定度（标准偏差）和扩展不确定度（标准偏差的倍数）。

（三）计量的特性

1. 一致性

一致性是计量的本质特性。它是指在统一计量单位的基础上，测量结果应该是可重复、可再现（复现）、可比较的。一致性包括国家计量制度和计量标准的统一、国际计量制度和计量标准的协调一致，全国测量器具的量值统一到国家国际基准。

2. 准确性

准确性是指测量结果与被测量真值的一致程度。准确性是计量的基本特点，是计量科学的命脉和统一性的基础，也是计量技术工作的核心。它表明计量结果与被测量真值的接近程度。只有量值而无准确程度的结果，严格来讲就不是计量结果。准确的量值才具有社会实用价值。所谓量值的统一，实际上是指在一定准确的程度上的统一。无论准确度高或是低，测量给出量值时，必须给出不确定度或测量误差等表示准确性的指标。

3. 溯源性

为了使计量结果准确一致，任何量值都必须由同一个基准（国际基准或国家基准）传递而来。溯源性是保证量值准确可靠最基本的方法。溯源性是准确性和一致性的技术归宗。尽管任何准确性和一致性是相对的，它与科学技术发展的水平，与人们的认识能力有关。但是，溯源性毕竟使计量科学与人们的认识相一致，使计量的准确与一致得到基本保证。否则，量值出于多源，不仅无准确一致可言，而且会造成技术和应用上的混乱。

4. 法制性

凡有测量活动的领域都涉及计量，凡有测量活动的集体、个人也都涉及计量。这是计量社会属性的主要表现。因此，为了保障量值的准确统一、维护社会和经济秩序，必须有相应的法律、法规、规范和行政监督管理。

三、计量认证

（一）计量认证

指由政府计量行政部门对第三方产品合格认证机构或其他技术机构的检定、测试能力和可靠性的认证。我国的计量认证行政主管部门为国家市场监督管理总局（原国家质检总局）计量司；认监委认可监管部、认证监管部、实验室与检测监管部。

（二）计量认证依据

《计量法》第二十二条规定“为社会提供公正数据的产品质量检验机构，必须经省级以上人民政府计量行政部门对其计量检定、测试的能力和可靠性考核合格”。

CMA 是 China Metrology Accreditation（中国计量认证/认可）的缩写。取得计量认证合格证书的检测机构，可按证书上所批准列明的项目，在检测（检测、测试）证书及报告上使用CMA 标志。

（三）计量认证分级实施

计量认证分为两级实施：一级为国家级，由国家认可认证监督管理委员会组织实施；一级为省级，由省级质量技术监督局负责组织实施，具体工作由计量认证办公室（计量处）承办。二者实施的效力均完全一致。

（四）计量认证的内容

主要是对向社会提供公证数据的技术机构的计量检定和测试能力、可靠性和公正性进行考核，保证其给出的数据准确可靠，具有可比较性。计量认证是我国通过计量立法，对凡是为社会出具公证数据的检验机构（实验室）进行强制考核的一种手段。《中华人民共和国计量法实施细则》中明确规定，为社会提供公证数据的产品质量检验机构，必须经省级以上人民政府计量行政部门计量认证。计量认证的内容如下：

（1）计量检定、测试设备的配备及准确度、量程等技术指标，必须与检验的项目相适，其性能必须稳定可靠并经检定或校准合格。

（2）计量检定、测试设备的工作环境，包括温度、湿度、防尘、防震、防腐蚀、抗干扰等条件，均应适应测试工作的需要。

（3）使用计量检定、测试设备的人员，应具备计量基本知识、环境监测专业知识和实际操作经验。

（4）环境监测机构应具有保证量值统一，量值溯源和量值传递准确、可靠的措施及检测数据公正可靠的管理制度。

（五）计量认证的对象

计量认证的对象是向社会提供公证数据的技术机构。2008 年度第二批计量认证资质认定发证机构名单有两部分。

第一部分是由国家技术监督局、国务院各部委以及各级计经委、有关厅、局和标准计量部门发文承担产品质量监督检验任务的国家、部门级、省、市（地）、县质检机构，并为社会提供公正数据的，均需依法实施强制计量认证；

第二部分是一些为社会出具公证数据的科研、测试、能源监督等实验室以及计量检定机构，可以申请自愿认证，以便为社会出具公证数据。

（六）计量认证的管理

凡是为社会提供公证数据的产品质量检验机构必须依据《计量法》和《检验检测机构资质认定管理办法》的有关规定，进行如下管理。

（1）省以上产品质量监督部门负责产品质量检验机构的计量认证。

（2）属全国性的产品质量检验机构由国家质检总局（现为市场监管总局）负责并会同有关主管部门组织实施。

（3）属地方性的产品质量检验机构由省、自治区、直辖市质量技术监督部门负责并会同有关主管部门组织实施。

（4）省级以上质量技术监督部门或授权承担计量认证评审的机构负责实施，其具体职责是：

①受理计量认证申请；

②制定计量认证评审计划；

③负责对申请计量认证质检机构的申请资料进行审查；

④组织实施计量认证的现场评审；

⑤省以上质量技术监督部门审核、批准计量认证证书的颁发；

⑥对获得计量认证证书的质检机构组织发证后的监督、扩项及复查评审工作；

⑦向社会公布计量认证结果；

⑧办理计量认证的其他有关事项。

（七）计量认证依据

①《中华人民共和国计量法》；

②《中华人民共和国计量法实施细则》；

③《检验检测机构资质认定管理办法》。

（八）计量认证的程序

1. 申请阶段

（1）申请受理范围　根据《计量法》规定，由省级以上人民政府计量行政部门对质检机构进行考核。我国目前有以下四种类型的质检机构：

①国家同意授权的国家级产品质量检验中心；

②国务院各部门的各种产品检验中心，其服务范围也是面向全国的；

③省级产品质量检验中心，包括省内各厅局建立的行业产品质量检测中心；

④省级以下的各种产品质量检测中心。

根据《计量法》规定，前两类产品质量检测机构，由国家市场监督管理总局（原国家质检总局）计量司负责对其进行计量认证，因此这些质检机构必须向国家市场监督管理总局计量司申请计量认证。后两类产品质量检测机构，由省级计量行政部门负责计量认证。它们必须向省级计量行政部门申请计量认证。

各级商检部门的检验机构，也是中华人民共和国境内的出具公证数据的产品质量检验机构，也必须根据计量法的规定向各级计量行政部门申请计量认证。

（2）申请计量认证的基本条件　申请计量认证必须是为社会提供公证数据的产品质量检验机构。

根据《产品质量检验机构计量认证评审准则》，评审内容主要包括计量认证对象的组织与管理、质量体系、人员、设施和环境、仪器设备和标准物质、量值溯源和校准、检验方法、记录、证书和报告、检验的分包、外部支持服务和供应等要素。

①组织和管理：实验室应具有明确的法律地位。其组织和运作方式应保证固定的、临时的和可移动的设施满足本准则的要求。申请计量认证实验室一般为独立法人；非独立法人的需经法人授权，能独立承担第三方公正检验，独立对外行文和开展业务活动，有独立账目和独立核算。

②质量体系：实验室应建立和保持与其承担的检验工作类型、范围和工作量相适应的质量体系。质量体系要素应形成文件。质量文件应提供给实验室人员使用。实验室应明文规定达到良好工作水平和检验服务的质量方针、目标并作出承诺。实验室的管理者应将质量方针和目标纳入质量手册，并使实验室所有有关人员都知道、理解并贯彻执行。质量主管应负责保持质量手册的现行有效性。

③人员：实验室应有足够的人员，这些人员应经过与其承担的任务相适应的教育、培训，并有相应的技术知识和经验。实验室应确保其人员得到及时培训。检验人员应考核合格持证上岗。实验室应保存技术人员有关资格、培训、技能和经历等的技术业绩档案。

④设施和环境：实验室的设施、检验场地以及能源、照明、采暖和通风等应便于检验工作的正常运行；检验所处的环境不应影响检验结果的有效性或对其所要求的测量准确度产生

不利的影响，在非固定场所进行检验时尤应注意；适当时，实验室应配备对环境条件进行有效监测、控制和记录的设施。对影响检验的因素，如生物灭菌、灰尘、电磁干扰、湿度、电源电压、温度、噪声和振动水平等应予以适当重视；应配备停电、停水、防火等应急的安全措施，以免影响检验工作质量；相邻区域内的工作相互之间有不利影响时，应采取有效的隔离措施；进入和使用影响工作质量的区域应有明确的限制和控制；应有适当措施确保实验室有良好的内务管理，并符合有关人身健康和环保要求。

⑤仪器设备和标准物质：实验室应正确配备进行检验的全部仪器设备（包括标准物质）。如果要使用实验室永久控制范围以外的仪器设备（限使用频次低，价格昂贵），则应保证符合本准则规定的相关要求。仪器设备购置、验收、流转应受控。未经定型的专用检验仪器设备需提供相关技术单位的验证证明；应对所有仪器设备进行正常维护，并有维护程序；如果任一仪器设备有过载或错误操作、或显示的结果可疑、或通过检定（验证）或其他方式表明有缺陷时，应立即停止使用，并加以明显标识，如可能应将其储存在规定的地方直至修复；修复的仪器设备必须经校准、检定（验证）或检验证明其功能指标已恢复。实验室应检查由于这种缺陷对过去进行的检验所造成的影响；每一台仪器设备（包括标准物质）都应有明显的标识来表明其状态；应保存每一台仪器设备以及对检验有重要意义的标准物质的档案。

（3）申请认证应提交的文件

①计量认证申请书；

②法人资格证明；

③上级或有关部门批准机构设置的证明文件；

④申请人的质量手册；

⑤申请人的工作程序文件目录；

⑥申请人的典型检测报告（1~2份）；

⑦申请人参加能力验证活动的证明材料（近2年，初次申请除外）。

2. 初查阶段

国家市场监督管理总局计量司计量认证办公室在接到正式申请后，对文件进行审查，如果文件齐全，并能说明该质检机构有计量检测能力，能承担所申请的检验任务，则通知该质检机构已接受计量认证申请。根据该质检机构的业务性质，对该质检机构执行认证程序的第二步——初查。

（1）初查的目的

①在文件审查的基础上，通过初步的实地考察，判断该机构在机构设置、计量检测仪器设备、人员情况、环境条件等方面是否能满足其工作任务的要求。如果发现申请计量认证的业务范围大于计量检测能力所能承担的范围，则建议该质检机构修改申请计量认证的业务范围。

②了解该机构提供的质量管理手册是否符合实际情况，各项规章制度是否完备、切实可行，组织机构的设置是否合理，能不能把管理水平提高到一个新层次。

③检查仪器设备的计量检定情况，专用仪器设备的检验方法与校验方法是否按规定的程序制订，方法是否正确，量值溯源系统是否合理。

④按实施细则进行检查，考察产品质量检验流程安排是否合理，检验实施细则是否科学，能否控制检测工作的随意性、保证检测数据的重复性和再现性。

⑤了解并掌握质检机构对计量认证技术考核规范中的各项要求是否了解，不了解应作解答；在计量认证准备工作中有无困难，在可能条件下帮助解决。

⑥找出存在的问题和不足。考察质检机构或测试实验室从事检测的项目在技术上的难度、专业领域的深度和广度，为正式评审和选择评审员作准备。

⑦向被认证的单位解释计量认证的要求和做法，使被认证单位了解如何准备，以达到计量认证要求。

⑧协商计量认证准备日程表，以便安排预审计划。

（2）初查的方法

①听取质检机构对上报计量认证申请工作的全面介绍。通过介绍，初查人员对申请书中不清楚的部分问题提出质疑，并让质检机构作进一步解释。同时结合对其编写的质量管理手册的审查对下列问题作出判断，该机构应属哪种类型，有没有存在检验立场公正性不足的问题，有没有隐患，解决措施是否有力；是否用检验质量控制论的基本理论来设立质量管理体系，有没有检验过程控制点及其设置是否恰当；检测人员中技术人员比例是否满足要求；质量管理手册中应制定的制度是否已经制定。

②实地考察检测机构的各个实验室，并按检测能力一览表进行对照考察。每一申请项目的测试能力是否满足要求，检验流程是否合理，仪器设备安装是否合理，环境能否满足测试工作规定的要求；检测仪器设备的计量检定及标志管理情况；有无相关的检验项目，是否准确可靠。用不同的仪器设备测量同一参数，能否保证检测数据的准确可靠；制定的检测实施细则是否齐全，是否具有可操作性。

③考察计量室、档案资料室、样品保管室，通过考察了解计量室开展检定的项目，其最高计量标准是否经考核合格，是否经计量行政部门授权；检查各项产品标准、测试方法标准及有关规范、规程的齐全程度；检查原始记录，检验报告的格式、质量，审批程序是否完备；检查仪器设备档案建立情况，合不合要求；检查样品保管室环境、保管设施，收发管理制度执行情况。

④召开有关人员座谈会参加人员有质检机构主要负责人，技术、质量负责人及检测组组长等。听取意见，解答计量认证程序及考核办法方面的问题，了解实施计量认证工作中的困难；将考察中发现的问题进行交流，协商解决办法；形成初查报告。

3. 预审阶段

预审不是计量认证中必需的步骤，但在目前情况下，进行一次预审能够进一步保证正式评审时顺利通过。

预审组一般由 3~4 人组成，其成员应包括本行业技术专家和在管理方面有经验的管理专家。在技术专家中，不仅要有计量检测专家，而且应包括有关产品检测方面的专家。预审组组长由国家市场监督管理总局计量司认证办公室指定。

预审的目的是评价被认证的机构是否已经具备了通过计量认证的条件。因此，预审要按照国家市场监督管理总局计量司认证办公室的文件，即依照《质量检验机构计量认证评审内容及考核办法》的要求逐条进行检查。

预审采取的方式同样是座谈和现场考察。座谈时，被认证单位应向预审组介绍计量认证工作的准备情况，然后进行现场考察。预审组应对每一计量检测项目逐项进行考察，在考察过程中，应对所发现的问题及时记录。

现场考察完成后，预审组内部应对了解到的情况进行充分讨论，统一预审组内部意见，然后召开认证单位代表和负责人参加的座谈会，就预审中发现的问题交换意见，并对进一步整改提出建议。预审结果应写成预审报告报国家市场监督管理总局计量司认证办公室。

4. 正式评审

计量认证正式评审是执行《计量法》和《中华人民共和国计量法实施细则（2022 修订版）》的有关条款的关键步骤，评审结论是国家计量行政管理部门决定是否批准发给认证合格证书的主要据。因此，必须形成完整的计量认证评审文件。评审是一个执法过程，所以，要保证评审过程的严肃性，严格坚持质量检验机构计量认证评审内容及评定方法的规定要求，不得随意降低标准。

评审组一般应由计量部门的专家和与被认证业务有关的行业方面从事科研、设计、生产和检测的专家及业务管理方面的专家组成。行业方面的专家可由被认证单位推荐，报主管部门审查同意。评审员应由国家市场监督管理总局计量司计量认证办公室审定后直接聘请。评审组成员的数量，视被认证的产品质量检验机构的规模大小、申请认证项目的多少及技术上的难易程度而定，一般不少于 5 人。

正式评审日期应根据初查或预审中所发现问题的多少及其改正的难易程度而定。一般问题少，改正比较容易，可以把正式评审日期安排得近些。具体日期和时间可与质检机构商定。正式评审日期确定以后，认证机构应在一个月前书面通知被认证单位和各位评审员，以便合理安排。

正式评审程序如下。

（1）听取受检单位准备情况的全面介绍，并全面检查质检机构各部门，使评审员对质检机构的检测能力有一个完整的印象，了解质检机构存在的问题。

（2）现场评审，采取听、查、看、问、考等方式，按评审标准要求进行。对现场抽查项目的检测工作，应征求质检机构的意见。试验项目完成后应向评审组提交完整的检测报告和原始记录。在现场考核与审查时，每位评审员应在评审记事本上记录自己的意见。

（3）召开评审员会议，在综合评审员意见的基础上提出评审组的评审意见和评审结论初稿。

（4）征求质检机构对评审意见和评审结论初稿意见。如无异议，则评审组成员在评审报告上签字。

（5）召开联席会议，由评审组长口头转达评审情况及评审过程中发现的问题；宣读评审意见和评审结论。

对评审意见及评审结论的要求应按《产品质量检验机构计量认证评审报告》填写。评审结束后，评审组应上报文件包括：初查报告、预审情况的说明、抽查项目检验报告、评审报告原件和评审记事本。

对评审结论产生分歧时质检机构允许有申辩权，如认为评审组在评审意见和结论中有不符合实际的地方，或认为评审组的意见属于误判，质检机构可以向评审组提出申辩。评审组有义务听取并考虑他们的意见。若质检机构申诉理由充分、证据确凿而评审组又不愿接受，则质检机构可以向认证机构提出申诉。申诉时应写出申诉报告，对每一条不通过的项目都要提出充分的理由，并提供相应的文件或复印件。若质检机构的申诉理由经核查确实成立，认证机构可以重新判为认证通过。若核实后，查明质检机构申诉理由不能成立，则认证机构仍应维持原评审组评审结论。对质检机构的申诉查处结果，认证机构应书面通知质检机构和正式评审时的各位评审员。

5. 上报、审核、发证阶段

对考核合格的产品质检机构由有关人民政府计量行政主管部门审查、批准、颁发计量认证合格证，自技术评审完结之日起20日内，根据技术评审结果做出是否批准的决定。决定批准的，向申请人出具资质认定证书，并准许其使用资质认定标志；不予批准的，应书面通知申请人，并说明理由。取得计量认证合格证书的检测机构，允许在检验报告上使用CMA标记；有CMA标记的检验报告可用于质量评价、成果及司法鉴定，具有法律效力。

6. 复查阶段

复查阶段，质检机构每5年要进行到期复查，各机构应提前半年向原发证部门提出申请，申请时须上报的材料项目与第一次申请认证时相同。

7. 监督抽查阶段

监督抽查阶段，国家认监委和地方质检部门应当建立资质认定评审人员专家库，根据需要组成评审专家组。评审专家组应当独立开展资质认定评审活动，根据中华人民共和国计量技术规范的规定，进行初查、预审，提出改正意见，并对评审结论负责。地方质检部门应当自向申请人颁发资质认定证书之日起15日内，将其做出的批准决定向国家认监委备案。国家认监委和地方质检部门应当定期公布取得资质认定的实验室和检查机构名录，以及计量认证项目、授权检验的产品等。从事资质认定评审的人员应当符合相关技术规范或者标准的要求，并经国家认监委或者地方质检部门考核合格。计量行政主管部门对已取得计量认证合格证书的单位，在5年有效期内可安排监督抽查，以促进质检机构的建设和质量体系的有效运行。有效期满后，经复查合格的可延长3年。申请复查应在有效期满前6个月提出，逾期不提出申请的，注销其计量认证合格证书，停止使用计量认证标志。

国家认监委依法对地方质检部门及其组织的评审活动实施监督检查。地方质检部门应当于每年1月向国家认监委提交上年度工作报告，接受国家认监委的询问和调查，并对报告的真实性负责。国家认监委依法组织对实验室和检查机构的资质情况进行监督抽查；对不符合要求的，按照有关规定予以处理。任何单位和个人对实验室和检查机构资质认定中的违法违规行为，有权向国家认监委或者地方质检部门举报，国家认监委和地方质检部门应当及时调查处理。

第二节 食品检验检测机构资质认定

食品检验检测机构的资质认定，是指依法对食品检验检测机构的基本条件和能力，是否符合食品安全法律法规的规定以及相关标准或者技术规范要求实施等的评价和认定活动。食品检验检测机构资质认定工作，应当遵循客观公正、科学准确、公开透明、高效便利的原则，并尽量避免不必要的重复认定和评审。我国《食品安全法》第八十四条规定食品检验机构按照国家有关认证认可的规定取得资质认定之后，方可从事食品检验活动。

一、认证主管机关

《检验检测机构资质认定管理办法》规定了国家市场监督管理总局（以下简称市场监管总局）主管全国检验检测机构资质认定工作，并负责检验检测机构资质认定的统一管理、组织实施、综合协调工作。省级市场监督管理部门负责本行政区域内检验检测机构的资质认定工作。法律、行政法规规定应当取得资质认定的事项清单，由市场监管总局制定并公布，并根据法律、行政法规的调整实行动态管理。市场监管总局依据国家有关法律法规和标准、技术规范的规定，制定检验检测机构资质认定基本规范、评审准则以及资质认定证书和标志的式样，并予以公布。

市场监管总局是国务院主管全国质量、计量、出入境商品检验、出入境卫生检疫、出入境动植物检疫、进出口食品安全和认证认可、标准化等工作，并行使行政执法职能的直属机构。而国家认证认可监督管理委员会是国务院组建并授权统一管理、监督和综合协调全国认证认可工作的主管机构，其工作职能有以下几方面。

（1）研究起草并贯彻执行国家认证认可、安全质量许可、卫生注册和合格评定方面的法律、法规和规章，制定、发布并组织实施认证认可和合格评定的监督管理制度、规定。

（2）研究提出并组织实施国家认证认可和合格评定工作的方针政策、制度和工作规则，协调并指导全国认证认可工作，监督管理相关的认可机构和人员注册机构。

（3）研究拟定国家实施强制性认证与安全质量许可制度的产品目录。制定并发布认证标志（标识）、合格评定程序和技术规则，组织实施强制性认证与安全质量许可工作。

（4）负责进出口食品和化妆品生产、加工单位卫生注册登记的评审和注册等工作，办理注册通报和向国外推荐事宜。

（5）依法监督和规范认证市场，监督管理自愿性认证、认证咨询与培训等中介服务和技术评价行为；根据有关规定，负责认证、认证咨询、培训机构和从事认证业务的检验机构（包括中外合资、合作机构和外商独资机构）的资质审批和监督；依法监督管理外国（地区）相关机构在境内的活动；受理有关认证认可的投诉和申诉，并组织查处；依法规范和监督市场认证行为，指导和推动认证中介服务组织的改革。

（6）管理相关校准、检测、检验实验室技术能力的评审和资格认定工作，组织实施对出入境检验检疫实验室和产品质量监督检验实验室的评审、计量认证、注册和资格认定工作；负责对承担强制性认证和安全质量许可的认证机构和承担相关认证检测业务的实验室检验机构的审批；负责对从事相关校准、检测、检定、检查、检验检疫和鉴定等机构（包括中外合资、合作机构和外商独资机构）技术能力的资质审核。

（7）管理和协调以政府名义参加的认证认可和合格评定的国际合作活动，代表国家参加国际认可论坛（IAF）、太平洋认可合作组织（PAC）、国际人员认证协会（IPC）、国际实验室认可合作组织（ILAC）、亚太实验室认可合作组织（APLAC）等国际或区域性组织以及ISO和国际电工委员会（IEC）的合格评定活动，签署与合格评定有关的协议、协定和议定书，归口协调和监督以非政府组织名义参加的国际或区域性合格评定组织的活动；负责ISO和IEC中国国家委员会的合格评定工作。负责认证认可、合格评定等国际活动的外交审批。

（8）负责与认证认可有关的国际准则、指南和标准的研究和宣传贯彻工作；管理认证认可与相关的合格评定的信息统计，承办世界贸易组织/技术性贸易壁垒协定、实施卫生与植物卫生措施协定中有关认证认可的通报和咨询工作。

（9）配合国家有关主管部门，研究拟订认证认可收费办法并对收费办法的执行情况进行监督检查。

二、资质认定的条件

鉴于目前负责食品安全监管的卫生、农业等相关部门都有所属的食品检验检测机构、食品检验检测实验室或流动检测车，对食品检验机构的认定条件和办法并不完全一致，各食品检验机构水平也不统一。为了统一资质认定条件和检验规范，《食品安全法》第八十四条规定，食品检验机构按照国家有关认证认可的规定取得资质认定后，方可从事食品检验活动。但是，法律另有规定的除外。食品检验机构的资质认定条件和检验规范，由国务院食品安全监督管理部门规定。符合本法规定的食品检验机构出具的检验报告具有同等效力。县级以上人民政府应当整合食品检验资源，实现资源共享。《检验检测机构资质认定管理办法》第二章第八条规定：国务院有关部门以及相关行业主管部门依法成立的检验检测机构，其资质认定由市场监管总局负责组织实施；其他检验检测机构的资质认定，由其所在行政区域的省级市场监督管理部门负责组织实施。第九条规定：申请资质认定的检验检测机构应当符合以下条件。

①依法成立并能够承担相应法律责任的法人或者其他组织；

②具有与其从事检验检测活动相适应的检验检测技术人员和管理人员；

③具有固定的工作场所，工作环境满足检验检测要求；

④具备从事检验检测活动所必需的检验检测设备设施；

⑤具有并有效运行保证其检验检测活动独立、公正、科学、诚信的管理体系；

⑥符合有关法律法规或者标准、技术规范规定的特殊要求。

三、资质认定的程序

根据《检验检测机构资质认定管理办法》第二章第十条规定：检验检测机构资质认定程序分为一般程序和告知承诺程序。除法律、行政法规或者国务院规定必须采用一般程序或者告知承诺程序的外，检验检测机构可以自主选择资质认定程序。检验检测机构资质认定推行网上审批，有条件的市场监督管理部门可以颁发资质认定电子证书。

第十一条规定了检验检测机构资质认定一般程序。①申请资质认定的检验检测机构（以下简称申请人），应当向市场监管总局或者省级市场监督部门（以下统称资质认定部门）提出书面申请和相关材料，并对其真实性负责；②资质认定部门应当对申请人提交的申请和相关材料进行初审，自收到申请之日起5个工作日内作出受理或者不予受理的决定，并书面告知申请人；③资质认定部门自受理申请之日起，应当在30个工作日内，依据检验检测机构资质认定基本规范、评审准则的要求，完成对申请人的技术评审。技术评审包括书面审查和现场评审（或者远程评审）。技术评审时间不计算在资质认定期限内，资质认定部门应当将技术评审时间告知申请人。由于申请人整改或者其他自身原因导致无法在规定时间内完成的情况除外；④资质认定部门自收到技术评审结论之日起，应当在10个工作日内，作出是否准予许可的决定。准予许可的，自作出决定之日起7个工作日内，向申请人颁发资质认定证书。不予许可的，应当书面通知申请人，并说明理由。

第三节 食品检验检测机构的要求

食品检验检测机构在中华人民共和国境内从事向社会出具具有证明作用数据、结果的检验检测活动应取得资质认定。食品检验检测机构资质认定是一项确保检验检测数据、结果的真实、客观、准确的行政许可制度。为落实《质量强国建设纲要》关于深化检验检测机构资质审批制度改革、全面实施告知承诺和优化审批服务的要求，市场监管总局修订了《检验检测机构资质认定评审准则》，自 2023 年 12 月 1 日起施行。该准则是检验检测机构资质认定部门对食品检验机构进行评审的要求。

一、机构

食品检验检测机构应符合《检验检测机构资质认定评审准则》中第八条的要求：检验检测机构应当是依法成立并能够承担相应法律责任的法人或者其他组织。

（一）检验检测机构或者其所在的组织应当有明确的法律地位，对其出具的检验检测数据、结果负责，并承担法律责任。不具备独立法人资格的检验检测机构应当经所在法人单位授权。

（二）检验检测机构应当以公开方式对其遵守法定要求、独立公正从业、履行社会责任、严守诚实信用等情况进行自我承诺。

（三）检验检测机构应当独立于其出具的检验检测数据、结果所涉及的利益相关方，不受任何可能干扰其技术判断的因素影响，保证检验检测数据、结果公正准确、可追溯。

（四）检验检测机构及其人员应当对其在检验检测活动中所知悉的国家秘密、商业秘密负有保密义务，并制定实施相应的保密措施。

二、人员

食品检验检测机构人员应符合《检验检测机构资质认定评审准则》中第九条的要求：检验检测机构应当具有与其从事检验检测活动相适应的检验检测技术人员和管理人员。

（一）检验检测机构与其人员建立劳动关系应当符合《中华人民共和国劳动法》《中华人民共和国劳动合同法》的有关规定，法律、行政法规对检验检测人员执业资格或者禁止从业另有规定的，依照其规定。

（二）检验检测机构人员的受教育程度、专业技术背景和工作经历、资质资格、技术能力应当符合工作需要。

（三）检验检测报告授权签字人应当具有中级及以上相关专业技术职称或者同等能力，并符合相关技术能力要求。

三、场所环境

食品检验检测机构场所环境应符合《检验检测机构资质认定评审准则》中第十条的要求：检验检测机构应当具有固定的工作场所，工作环境符合检验检测要求。

（一）检验检测机构具有符合标准或者技术规范要求的检验检测场所，包括固定的、临时的、可移动的或者多个地点的场所。

（二）检验检测工作环境及安全条件符合检验检测活动要求。

四、设备设施

食品检验检测机构的设备设施应符合《检验检测机构资质认定评审准则》中第十一条的要求：检验检测机构应当具备从事检验检测活动所必需的检验检测设备设施。

（一）检验检测机构应当配备具有独立支配使用权、性能符合工作要求的设备和设施。

（二）检验检测机构应当对检验检测数据、结果的准确性或者有效性有影响的设备（包括用于测量环境条件等辅助测量设备）实施检定、校准或核查，保证数据、结果满足计量溯源性要求。

（三）检验检测机构如使用标准物质，应当满足计量溯源性要求。

五、管理体系

食品检验检测机构管理体系应符合《检验检测机构资质认定评审准则》中第十二条的要求：检验检测机构应当建立保证其检验检测活动独立、公正、科学、诚信的管理体系，并确保该管理体系能够得到有效、可控、稳定实施，持续符合检验检测机构资质认定条件以及相关要求。

（一）检验检测机构应当依据法律法规、标准（包括但不限于国家标准、行业标准、国际标准）的规定制定完善的管理体系文件，包括政策、制度、计划、程序和作业指导书等。检验检测机构建立的管理体系应当符合自身实际情况并有效运行。

（二）检验检测机构应当依法开展有效的合同审查。对相关要求、标书、合同的偏离、变更应当征得客户同意并通知相关人员。

（三）检验检测机构选择和购买的服务、供应品应当符合检验检测工作需求。

（四）检验检测机构能正确使用有效的方法开展检验检测活动。检验检测方法包括标准方法和非标准方法，应当优先使用标准方法。使用标准方法前应当进行验证；使用非标准方法前，应当先对方法进行确认，再验证。

（五）当检验检测标准、技术规范或者声明与规定要求的符合性有测量不确定度要求时，检验检测机构应当报告测量不确定度。

（六）检验检测机构出具的检验检测报告，应当客观真实、方法有效、数据完整、信息齐全、结论明确、表述清晰并使用法定计量单位。

（七）检验检测机构应当对质量记录和技术记录的管理作出规定，包括记录的标识、贮存、保护、归档留存和处置等内容。记录信息应当充分、清晰、完整。检验检测原始记录和报告保存期限不少于6年。

（八）检验检测机构在运用计算机信息系统实施检验检测、数据传输或者对检验检测数据和相关信息进行管理时，应当具有保障安全性、完整性、正确性措施。

（九）检验检测机构应当实施有效的数据、结果质量控制活动，质量控制活动与检验检测工作相适应。数据、结果质量控制活动包括内部质量控制活动和外部质量控制活动。内部质量控制活动包括但不限于人员比对、设备比对、留样再测、盲样考核等。外部质量控制活动包括但不限于能力验证、实验室间比对等。

六、其他要求

(1) 食品检验检测机构应至少具备下列一项或多项检验能力

①能对某类或多类食品标准所规定的检验项目进行检验;

②能对某类或多类食品添加剂标准所规定的检验项目进行检验;

③能对某类或多类食品相关产品的食品安全标准所规定的检验项目进行检验;

④能对食品中污染物, 农药残留、兽药残留、真菌毒素等通用类标准或相关规定要求的检验项目进行检验;

⑤能对食品安全事故致病因子进行鉴定;

⑥能进行食品毒理学、功能性评价;

⑦能开展《食品安全法》及其实施条例规定的其他检验活动。

(2) 承担政府相关部门委托检验的机构应制定相应的工作制度和程序　实施针对性的专项质量控制活动, 严格按照任务委托部门制定的计划、实施方案和指定的检验方法进行抽(采) 样、检验和结果上报, 不得有意回避或者选择性抽样, 不得事先有意告知被抽样单位, 不得瞒报、谎报数据结果等信息, 不得擅自对外发布或者泄露数据。根据工作需要, 检验机构应接受任务委托部门安排, 完成稽查检验和应急检验等任务。

(3) 食品检验检测机构应建立食品安全风险信息报告制度　在检验工作中发现食品存在严重安全问题或高风险问题, 以及区域性、系统性、行业性食品安全风险隐患时, 应及时向所在地县级以上食品监督管理部门报告, 并保留书面报告复印件、检验报告和原始记录。

七、食品检验检测机构诚信管理体系的通用要求

对食品检验检测机构来说, 诚信是对客户的服务承诺, 是约束其行为的一种规范。诚信是食品检验检测机构立业之本、基本守则。食品检验检测机构只有建立起以道德为支撑、责任为基础、法律为保障的诚信管理体系, 确保诚信管理体系的有效运行, 才能使其健康有序的发展, 最大限度地赢得客户市场及政府的信任。

GB/T 31880—2015《检验检测机构诚信基本要求》是对食品检验检测机构在诚信建设方面的细化要求, 通过建立食品检验检测机构诚信管理体系, 满足食品检验检测机构在法规、技术、管理和责任方面的诚信基本要求, 有利于提高食品检验检测机构诚信管理水平。

(一) 总则

食品检验检测机构应根据《检验检测机构资质认定管理办法》的要求建立、实施、保持和改进诚信管理体系, 并将相关要求形成文件。

在食品检验检测机构内部逐步建立食品检验检测机构诚信管理体系策划、运行、检查改进、评价声明等内容。

(二) 诚信方针

食品检验检测机构最高管理者应确定诚信方针, 确保如下几个方面。

①满足与诚信有关的法律法规、政策和其他要求;

②适合食品检验活动和服务的要求;

③实现失信预防和持续改进；

④为诚信目标提供方向；

⑤被传达至相关人员；

⑥能为社会公众所获取。

（三）策划

1. 基本要求

食品检验检测机构建立和实施诚信管理体系时，应识别其检验和服务活动中与诚信因素有关的法律法规、政策和其他要求，并满足：

（1）及时获取这些要求，确保有效；

（2）确保这些要求应用于诚信管理体系的建立及实施；

（3）通过内部制度的确立，确保诚信管理从合同评审资源采购、样品管理、能力评估、检验实施、质量控制、出具报告到客户服务等过程的规范化、程序化和制度化。

2. 诚信因素

食品检验检测机构应建立、实施并保持诚信因素识别程序。食品检验检测机构应建立系统的、全面的诚信因素识别方法。诚信因素包括但不限于：

（1）人员的技术能力保证、人员的签约与承诺；

（2）食品检验合同的订立　包括如实告知、保证承诺、违约原则等；

（3）食品检验过程管理　包括食品检验抽样，样品接收、传递和制备，超流程和周期的监督与适当处置，食品检验报告的真实性、异议处理、传递发送和保密；

（4）食品检验技术要素　包括食品检验方法的使用及偏离情况；食品检验检测用设备的管理、计量情况；食品检验检测环境设施控制情况；食品检验检测结果的科学性、独立性和公正性；

（5）相关方对食品检验检测机构的要求　如能力验证、第三方认证认可，行政主管部门的绩效考评；

（6）复检机构的要求　包括承担复检的食品检验检测机构的任务接收报告出具、客户服务情况等；

（7）财务管理　包括检测收费公示情况、收费正确性情况等；

（8）行政及后勤管理。

3. 社会责任

食品检验检测机构应以多种方式承担和履行社会责任，完善诚信管理体系，树立良好社会形象，以充分满足：

（1）在具备检测能力范围内开展准确的检验检测活动；

（2）提供真实、客观、准确的检验报告；

（3）依法纳税；

（4）依法执行劳动合同、保险；

（5）合同履约；

（6）环境保护与公共安全。

4. 诚信文化

食品检验检测机构应开展以诚信为核心的文化建设，树立诚信检验理念。通过开展诚信教育培训，不断提升食品检验检测机构形象，促进食品检验检测机构及检验人员履行服务承诺、诚实守信经营。

5. 诚信目标、方案和指标

食品检验检测机构应针对其内部有关组织机构和职能，建立、实施并保持形成文件的诚信目标、方案和指标，确保机构及人员能理解并实施。

食品检验检测机构在建立诚信目标时，应符合诚信方针，并考虑：

（1）重要诚信因素；

（2）适宜时，制定量化指标；

（3）财务、信用状况；

（4）其他应遵守的要求。

6. 文件

诚信管理体系文件应包括以下方面：

（1）诚信方针、目标和（或）指标；

（2）对诚信管理体系覆盖范围的描述；

（3）对诚信管理体系要素及其相互作用描述的相关文件或查询途径；

（4）对诚信因素实施有效管理及控制所需的管理文件和记录；

（5）其他。

（四）实施与运行

1. 资源、职责和权限

食品检验检测机构的最高管理者应确保为本机构诚信管理体系的建立、实施、保持和改进提供必要的资源保障，包括人力资源、信息资源检验检测能力、设备设施和资金等。

食品检验检测机构应有效开展诚信管理，对职责和权限作出明确规定，建立食品检验失信事件责任追究、失信预防与惩戒公示等制度，并形成文件，予以传达。

最高管理者应任命诚信管理体系负责人，明确规定职责和授予权限，以确保：

（1）按照本标准的要求建立、实施和保持诚信管理体系；

（2）报告诚信管理体系运行情况；

（3）协调处理相关方投诉和申诉；

（4）负责诚信信息管理。

2. 教育、培训和能力

最高管理者应建立诚信教育机制，确保自身及其员工具有道德意识和社会责任意识，保障全员具有诚信意识、职业道德、安全管理和相应规定的资质与能力。

食品检验检测机构应提供与诚信管理体系有关的培训，并纳入最高管理者、诚信管理体系负责人、内部核查员、监督员、报告签字人员等岗位的考核内容。

食品检验检测机构应保持相关的记录。

3. 信息交流与控制

食品检验检测机构应建立、实施并保持诚信信息交流与控制程序，规定内部、外部信息交流的内容，范围与形式。

实施与诚信因素和诚信管理有关的信息交流时，应满足以下内容。

（1）食品检验检测机构内部各层次间的诚信信息交流；

（2）与外部相关的诚信信息交流，包括诚信风险信息收集等；

（3）诚信信息的及时性、真实性和可追溯性。

食品检验检测机构应保持相关记录。

4. 文件控制

食品检验检测机构应建立、实施并保持文件控制程序，以确保对诚信管理体系所要求的文件进行控制。

5. 记录控制

食品检验检测机构应建立、实施并保持记录控制程序，规定诚信记录的标识、存放、保护、检索、留存和处置。

食品检验检测机构应根据需要，建立并保持必要的诚信记录，用来证实对诚信管理体系及《食品安全法》要求的符合，适用时包括食品检验机构关键岗位人员诚信行为等诚信档案。

诚信记录应真实可靠，具有唯一标识，并具有可追溯性。

6. 运行控制

食品检验检测机构应根据诚信方针、目标和所确定的诚信因素，建立、实施并保持运行控制程序，以确保：

（1）诚信方针和目标的实现；

（2）在程序中明确运行准则，包括与其他管理体系关系等；

（3）必要时，将运行控制程序通报相关方。

食品检验检测机构应保持相关记录。

7. 应急准备和响应

食品检验检测机构应建立、实施并保持应急准备和响应程序，以应对可能对诚信造成影响的紧急情况或失信事件，采取报告撤回和上报制度等有效措施，预防或减少因失信产生的影响。

食品检验检测机构应定期评审应急准备和响应程序。必要时，进行程序修订，特别是当失信事件或紧急情况发生后。

食品检验检测机构应定期演练上述程序，并保持相关的记录。

（五）检查和改进

1. 监测和测量

食品检验检测机构应建立、实施并保持监测和测量程序，对可能具有失信影响的关键特性进行监测和测量。程序中应规定监测诚信绩效、适用的运行控制、目标和指标符合情况的信息。

2. 诚信体系运行不符合识别、纠正、预防及信用修复

为识别不符合（包括体系、过程、服务等），食品检验检测机构应对诚信管理体系运行监督检查，建立、实施并保持不符合识别，改进及信用修复的程序，对不符合采取纠正措施

和（或）预防措施。程序应满足以下条件：

（1）识别和纠正不符合，并采取措施减少失信所造成的影响；

（2）对不符合进行调查，确定产生原因，并采取措施避免再发生；

（3）措施的适宜性、有效性；

（4）对诚信影响程度的评价；

（5）信用修复所采取的措施应与失信事件性质和产生影响的严重程度相符。

食品检验检测机构应保持相关的记录。

3. 内部核查

食品检验检测机构应建立、实施和保持内部核查程序，确保对诚信管理体系进行内部核查，以满足诚信管理体系的有效与更新。

食品检验检测机构应明确内部核查员与职责，确定核查准则、要求、范围、频次和方法。

核查结果中一般的问题向诚信管理体系负责人报告。涉及严重诚信问题，如影响到食品检验检测机构对外声誉等，可以立即向最高管理者报告。

食品检验检测机构应保持内部核查策划、实施过程和结果等相关记录。

（六）评价与声明

1. 合规性评价

为了履行遵守法定要求和其他要求的承诺，食品检验检测机构应建立、实施并保持程序，以定期评价食品检验检测机构和员工对适用法律法规的遵守情况，并注意最新法规、政府规定政策的时效性。

食品检验检测机构应保持相关的记录。

2. 管理评审

食品检验检测机构应保持对诚信管理体系的评审，以确保其持续适宜性、充分性和有效性。管理评审的输入应包括以下方面。

（1）内部核查与符合性评价的结果；

（2）与外部相关方的信息交流，包括客户申诉投诉、信贷信用、行业联盟、行业协会（学会）政府和社会监督；

（3）食品检验检测机构的诚信绩效；

（4）信用修复及其他改进措施的状况；

（5）上一次体系评价的改进措施。

食品检验检测机构应保持相关的记录。

3. 征信评价

食品检验检测机构应收集内部和外部诚信信息，包括相关方调查和反馈、第三方评价机构等，以验证食品检验检测机构诚信管理体系的有效性，并持续改进。

4. 声明

食品检验检测机构可对诚信管理体系有关评价结果进行声明。

八、食品检验工作规范

为规范食品检验工作，依据《食品安全法》及其实施条例，原国家食品药品监督管理总局组织制定了《食品检验工作规范》（以下简称《规范》），适用于依据《食品安全法》及其有关规定开展的食品检验活动。具体如下。

（1）食品检验检测机构应当符合《食品检验机构资质认定条件》，按照国家有关认证认可规定通过资质认定后，在批准的检验能力范围内，按该《规范》和食品安全标准开展检验活动。

（2）食品检验检测机构及其检验人员应当尊重科学，恪守职业道德，保证出具的检验数据和结论客观、公正、准确，不得出具虚假或者不实数据和结果的检验报告。

（3）食品检验检测机构及其检验人员应当独立于食品检验活动所涉及的利益相关方，应当有措施确保其人员不受任何来自内外部的不正当的商业、财务和其他方面的压力和影响，防止商业贿赂，保证检验活动的独立性、诚信和公正性。

（4）食品检验实行食品检验检测机构与检验人负责制，食品检验检测机构和检验人对出具的食品检验报告负责，独立承担法律责任。

（5）食品检验检测机构应当按照国家有关法律法规保障实验室安全。

（6）当发生食品安全事故时，食品检验检测机构应当按照食品安全综合协调部门的安排，完成相应的检验任务。

（7）食品检验检测机构应当健全组织机构，明确岗位职责和权限，建立和实施与检验活动相适应的质量管理体系。

（8）食品检验检测机构应当使用现行有效的文件。

（9）食品检验检测机构应当配备与食品检验能力相适应的检验人员和技术管理人员，聘用具有相应能力的人员，建立人员的资格、培训、技能和经历档案。食品检验检测机构不得聘用国家法律法规禁止从事食品检验工作的人员。食品检验检测机构应当制定和实施培训计划，并对培训效果进行评价。

（10）食品检验检测机构应当具有与检验能力相适应的实验场所、仪器设备、配套设施及环境条件。

（11）食品检验检测机构应当保证仪器设备、标准物质、标准菌（毒）种的正常使用。

（12）食品检验检测机构应当建立健全仪器设备、标准物质（参考物质）、标准菌（毒）种档案。

（13）食品检验检测机构应当对影响检验结果的标准物质、试剂和消耗材料等供应品进行验收和记录，并定期对供应商进行评价，列出合格供应商名单。

（14）食品检验检测机构应当按照相关标准、技术规范或委托方的要求进行样品采集、流转、处置等，并保存相关记录。

样品数量应当满足检验、复检工作的需要。

（15）食品检验检测机构应当对其所使用的标准检验方法进行验证，保存相关记录。

（16）食品检验检测机构在建立和使用食品检验非标准方法时，应当制定并符合相应程序，对其可靠性负责。

（17）接受食品安全监管部门委托建立和使用的非标准方法应当交由委托检验的部门进行确认，食品检验检测机构应当提交下述材料。

①定性检验方法的技术参数包括方法的适用范围、原理、选择性、检测限等。定量检验方法的参数包括方法的适用范围、原理、线性、选择性、准确度、重复性、再现性、检测限、定量限、稳定性、不确定度等。

②突发食品安全事件调查检验时，可仅提交方法的线性范围、准确度、重复性、选择性、检测限或定量限等确认数据。

（18）原始记录应当有检验人员的签名或盖章。食品检验报告应当有食品检验机构资质认定标志、食品检验机构公章或经法人授权的食品检验机构检验专用章、授权签字人签名。

（19）食品检验报告和原始记录应当妥善保存至少五年，有特殊要求的按照有关规定执行。

（20）食品检验检测机构出具的检验报告中如同时有获得资质认定（计量认证）的检验项目和未获得资质认定（计量认证）的检验项目时，应当对未获得资质认定（计量认证）的检验项目予以说明。

（21）食品检验检测机构应当对检验活动实施内部质量控制和质量监督，有计划地进行内部审核和管理评审，采取纠正和预防等措施持续改进管理体系，不断提升检验能力，并保存质量活动记录。

（22）食品检验检测机构应当公布检验的收费标准、工作流程和期限、异议处理和投诉程序。

（23）食品检验检测机构应当在所从事的物理、化学、微生物和毒理学等食品检验领域每年至少参加一次实验室间比对或能力验证。

（24）食品检验检测机构如应用计算机与信息技术进行实验室质量管理的，应当符合《规范》附件的要求。

（25）食品检验检测机构接受食品生产经营者委托对其生产经营的食品进行检验，发现含有非食用物质时，食品检验检测机构应当及时向食品检验检测机构所在辖区县级以上食品安全综合协调部门报告，并保留书面报告的复印件、检验报告和原始记录。

（26）食品检验检测机构应当接受其主管部门和资质认定部门的监督管理。食品检验检测机构应当按照监督管理部门的要求报告工作情况，包括任务完成情况、发现的问题和趋势分析等。

九、检验检测机构资质认定评审工作程序

检验检测机构资质认定现场评审工作程序是依照《检验检测机构资质认定管理办法》的相关资质认定技术评审要求制定，目的是规范检验检测机构资质认定现场技术评审工作。本程序适用于对检验检测机构开展的资质认定现场评审工作，包括材料审查、现场评审实施、跟踪验证及评审材料上报等全过程。现场评审适用于首次评审、扩项评审、复查换证（有实际能力变化时）评审、发生变更事项影响其符合资质认定条件和要求的变更评审。

首次评审：对未获得资质认定的检验检测机构，在其建立和运行管理体系3个月后提出申请，资质认定部门对其机构主体、人员、场所环境、设备设施、管理体系等方面是否符合资质认定要求的审查。

扩项评审：对已获得资质认定的检验检测机构，申请增加资质认定检验检测项目，资质认定部门对其机构主体、人员、场所环境、设备设施、管理体系等方面是否符合资质认定要求的审查。

复查换证评审：对已获得资质认定的检验检测机构，在资质认定证书有效期届满3个月前申请办理证书延续，资质认定部门对其机构主体、人员、场所环境、设备设施、管理体系

等方面是否符合资质认定要求的审查。

变更评审：对已获得资质认定的检验检测机构，其工作场所、技术能力等依法需要办理变更的事项发生变化，资质认定部门对其机构主体、人员、场所环境、设备设施、管理体系等方面是否符合资质认定要求的审查。

（一）实施部门

资质认定部门受理检验检测机构的资质认定事项申请后，依照《检验检测机构资质认定管理办法》的相关规定，根据技术评审需要和专业要求，自行或者委托专业技术评价机构组织相关专业评审人员实施资质认定技术评审。资质认定部门或者其委托的专业技术评价机构，应当根据检验检测机构申请资质认定事项的检验检测项目和专业类别，按照专业覆盖、随机选派的原则组建评审组。评审组由 1 名组长、1 名及以上评审员或者技术专家组成。评审组成员应当在组长的组织下，按照资质认定部门或者其委托的专业技术评价机构下达的评审任务，独立开展资质认定评审活动，并对评审结论负责。

1. 评审组长职责

（1）带头遵守评审纪律和行为准则，对评审组成员行为规范提出要求，对评审组成员进行必要的指导，对评审组成员的现场评审表现作出评价；

（2）带领评审组开展现场评审工作，并对现场评审活动的合法性、规范性及评审结论的准确性、真实性、完整性负责；

（3）代表评审组与检验检测机构沟通，协调、控制现场评审过程，裁决评审工作中的分歧和其他事宜；

（4）协调评审组与资质认定部门派出的监督人员的联系；

（5）负责现场评审前的策划，包括：审查文件、安排评审日程、向评审组成员分配任务、明确分工要求、提供评审背景信息、策划现场试验项目、准备现场评审记录表单、填写评审的前期准备记录以及评审前应当准备的其他事项等；

（6）现场评审首次会议前，向评审组介绍评审的有关工作内容和要求；

（7）根据检验检测机构实际情况，组织实施现场评审工作，重点关注检验检测机构管理体系运行的有效性，结合评审组成员的意见，形成评审报告，提出现场评审结论；

（8）组织对检验检测机构整改情况的跟踪验证；

（9）负责评审资料的汇总和整理，及时向资质认定部门或者其委托的专业技术评价机构报告评审情况和结论以及报送评审资料。

2. 评审员职责

（1）遵守评审纪律和行为准则，服从评审组长的安排和调度，按照评审日程和评审任务分工完成评审工作，对其评审内容结论的准确性、真实性、完整性负责；

（2）按照评审组的分工，做好评审前的信息收集，协助评审组长组织现场试验考核，开展检验检测能力确认工作，及时记录评审活动信息，完成评审报告中相关记录的填写；

（3）及时与评审组长沟通，处理评审中发现的疑难问题；

（4）协助评审组长完成对检验检测报告授权签字人的评审考核；

（5）完成评审组长安排的其他任务。

3. 技术专家职责

（1）遵守评审纪律和行为准则，服从评审组长的安排和调度，按照评审日程和评审任务分工完成评审工作，对其评审内容结论的准确性、真实性、完整性负责；

（2）按照评审组的分工，协助评审组长或者评审员组织现场试验考核、开展检验检测能力确认工作，及时记录评审活动信息，完成评审报告中相关记录的填写；

（3）及时与评审组长沟通，处理评审中发现的疑难问题；

（4）协助评审组长完成对检验检测报告授权签字人的评审考核；

（5）完成评审组长安排的其他任务。

（二）工作流程

1. 材料审查

评审组长应当在评审员或者技术专家的配合下对检验检测机构提交的申请材料进行审查。通过审查《检验检测机构资质认定申请书》及其他相关资料，对检验检测机构的机构主体、人员、检验检测技术能力、场所环境、设备设施、管理体系等方面进行了解，并依据《检验检测机构资质认定评审准则》及相应的技术标准，对申请人的申报材料进行文件符合性审查，并予以初步评价。

（1）《检验检测机构资质认定申请书》及附件的审查要点

①检验检测机构的法人地位证明材料，其经营范围是否包含检验检测的相关表述，并符合公正性要求；非独立法人检验检测机构是否提供了所在法人单位的授权文件；

②检验检测机构是否有固定的工作场所，是否具有产权证明或者租借合同；

③检验检测能力申请表中的项目/参数及所依据的标准是否正确，是否属于资质认定范围；

④仪器设备（标准物质）配置的填写是否正确，所列仪器设备是否符合其申请项目/参数的检验检测能力要求，并可独立支配使用；

⑤检验检测报告授权签字人职称和工作经历是否符合规定；

⑥申请项目类别涉及的典型报告是否符合要求。

（2）管理体系文件的审查要点

①管理体系文件是否包括《检验检测机构资质认定管理办法》《检验检测机构资质认定评审准则》及相关行业特殊要求等相关规定；

②管理体系是否描述清楚，要素阐述是否简明、切实，文件之间接口关系是否明确；

③质量活动是否处于受控状态，管理体系是否能有效运行并进行自我改进；

④需要有管理体系文件描述的要素，是否均被恰当地编制成了文件；

⑤管理体系文件结合检验检测机构的特点，是否具有可操作性；

⑥审查多场所检验检测机构的管理体系文件时，应当注意管理体系文件是否覆盖检验检测机构申请资质认定的所有场所，各场所与总部的隶属关系及工作接口是否描述清晰，沟通渠道是否通畅，各分场所内部的组织机构（适用时）及人员职责是否明确。

2. 审查结果

评审组长应当在收到申请材料 5 个工作日内完成材料审查，并将审查结果反馈资质认定部门或者其委托的专业技术评价机构。

材料审查的结果主要有以下几种情况：

（1）实施现场评审　当材料审查符合要求，或者材料中虽然存在问题，但不影响现场评审的实施时，评审组长可建议实施现场评审。

（2）暂缓实施现场评审　当材料审查不符合要求，或者材料中存在的问题影响现场评审的实施时，评审组长可建议暂缓实施现场评审，由资质认定部门或者其委托的专业技术评价机构通知检验检测机构进行材料补正。

（3）不实施现场评审　当材料审查不符合要求，或者材料中存在的问题影响现场评审的实施且经补正仍不符合要求，或者经确认不具备申请资质认定的技术能力时，可作出“不实施现场评审”的结论，建议不予资质认定。

材料审查的结果由资质认定部门或者其委托的专业技术评价机构通知检验检测机构。

3. 实施现场评审

（1）预备会议　评审组长在现场评审前应当召开预备会议，全体评审组成员应当参加，会议内容包括：

①说明本次评审的目的、范围和依据；

②声明评审工作的公正、客观、保密、廉洁要求；

③介绍检验检测机构文件审查情况；

④明确现场评审要求，统一有关判定原则；

⑤听取评审组成员有关工作建议，解答评审组成员提出的疑问；

⑥确定评审组成员分工，明确评审组成员职责，并向评审组成员提供相关评审文件及现场评审表格；

⑦确定现场评审日程表；

⑧必要时，要求检验检测机构提供与评审相关的补充材料；

⑨必要时，对新获证评审员和技术专家进行必要的培训及评审经验交流。

（2）首次会议　首次会议由评审组长主持召开，评审组全体成员、检验检测机构管理层、技术负责人、质量负责人和评审组认为有必要参加的所申请检验检测项目相关人员应当参加首次会议，会议内容如下：

①宣布开会，介绍评审组成员；检验检测机构介绍与会人员；

②评审组长说明评审的任务来源、目的、依据、范围、原则，明确评审将涉及的部门、人员；确认评审日程表；

③宣布评审组成员分工；

④强调公正客观原则、保密承诺和廉洁自律要求，向检验检测机构作出评审人员行为规范承诺，并公开资质认定部门监督电话和邮箱；

⑤澄清有关问题，明确限制要求和安全防护措施（如洁净区、危险区、限制交谈人员等）；

⑥确定检验检测机构为评审组配备的陪同人员，确定评审组的工作场所及评审工作所需资源。

（3）检验检测机构场所考察　首次会议结束，由陪同人员引领评审组进行现场考察，考察检验检测机构相关的办公及检验检测场所。现场考察的过程是观察、考核的过程。有的场所通过一次性的参观之后可能不再重复检查，评审组应当利用有限的时间收集最大量的信息，在现场考察的同时及时进行有关的提问，有目的地观察环境条件、设备设施是否符合检验检测的要求，并做好记录。

（4）现场考核

①考核项目的选择：首次评审或者扩项评审的现场考核项目需覆盖申请能力的所有类别、参数或设备。复查换证评审和地址变更时可根据具体情况酌情减少。考核方式有报告验证和现场试验。

②报告验证：积极采信申请参数的能力验证结果及有效的外部质量控制结果。

③现场试验

a. 现场试验考核的方式。对检验检测机构的现场试验考核，可采取见证试验、盲样考核、操作演示；也可采取人员比对、仪器比对、留样再测等方式。样品来源包括评审组提供和检验检测机构自备。

b. 现场试验考核结果的应用。原则上现场试验除操作演示外须提供全部原始记录及必要的检验检测报告；当采用电子记录时，应当关注电子数据的准确性、完整性、安全性。在现场考核中，如结果数据不满意，应当要求检验检测机构分析原因；如属于偶然原因，可安排检验检测机构重新试验；如属于系统偏差，则应当认为检验检测机构不具备该项检验检测能力。

c. 现场试验的评价。现场试验结束后，评审组应当对试验的结果进行评价，评价内容包括采用的检验检测方法是否正确；检验检测数据、结果的表述是否规范、清晰；检验检测人员是否有相应的检验检测能力；环境设施的适宜程度；样品的采集、标识、分发、流转、制备、保存、处置是否规范；检验检测设备、测试系统的调试、使用是否正确；检验检测记录是否规范等；并在现场考核项目表中给出总体评价结论。

（5）现场提问　现场提问是现场评审的一部分，是评价检验检测机构工作人员是否经过相应的教育、培训，是否具有相应的经验和技能而进行资格确认的一种形式。检验检测机构管理层、技术负责人、质量负责人、检验检测报告授权签字人、各管理岗位人员以及评审组认为有必要提问的所申请检验检测项目相关人员均应当接受现场提问。

现场提问可与现场考察、现场试验考核、查阅记录等活动结合进行，也可以在座谈等场合进行。

现场提问的内容可以是基础性的问题，如对法律法规、评审准则、管理体系文件、检验检测方法、检验检测技术等方面的提问，也可对评审中发现的问题、尚不清楚的问题作跟踪性或者澄清性提问。

（6）记录查证　管理体系运行过程中产生的质量记录，以及检验检测过程中产生的技术记录是复现管理过程和检验检测过程的有力证据。评审组应当通过对检验检测机构记录的查证，评价管理体系运行的有效性，以及技术活动的正确性。对记录的查阅应当注重以下问题：

①文件资料的控制以及档案管理是否适用、有效、符合受控的要求，并有相应的资源保证；

②管理体系运行记录是否齐全、科学，能否有效反映管理体系运行状况；

③原始记录、检验检测报告格式内容是否合理，并包含足够的信息；

④记录是否清晰、准确，是否包括影响检验检测数据、结果的全部信息；

⑤记录的形成、修改、保管是否符合管理体系文件的有关规定。

（7）现场评审记录的填写　对检验检测机构现场评审的过程应当记录在《检验检测机构资质认定评审报告》的评审表中。评审组在依据《检验检测机构资质认定评审准则》对检验检测机构进行评审的同时，应当详细记录基本符合和不符合条款及事实。

（8）现场座谈　通过现场座谈考核检验检测机构技术人员和管理人员基础知识、了解检验检测机构人员对管理体系文件的理解、交流现场观察中的一些问题、统一认识。检验检测机构的以下人员应当参加座谈会：各级管理人员、检验检测人员、新增员工及评审组认为有必要参加的相关人员。座谈中应当针对以下问题进行提问和讨论：

①对《检验检测机构资质认定评审准则》的理解；

②对管理体系文件的理解；

③《检验检测机构资质认定评审准则》和管理体系文件在实际工作中的应用情况；

④各岗位人员对其职责的理解；

⑤对应当具备的专业知识的掌握情况；

⑥评审过程中发现的一些问题，以及需要与检验检测机构澄清的问题。

（9）检验检测能力的确定　确认检验检测机构的检验检测能力是评审组进行现场评审的核心环节，每一名评审组成员都应当严肃认真地核查检验检测机构的能力，为资质认定行政许可提供真实可靠的评审结论。

①建议批准的检验检测能力应符合以下条件：

a. 人员具备正确开展相关检验检测活动的能力；

b. 检验检测活动全过程所需要的全部设备的量程、准确度必须符合预期使用要求；对检验检测结果有影响的设备（包括用于测量环境条件等辅助测量设备）应当实施检定、校准或核查，保证数据、结果满足计量溯源性要求。对溯源结果进行确认，确认内容包括溯源性证明文件（溯源证书）的有效性，及其提供的溯源性结果是否符合检验检测要求。溯源产生的修正信息（修正值、修正因子等）应当有效正确利用；

c. 检验检测方法应当使用有效版本。应当优先使用标准方法，使用标准方法前应当进行验证；使用非标准方法前应当先进行确认，再验证，以确保该非标准方法的科学、准确、可靠，符合预期用途；

d. 设施和环境符合检验检测活动要求；

e. 能够通过现场试验或者报告验证有效证明相应的检验检测能力。

②确定检验检测能力时应当注意以下问题：

a. 检验检测能力是以现有的条件为依据，不能以许诺、推测作为依据；

b. 检验检测项目按申请的范围进行确认，评审组不得擅自增加项目，特殊情况须报资质认定部门同意后，方可调整；

c. 检验检测机构不能提供检验检测方法、检验检测人员不具备相应的技能、无检验检测设备或者检验检测设备配置不正确、环境条件不符合检验检测要求的，均按不具备检验检测能力处理；

d. 同一检验检测项目中只有部分符合方法要求的，应当在“限制范围”栏内予以注明；

e. 检验检测能力中的非标准方法，应当在“限制范围”栏内予以注明：仅限特定合同约定的委托检验检测。

（10）评审组确认的检验检测能力的填写　评审报告中的检验检测机构能力表，应当按检验检测机构能力分类规范表述。

（11）评审组内部会　在现场评审期间，每天应当安排时间召开评审组内部会，主要内容有：交流当天评审情况，讨论评审发现的问题，确定是否构成不符合项；评审组长了解评审工作进度，及时调整评审组成员的工作任务，组织、调控评审过程；对评审组成员的一些疑难问题提出处理意见。

最后一次评审组内部会，由评审组长主持，对评审情况进行汇总，确定建议批准的检验检测能力，提出存在的问题和整改要求，形成评审结论并做好评审记录。

（12）与检验检测机构的沟通　形成评审组意见后，评审组长应当与检验检测机构最高管理层进行沟通，通报评审中发现的基本符合情况、不符合情况和评审结论意见，听取检验检测机构的意见。

（13）评审结论　评审结论分为“符合”“基本符合”“不符合”三种。

（14）评审报告　评审组长负责撰写评审组意见，意见主要内容包括：

①现场评审的依据；

②评审组人数；

③现场评审时间；

④评审范围；

⑤评审的基本过程；

⑥对检验检测机构管理体系运行有效性和承担第三方公正检验检测的评价；

⑦人员素质；

⑧仪器设备设施；

⑨场所环境条件；

⑩检验检测报告的评价；

⑪对现场试验考核的评价；

⑫建议批准通过资质认定的项目数量；

⑬基本符合、不符合情况；

⑭需要说明的其他事项。

以上评审内容完成后形成评审报告，评审组成员和检验检测机构有关人员分别在评审报告相应栏目内签字确认。

（15）末次会议　末次会议由评审组长主持召开，评审组成员全部参加，检验检测机构的主要负责人必须参加。末次会议内容包括：

①评审情况和评审中发现的问题；

②宣读评审意见和评审结论；

③提出整改要求；

④检验检测机构对评审结论发表意见；

⑤宣布现场评审工作结束。

4. 整改的跟踪验证

现场评审结束后，评审结论为“基本符合”的检验检测机构对评审组提出的整改项进行整改，整改时间不超过30个工作日。

（1）检验检测机构提交整改报告和相关见证材料，报评审组长确认。

（2）评审组长在收到检验检测机构的整改材料后，应当在5个工作日内组织评审组成员完成跟踪验证；

（3）整改有效、符合要求的，由评审组长填写《检验检测机构资质认定评审报告》中的整改完成记录及评审组长确认意见，向资质认定部门或者其委托的专业技术评价机构上报评审相关材料；

（4）整改不符合要求或者超过整改期限的，评审结论为“不符合”，上报资质认定部门或者其委托的专业技术评价机构。

5. 评审材料汇总上报

评审结束，整改材料验证完成后，评审组应当向资质认定部门或者其委托的专业技术评价机构上报评审相关材料，包括评审报告、整改报告、评审中发生的所有记录等。

6. 终止评审

检验检测机构的以下情况，评审组应当请示资质认定部门或者其委托的专业技术评价机构，经同意后可终止评审：

（1）无合法的法律地位；

（2）人员严重不足；

（3）场所严重不符合检验检测活动的要求；

（4）缺乏必备的设备设施；

（5）管理体系严重失控；

（6）存在严重违法违规问题或被列入经营异常名录、严重违法失信名单；

（7）不配合致使评审无法进行；

（8）申请材料与真实情况严重不符。

十、实验室操作规范认证

加入WTO后，国内第三方检测市场逐步放开，我国检测市场高速增长，截止2024年，中国合格评定国家认可委员会（CNAS）累计认可实验室18202家，检验机构1024家、审定与核查机构16家。认可的实验室检测结果科学性、公正性、准确性的社会影响力越来越大，与此同时，各类风险因素日益凸显。我国已形成包含认证机构、实验室、检验机构、审定与核查机构四大门类的认可制度，涵盖15项基本认可制度、40个专项认可制度和52个分项认可制度，制度齐全性位居国际同行前列；认可的机构数量和获认可的认证证书数量连续多年位居世界第一，为我国各行各业的质量提升提供了有力支持。根据国际标准ISO/IEC 17025：2017《实验室管理体系检测和校准实验室能力的一般要求》，对实验室的运作提出要求，以确保测试、校准和采样结果的准确性和可靠性。认证有助于满足贸易、质量认证、公证服务和管理需求，促进实验室自身发展，提高社会认可度。检测实验室风险管理体系的建设是一个长期复杂的过程，需要全员树立风险意识，培育良好的风险管理文化，树立以预防为主的方针，提高应对风险的灵敏度，全面构建风险管理体系。

实验室是指从事校准和检测的工作机构，检测就是对给定的产品、材料、设备、生物体、物理现象、工艺过程或服务，按照规定的程序确定一种性能的技术操作，ISO/IEC17025认证是相关权威机构对校对机构和实验室是否具备特定校对和试验能力所进行的一种认可制度。

（一）核心要求

1. 管理要求

（1）组织与管理　实验室应构建清晰明确的组织结构与管理体系，保障操作的公正性与连贯性。这包括明确实验室的法律地位、组织架构、职责划分、人员任命等内容，清晰界定各部门与人员的职责权限，确保实验室各项活动有条不紊地推进。

（2）文件控制　所有文件和记录均需进行严谨的控制与管理，以保证其准确性与可追溯性。要建立完善的文件管理制度，对文件的编制、审核、批准、发布、修订、废止等流程予以规范，确保使用的文件为现行有效版本，且能够回溯到文件的过往版本以及相关审批记录。

（3）内部审核　定期开展内部审核工作，以验证管理体系的有效性并推动持续改进。内部审核需依循预定计划和程序执行，审核人员应具备相应资质与能力，通过对实验室管理体系及技术活动等方面的检查，及时察觉存在的问题并采取纠正措施，持续优化管理体系。

2. 技术要求

（1）人员能力　实验室人员必须具备必要的技术能力与资质，涵盖专业知识、技能和经验等多个维度。实验室应制定系统的人员培训计划，定期组织培训与考核，保证人员能力持续契合工作要求，并妥善留存人员培训和考核的记录。

（2）设施和环境条件　实验室需配备适宜的设施并营造恰当的环境条件，为测试和校准的准确性提供保障。应依据不同的检测和校准项目，对实验室的场地、温湿度、光照、通风等环境要素进行精准控制和监测，确保环境条件符合相关标准和方法的规定，防止环境因素对检测和校准结果造成不良影响。

（3）设备的校准和维护　所有设备都必须进行定期校准和维护，以确保其准确性与可靠性。实验室应建立完备的设备台账，对设备的采购、验收、使用、维护、校准、报废等全生命周期进行管理，按时对设备开展校准和性能验证，确保设备测量精度达标且可靠运行，并妥善保存设备的校准证书和维护记录。

（4）测量溯源性　所有测量结果务必能够溯源至国际或国家标准，以此确保测量结果的准确性与可比性。实验室应构建测量溯源体系，通过运用有证标准物质、参与能力验证、与其他实验室进行比对等方式，保障测量结果可溯源至国际或国家计量基准，并提供测量结果的不确定度评定报告。

（5）样品管理　样品的接收、处理与储存必须遵循既定规范，确保其完整性与安全性。实验室应制定详细的样品管理制度，对样品的采集、运输、接收、标识、制备、保存、处置等环节进行严格规范，确保样品在整个检测和校准过程中状态稳定，避免样品受到污染、损坏或丢失。

（6）风险评估和管理　该标准引入了风险评估要素，要求实验室识别并管理与其活动相关的各类风险。实验室应建立风险评估机制，对可能影响检测和校准结果的各种风险因素进行全面识别、科学评估和深入分析，采取针对性的预防措施或风险降低举措，确保操作的公正性和一致性，提升实验室应对风险的能力。

（二）实施步骤

1. 初步评估与规划

对实验室现有的管理体系和技术能力展开全面评估，精准确定有待改进的领域，明确实施目标与范围，制定详尽的实施计划，涵盖时间表、资源分配以及责任分工等内容。

2. 文件编制与管理

编制契合 ISO/IEC 17025：2017 标准要求的管理手册、程序文件和记录表格，全面覆盖实验室的关键过程与操作环节，并搭建文件管理系统，确保文件的准确性、可追溯性以及定期更新。

3. 内部审核与管理评审

定期实施内部审核，检查管理体系的运行状况，识别潜在的不符合项并及时采取纠正措施；高层管理人员定期开展管理评审，评估管理体系的整体绩效，制定改进策略，确保管理体系持续、有效地运行。

（三）认证流程

1. 确定认证范围

清晰界定实验室的认证范围，明确测试项目、所需设备、人员资质等关键要素。

2. 建立质量管理体系

依据 ISO/IEC 17025：2017 标准要求，搭建健全完善的质量管理体系，确保其有效性与合规性。

3. 人员培训

组织内部培训活动，提升实验室人员对标准及其要求的理解与执行能力。

4. 文件准备

梳理现有记录和文件，使其符合标准要求，并补充完善必要的文件资料和记录表单。

5. 选择认证机构

结合自身需求和预算状况，挑选具有权威性和良好口碑的认证机构。

6. 提交申请

向选定的认证机构提交申请材料，如实验室基本情况介绍、管理体系文件、技术文件、人员资质证明、设备清单及校准证书等。

7. 文件审核

认证机构对提交的质量手册、程序文件、作业指导书等体系文件进行细致审核，重点检查其适用性、可操作性和有效性。

8. 现场审核

认证机构选派专业评审员组成评审组，对实验室的管理体系、设备设施、人员素质以及检测/校准能力等方面进行全方位检查。

9. 审核评估与整改

评审组依据现场审核情况，对申请材料进行综合审核评估，出具审核报告。实验室针对不符合项制定整改计划并切实实施整改，整改完成后将整改报告提交认证机构进行验证。

10. 颁发证书

若实验室顺利通过审核评估且完成所有整改要求，认证机构将颁发 ISO/IEC 17025 实验室认证证书。

（四）认证益处

1. 提升国际认可度

获得认证能够显著增强实验室的国际知名度与认可度，有力证明其具备国际水准的技术能力和管理水平，有助于在国际市场上树立良好信誉，促进与其他国家和地区的交流合作，为国际贸易发展提供助力。

2. 强化技术能力与公正性

认证要求促使实验室优化操作流程，切实保证测试和校准结果的准确性与可靠性，有效提升人员专业素养和技能水平，增强整体技术实力和公正性，进而提升在市场中的竞争优势。

3. 增进客户满意度与市场竞争力

凭借严格的质量管理体系，实验室能够为客户提供更可靠、高效的测试和校准服务，满足客户的需求与期望，赢得更多信任和认可，吸引更多客户与业务机会，提高市场竞争力和商业价值。

第四节　食品检验检测新方法确认与方法验证要求

一、食品检验检测概述及其重要性

（一）食品检验检测概述

食品检验检测的目的是确保食品安全，保障消费者的身心健康。对于企业来说，食品检验能够及时发现问题、分析问题，进而采取相应措施提高产品质量。食品检测有助于促进食品行业的发展，提高消费者与生产者之间的信任度。只有食品安全有保障，才能保证市场的良性发展。根据《食品安全法》规定，食品、食品添加剂、包装材料的卫生标准和检验规程均由国务院卫生行政部门制定或者批准颁发。检验内容主要包括食品的包装、外观、食品添加剂、营养成分与有害物质等。检测工作主要依据 2016 年实施的《食品检验工作规范》，该规范强化了法律责任，明确了适用范围和监督责任。

（二）食品检验检测的重要性

一方面，食品安全关系消费者的身体健康和生命安全，是消费者最关心的问题。食品质量检验检测标准统一，流入市场的食品安全有保证，才能使消费者买得放心，吃得安心。过去，一些食品安全负面事件影响了消费者对食品行业的信任度，比如苏丹红咸鸭蛋、有害物质污染海鲜、三聚氰胺奶粉与假牛肉等。另一方面，食品的质量也关系到生产企业与整个行业的发展，食品检测工作对于食品安全、市场监管等均具有重要影响，如果食品检验检测不到位，企业可能会变本加厉的节约成本，滥用有害物质、添加剂，导致行业水平下降和食品品质混乱，使市场环境恶劣，食品质量下降。食品检测是国家赋予的职责，把握好食品检测关卡，可有效保证产品质量，对社会也可起到积极的驱动作用，从这方面讲，食品检验检测具有十分重要的社会地位，提高检验检测水平对社会发展具有十分重要的意义。

二、食品检验检测方法

当前，进行食品检测的主要方法包括感官检测法、物理法、化学法以及仪器检测法等不同方法类型。

1. 感官检测法

感官检测法是指依靠人的感觉器官对食品的色、香、味和口感等质量特征进行判断或者通过人自身的食品嗜好倾向所做出的评价，并在统计学原理的支持下对结果进行分析的过程。根据食品检测中感官检验内容与方法的区别，主要包含视觉检验、味觉检验、嗅觉检验、触觉检验与听觉检验等不同感官检验方法，需要在实际应用中结合具体情况进行合理选择与运用。例如，GB/T 23776—2018《茶叶感官审评方法》，GB/T 22366—2022《感官分析　方法学　采用三点强迫选择法（3-AFC）测定嗅觉、味觉和风味觉察阈值的一般导则》等。

2. 物理检测法

物理检测是检测食品的一些物理常数及其组成成分、含量等特征，从而实现食品组成成分及含量的判断，以对其质量等进行评价。该方法不仅检测速度快，而且结果准确，是工业生产中进行食品检测的常用方法。例如，GB 5009.2—2024《食品安全国家标准　食品相对密度的测定》，GB/T 14454.5—2008《香料　旋光度的测定》等。

3. 化学法

化学法是根据食品成分的化学性质，对食品质量及安全进行检测评价。该方法是食品检测分析的基础方法，在食品预处理与检测中应用广泛。主要包含质量分析法、容量分析法等。质量分析可应用于食品中脂肪、水分、膳食纤维、灰分等物质的测定。容量分析也被称为滴定分析，包含氧化还原滴定分析以及酸碱滴定、沉淀滴定、配位滴定等，广泛应用于食品酸度、蛋白质、过氧化值、脂肪酸价等的测定。例如，GB 5009.3—2016《食品安全国家标准　食品中水分的测定》、GB 5009.239—2016《食品安全国家标准　食品酸度的测定》等。

4. 仪器法

仪器法根据仪器工作原理与技术体系不同，主要包含光学、电化学、色谱等仪器方法。其中，光学仪器分析是根据检测物质的光学性质建立的仪器测量与分析方法，主要包含发射光谱法、吸光光度法、荧光分析法、原子吸收分光光度法、拉曼光谱法（表面增强拉曼）等。电化学分析是根据检测物质的化学性质建立的仪器测量与分析方法，包含电流分析、电位分析、库伦分析、极谱法与电导法等。色谱法是一种重要的分离富集方法，能够实现多组分混合物的分离与检测，主要包括离子交换色谱法、液相色谱法、气相色谱法等。上述仪器分析法均具有各自优缺点（表7-1），如原子吸收光谱具有分析速度快、操作简单等优点，但存在多元素同时测定困难，主要应用于食品中微量和痕量的金属元素的分析；色谱类仪器具有灵敏度高、稳定性好、可同时分析多种目标物，但检测成本高、耗时长、需要专业技术人员等不足。食品分析中，应根据待检物性质、浓度、食品种类、成本、效率、目的等相应地选择合适仪器。仪器分析法在食品检测中占据了重要的地位，已有众多的食品国家标准。例如，GB 23200. 57—2016《食品安全国家标准　食品中乙草胺残留量的检测方法》，GB 5009. 213—2016《食品安全国家标准　贝类中麻痹性贝类毒素的测定》，GB 5009. 15—2023《食品安全国家标准　食品中镉的测定》，GB 31660. 3—2019《食品安全国家标准　水产品中氟乐灵残留量的测定　气相色谱法》等。

表 7-1　　不同种类分析仪器

仪器名称	优点	缺点	适用范围
原子吸收光谱	操作便捷、选择性好	分析不同元素时需要更换灯源；复杂样品不容易被检测；元素相互干扰	微量或痕量金属元素的定量分析
拉曼光谱	快速、无损、分辨率高	信号不稳定；振动峰重叠；易受光学系统参数的影响	农药残留、抗生素、色素、添加剂
电化学	成本低、现场检测	有限的温度范围；寿命较短	金属离子、酚类化合物、农药残留
液相色谱	灵敏度高、分析准确	成本高；维护费用贵；分析时间较长	有害物质、食品添加剂、营养成分检测
气相色谱	高分离效能、高选择性、高灵敏度	难挥发和热不稳定的物质难以分析	重金属、食品添加剂、农药残留

此外，当前根据食品检测色谱分析工作原理已经开发研究了多项专用检测仪器，包含碳水化合物测定仪以及全自动全能牛奶分析仪、氨基酸自动分析仪、脂肪测定仪等，为食品检测的有效开展提供了较大的便利和支持。

结合上述食品检测主要方法及其特征分析，当前，在各种食品检测方法及其技术原理的支持下，已经实现了更多较为先进的食品检测仪器以及系统设备的开发，其在食品检测工作实践中均得到了较为广泛的应用，并逐渐提升了在我国食品卫生标准检验方法中的地位。此外，在食品样品预处理方面，一些较为先进的检测技术，像固相萃取、加压溶剂萃取、超临界萃取和固相微萃取等分离技术在实际工作中也得到相应的应用，与传统的样品预处理方法相比，不仅明显缩短了其操作的时间及流程，而且效率也得到了较大的提升，作用优势十分显著。

受计算机技术不断发展与广泛应用的影响，在食品检测的仪器检测方法发展与完善中，自动化与智能化也逐渐成为当前研究和发展的重要方向之一，同时多学科交叉技术的开发与研究应用在食品检测领域也得到了重视，食品检测方法的不断完善及其技术的发展有着十分显著的作用和影响。

三、方法验证和确认的重要参数

实验时，检验人员通过核查一个或多个技术参数是否能达到检测标准要求来验证该方法是否适用于本实验室。具体参数包括方法的选择性、方法的适用范围、精密度、正确度、检出限和/或定量限、标准曲线、稳健度、灵敏度、结果的测量不确定度等。下面就其中几个参数进行阐述。

1. 精密度

精密度可以通过多次测量或者再现性的方法来取得。重复性的测定通常对 1 个样品测定 7 次；或对 2 个样品，每个样品测定 4 次；或对 3 个样品，每个样品测定 3 次。一般用计算测量所得数据的偏差、标准偏差或相对标准偏差表示，也可用变异系数表示，计算得到标准偏差后除以平均值后的百分率即为变异系数。检测过程中要注意被测组分含量不同，其变异系数的要求也不同。

再现性可通过计算测量一系列的多个样品的数据标准偏差，或计算多个系列测定结果数据的合成标准偏差来表示。

2. 准确度

根据检验方法进行测量时，存在系统误差意味着准确度差，一般通过回收率的测定来评估。100%的回收率并不一定意味着好的准确度，但差的回收率则一定意味着准确度差。测定回收率时，应尽可能覆盖整个浓度测试范围，用与样品的基质匹配且浓度相近的有证标准物质进行测试。可用已知纯度的标准物质做加标回收测定，在已知被测成分含量的样品中再精密加入一定量的已知纯度的被测成分标准物质，依据检测方法测定。用测定值与被测物质中含被测成分量之差，除以加入标准物质量来计算回收率。注意被测物质浓度水平不同，回收率偏差范围也不同。

3. 标准曲线

标准曲线内容应包括标准曲线数学方程式以及标准曲线的工作范围、浓度范围等。标准曲线一般作 6 个校准点（包括零浓度），一般以检出限的 5~10 倍为第一个点，以后根据 1 倍递增，最高浓度是最低浓度的 10~20 倍为宜，具体实验可根据仪器的灵敏度来调整。每个校准点测量时重复测量 3 次或更多，并计算平均值。实验室检测一般是用定量的方法，线性回归方程的相关系数应不低于 0. 99，实际应用中线性大于 0. 999 才是比较理想的，这样在整个线性范围内都会有一个比较满意的结果。

方法验证和确认结束后，要出具验证或确认报告。一份完整的方法验证报告要给出验证内容，要有验证人员、使用仪器、使用试剂的详细内容，分析步骤要简略描述，此外还要包括样品重复测定次数、计算公式、标准曲线，包含原始数据的色谱图、光谱图以及这几次测定数据的标准偏差是否符合标准要求、标准曲线线性是否符合要求、回收率是否在合理范围内等等内容。通过对某一项或几项参数的实验，来证明此检验方法是否适用于本实验室。

一般实验室对国标方法缺少验证，都是按照标准直接进行检验。方法的验证和确认加强了对检测结果的质量、可靠性和一致性的分析和判断，实验室人员一定要对方法验证和确认重视起来，更准确、科学地把好食品安全关口。

第五节　食品检验计算机信息系统

一、食品检验计算机信息系统

随着政府监管要求的不断提高和检验技术的不断发展，对食品检验无论在样品数量、检验周期，检验数据的真实性、准确性等方面都提出了更高的要求。实验室管理水平信息化作用日益显现，信息化建设和信息技术的应用不仅最大限度地提高实验室的工作效率，实现了基层检验管理信息化，还为整个食品检验过程可追溯监管提供重要的技术保障，成为食品检验不可或缺的技术手段。

食品检验计算机信息系统是指应用于食品检验工作的、由计算机及其相关的配套设备、设施（含网络）构成的，按照一定的应用目标和规则对信息进行采集、记录、处理、分析、报告、存储、传输及检索等工作的人机系统等。为了有利于食品安全管理部门对不同检验机构的检验数据进行统一分析，提高食品安全风险发现与分析效率，食品检验计算机信息系统的数据采集与交换应当符合相关要求。食品检验计算机信息系统应当按照 GB 17859—1999《计算机信息系统安全保护等级划分准则》进行合理确认后使用，并确保信息修改记录可追踪以满足溯源需要。文字处理软件、统计软件以及检验设备配套的专用微处理器和数据处理程序等不需要确认，但对这类软件的调整（或二次开发）应当进行确认。

二、食品检验计算机信息系统确认要求

（一）数据完整性和准确性确认

（1）计算机信息系统具有详细设计文档，且严格实现了其中定义的各数据项和数据集的类型、精度、必需性、取值范围、长度等。

（2）系统能够在输入数据被使用前、产生数据被存储后以及数据传输过程结束后对数据的完整性进行自动检查，并在发现完整性错误时发出警告，中断出错的进程，同时将相关信息写入系统日志。

（3）系统设计文档应当包含可靠的数据传输准确性保障措施［如果传输准确性保障措施是消息摘要算法（MD5）、安全散列算法（SHA）等验证算法，也应当在设计文档中给出明确的算法和使用范围描述］，并且系统能够按照设计对被传输的数据进行准确性确认（包括加密后的敏感数据和非加密的数据）。

（二）系统安全性确认

（1）系统安全性应当符合 GB 17859—1999《计算机信息系统安全保护等级划分准则》二级以上的要求。

（2）系统设计文档包含详尽的安全性保障措施（包括用户权限、角色、安全管理策略、系统日志规则、数据库日志规则、敏感数据加密规则等），并且系统严格实现了这些安全性保障措施的功能和要求。

注：

①“规则”包括使用规则和管理规则。

②敏感数据加密规则应当结合权限、角色和安全策略，确实保证未授权用户无法查看、修改和删除任何敏感数据信息。

（3）系统用户手册提供了系统安全性设置建议，明确告知用户如何做到最小化授权，避免权限扩散。

（4）系统满足安全性溯源需要，即用户（包括系统管理员）进行的任何活动（包括记录修改），系统应当记录相应的操作日志和系统日志。

（5）系统具有自动和强制性数据备份机制且软硬件环境均能保证备份功能的正常运作。

（三）系统有效性和适用性确认

（1）系统设计文档包含有系统功能、模块、效率、容错、架构、接口等详细定义。

（2）配备详细的系统使用手册，包括操作指南、故障排查手册、应急预案和系统维护与备份日志。

（3）应当能够确保在后续的系统升级和维护中各接口的向前兼容性。

（4）食品检验机构使用的多用户计算机信息系统应当通过整体工作效率和工作强度的压力测试。

思考题

1. 计量管理的内涵是什么？
2. 什么是计量？计量的特性是什么？
3. 食品检验机构的资质认定是什么？
4. 概述食品检验机构应符合的基本要求。
5. 检验检测机构管理体系的总则是什么？至少应包括哪几部分内容？
6. 食品检验机构对于检验方法的选择、验证和确认的原则是什么？
7. 检验检测报告或证书应包含的基本信息有哪些？
8. 概述食品检验机构最高管理者确定诚信方针的基本要求。
9. 食品检验机构实施与诚信因素和诚信管理有关的信息交流时应满足的条件有哪些？
10. 不同种类分析仪器的特点是什么？
11. 食品检验计算机信息系统确认要求包括哪些？

第八章

08

食品生产经营许可与认证管理

学习目的与要求

1. 了解我国食品生产经营许可与认证管理的现状；
2. 掌握食品生产经营许可和备案的范围、基本原则及申办程序；
3. 掌握绿色食品、有机食品、有机产品认证、地理标志产品概念和特征；
4. 熟悉绿色食品、有机产品、地理标志产品的认证、标志及管理。

第一节　概述

一、我国食品生产经营许可制度概况

为保证食品卫生，防止食品污染和有害因素对人体的危害，保障人民身体健康，增强人民体质，我国于1995年颁布实施了《中华人民共和国食品卫生法》（以下简称《食品卫生法》），明确规定食品生产经营企业和食品摊贩，必须先取得卫生行政部门发放的卫生许可证方可向工商行政管理部门申请登记，未取得卫生许可证的，不得从事食品生产经营活动。这是我国法律首次设定食品生产经营许可制度。

随着我国改革开放步伐的加快，食品工业发展迅速，原以餐饮服务业为主设计的卫生许可制度已无法适应食品加工业规模化发展及消费者对食品质量安全的要求。2001年国家质检总局对全国米、面、油、酱油、醋5类食品企业的专项产品质量抽检，产品平均合格率仅为59.9%。为此，2002年起，国家质检总局在全国分类逐步推行食品质量安全市场准入制度，至2008年对所有食品（不包括保健食品和半成品）类别全面实行食品生产许可证管理。通过公布实施《食品质量安全市场准入审查通则》和各类食品的生产许可证审查细则，对食品生产企业的环境条件、生产设备、检验能力、管理制度等作出具体规定，达不到条件的企业将无法进入食品生产行业，这一举措有力推动了企业大规模提升生产能力和食品质量水平。

20世纪90年代至21世纪初，我国食品工业在持续快速发展的同时，重大食品安全事故频发，消费者健康受损，食品贸易发展受限，于是2009年国家出台《食品安全法》，取代了不能适应新形势下食品安全保障工作要求的《食品卫生法》。为全面提升食品质量安全，解决食品企业违法生产经营现象，应对食品生产经营新业态，积极推进食品安全社会共治格局，

我国于2015年对《食品安全法》进行了修订，分别于2018年和2021年进行了修正。2021年新修正的《食品安全法》明确规定国家对食品生产经营及食品添加剂生产实行许可制度。

为了与《食品安全法》相适应，我国卫健委、国家市场监督管理总局等部门陆续制定，出台了《餐饮服务许可管理办法》（已废止）、《餐饮服务许可审查规范》（已废止）、《食品生产许可管理办法》（2020年修订）、《食品生产许可审查通则（2022版）》、《食品经营许可和备案管理办法》、《食品经营许可审查通则》、《食品添加剂生产监督管理规定》（已废止）、《食品流通许可证管理办法》（已废止）及针对特殊食品的《婴幼儿辅助食品生产许可审查细则》《特殊医学用途配方食品生产许可审查细则》《保健食品生产许可审查细则》等规范、规章和法律法规，进一步细化了许可的实施范围、程序、条件、管理及监督等，其中有些法律法规多次进行修订，有些已完全废止，现行有效的相关法律法规见表8-1。

表8-1 现行有效的食品生产经营许可相关规范、规章及法律法规

序号	名称	发布单位	生效日期
1	食品经营许可和备案管理办法	国家市场监督管理总局	2023年12月1日
2	保健食品生产许可审查细则	国家食药监总局	2017年1月1日
3	婴幼儿辅助食品生产许可审查细则	国家食药监总局	2017年1月10日
4	特殊医学用途配方食品生产许可审查细则	国家市场监督管理总局	2019年2月1日
5	食品生产许可管理办法	国家市场监督管理总局	2020年3月1日
6	食品生产许可审查通则（2022版）	国家市场监督管理总局	2022年11月1日
7	食品经营许可审查通则	国家市场监督管理总局	2024年4月29日

由于《食品安全法》将食品生产加工小作坊和食品摊贩从事的食品生产经营活动授权于省、自治区、直辖市制定的地方性法规进行规范，而各省、市、自治区的立法进度不一，经济发展程度不同，目前食品生产加工小作坊和食品摊贩的生产经营活动的立法工作尚未全部完成，对于是否需要设立许可没有统一的规定。

随着法律法规的完善，我国食品安全形势稳定向好，全国食品安全监督抽检合格率呈上升趋势。2017—2021年已连续5年总体合格率在97%以上，其中婴幼儿配方乳粉近两年合格率均超99%。

为了响应党的二十大报告提出的“着力推动高质量发展”“突出保障和改善民生”，2023年，中共中央、国务院印发了《质量强国建设纲要》，明确提出了产品、工程、服务质量水平显著提升的目标，要求农产品质量安全例行监测合格率和食品抽检合格率均达到98%以上，对于促进我国经济由大向强转变、满足人民美好生活需要、全面提高我国质量总体水平具有重要战略意义。

二、我国食品认证管理简介

（一）认证的概念和分类

《中华人民共和国认证认可条例》对“认证”的定义是“由认证机构证明产品、服务、

管理体系符合相关技术规范、相关技术规范的强制性要求或者标准的合格评定活动”。其中“合格评定”是指对产品、过程、体系、人员或机构有关的规定要求得到满足的证实。认证机构可以是政府职能部门机构，也可以是民间机构、组织。

根据经济和社会发展的需要，我国将认证分为产品认证、服务认证和管理体系认证三类。

（二）产品认证

产品认证针对的是产品生产的保证能力及产品符合标准、法规情况的评价。按认证的性质，我国产品认证分为强制性产品认证和自愿性产品认证。

强制性产品认证是为了保护国家安全、防止欺诈行为、保护人体健康或者安全、保护动植物生命或者健康、保护环境等目的而设立的市场准入制度。实施强制性产品认证的产品必须经过国家认监委指定认证机构的认证，并标注认证标志以后，才能出厂、销售、进口或者在其他经营活动中使用。中国强制认证（China compulsory certification，CCC）简称“3C”认证。食品生产许可认证（SC）即归于此类，有了这个认证才可以生产食品，它是食品企业生存最根本的认证。

自愿性产品认证是为满足市场经济活动有关方面的需求，委托人自愿委托第三方认证机构开展的合格评定活动，范围比较宽泛。国内已经开展的自愿性产品认证包括国家推行的环境标志认证、无公害农产品认证（2018 年 12 月已停止认证）、绿色食品认证、有机产品认证、饲料产品认证等。

（三）农产品质量的认证

随着绿色发展理念逐步深入人心，农业绿色发展的加快推进，绿色优质农产品供给能力不断提升，但农业发展方式仍然粗放、农产品供给还不完全适应消费升级需求，需要加强引导、加大投入，提高农业供给的适应性，促进农业高质量发展。为贯彻落实中央农村工作会议和中央一号文件精神，从 2021 年开始，农业农村部启动实施农业生产“三品一标”（品种培优、品质提升、品牌打造和标准化生产）提升行动，向更高层次、更深领域推进农业绿色发展。

2021 年 9 月农业农村部将农产品“三品一标”指定为绿色食品、有机农产品、地理标志农产品和食用农产品达标合格证。2021 年 11 月《农业农村部办公厅关于加快推进承诺达标合格证制度试行工作的通知》中，将合格证名称由“食用农产品合格证”调整为“承诺达标合格证”，体现“达标”内涵、突出“承诺”要义。

“十四五”时期，农业农村部推动出台指导意见，按照新阶段农产品“三品一标”的新内涵、新要求，明确通过发展绿色、有机和地理标志农产品，推行承诺达标合格证制度，探索构建农产品质量安全治理新机制。以规范绿色、有机和地理标志农产品认证管理为重点，引导第三方认证机构积极参与农产品质量安全管控措施落实，强化对获证主体的“他律”。通过扩大承诺达标合格证制度覆盖面，提高社会认可度，引导农业生产经营主体强化“自律”。打造一批农产品“三品一标”引领质量提升的发展典型，推动形成农业生产和农产品两个“三品一标”协同发展的新格局。为了严格落实食品安全“四个最严”要求，实行全主体、全品种、全链条监管，确保人民群众“舌尖上的安全”，《质量强国建设纲要》明确提出了“推行承诺达标合格证制度，推进绿色食品、有机农产品、良好农业规范的认证管理，深入实施地理标志农产品保护工程”。

为进一步发挥好农产品“三品一标”在农业高质量发展中“走在前”作用，《“十四五”全国农产品质量安全提升规划》专门对农产品“三品一标”提升行动的发展目标和推进路径进行了部署，预计到2025年绿色、有机和地理标志农产品认证登记数量增至7万个，农产品“三品一标”认知度和影响力显著提升。具体部署如下。

1. 提升绿色有机地理标志农产品供给能力

再认证登记绿色、有机和地理标志农产品2万个，产品质量抽检合格率达到99%。建设绿色食品原料标准化生产基地800个、有机农产品基地50个和绿色食品（有机农业）一二三产融合发展园区50个，推进现代农业全产业链标准化。

2. 持续实施地理标志农产品保护工程

支持1000个地理标志农产品发展。命名地理标志农产品核心基地1000个，发布一批地理标志农产品产业影响力报告，开展特征品质评价，打造一批乡村特色产业发展样板，推动地理标志农产品生产标准化、产品特色化、身份标识化、全程数字化。

3. 提升承诺达标合格证实施水平

开展新型农业经营主体自控自检大培训，每年每个开证主体至少培训1次，落实农产品质量安全管控要求。鼓励各地因地制宜开展与电商平台和快递企业的合作，推动农产品带证销售。

4. 提升农产品“三品一标”认知度和影响力

推进主体承诺达标、质量认证、监测监管、信用管理、追溯管理、品质评价等协同实施，打造100个农产品“三品一标”引领质量提升的发展典型。

以习近平新时代中国特色社会主义思想为指导，深入贯彻党的十九大和十九届二中、三中、四中、五中全会精神，全面落实中央经济工作会议、中央农村工作会议精神，立足新发展阶段、贯彻新发展理念、构建新发展格局，以高质量发展为主题，以农业供给侧结构性改革为主线，坚持质量兴农、绿色兴农、品牌强农，强化标准引领，推进科技创新，突出品牌打造，选育一批突破性农作物品种和畜禽水产良种，建设一批绿色标准化农产品生产基地，培育一批带动性强的农业企业集团，打造一批有影响力的农业知名品牌，加快推进农业转型升级，更好满足消费者需求，为全面推进乡村振兴、加快农业农村现代化提供有力支撑。

三、食品的抽检及检验机构资质认定

由于食品原料的质量难以保持长期稳定不变，再加上生产过程中可能掺杂的其他因素，使食品生产的质量也带有许多不确定性。生产者从前生产的产品质量不能与以后生产产品的质量画等号，以前生产的食品质量好，不代表其今后生产的食品质量必然一样好。这就决定了对食品生产过程进行逐次严格检验的必要性。因此，不应对食品生产予以免检，否则就可能危害人民群众的身体健康和生命安全。正是考虑到这个原因，2009年出台的《食品安全法》取消了2000年由原国家质量技术监督局制定并实施的《产品免于质量监督检查管理办法》（即免检制度）。同时，《食品安全法》还进一步明确了对食品的检验采取定期或者不定期的抽样检验制度。2015年国家食品药品监督管理总局发布实施了《食品安全抽样检验管理办法》，2019年国家市场监督管理总局颁布实施了新的《食品安全抽样检验管理办法》，并于2022年修正。

对于生产、加工、贮运、销售等各环节食品的抽样检验，需交由专门的检验机构进行检测，《食品安全法》规定“食品检验机构按照国家有关认证认可的规定取得资质认定后，方可从事食品检验活动；食品检验机构的资质认定条件和检验规范，由国务院食品安全监督管理部门规定”。根据《检验检测机构资质认定管理办法》第四条“在中华人民共和国境内从事向社会出具具有证明作用的数据、结果的检验检测活动以及对检验检测机构实施资质认定和监督管理”。所谓资质认定，是指省级以上市场监督管理部门依据有关法律法规和标准、技术规范的规定，对检验检测机构的基本条件和技术能力是否符合法定要求实施的评价许可，“资质认定”是食品检验机构出具法定检验报告的“许可证”，承担政府任务的食品检验机构出具的法定检测数据必须具备相应检测项目的资质。

自2015年建立国家食品安全抽检制度，我国食品安全监督抽检呈现出样品批次逐年增高、监督抽检覆盖不同环节与不同业态等特点。监督抽检成为发现质量问题的一把利剑，也是提升产品质量的基本手段。有数据显示，党的十八大以来，除2014年全国监督抽检合格率为94.7%外，其余年份全国食品安全监督抽检总体合格率一直稳定保持在95.0%以上，尤其自2017年以来，国家食品安全监督抽检总体合格率均保持在97%以上的高位水平，2021年全国食品安全监督抽检合格率达到了97.3%。我国食品安全整体形势稳中趋好。

在推进质量治理现代化方面，《质量强国建设纲要》提出了“完善产品质量监督抽查制度，加强工业品和消费品质量监督检查，推动实现生产流通、线上线下一体化抽查，探索建立全国联动抽查机制，对重点产品实施全国企业抽查全覆盖，强化监督抽查结果处理”。

目前，我国已构建了相对完整的食品生产监督检查体系，监督抽检已覆盖食品供应链的不同环节，形成了国家、省、市、县四级食品安全监督抽检网络，并建立了四级风险分级管理制度，将食品企业的风险等级从低到高定为四档，并据此确定检查的频次、内容及方式。

第二节　食品生产许可

食品生产许可，是一项行政许可制度，行政机关根据公民、法人或者其他组织的申请，经依法审查，准予其从事特定活动的行为。《食品安全法》规定，国家对食品生产和食品添加剂生产实行许可制度。食品、食品添加剂生产的行政许可是食品（含保健食品、婴幼儿配方食品、特殊医学用途配方食品）和食品添加剂生产企业依法向市场监督管理部门提出行政许可申请，国家市场监督管理部门依法向申请人作出行政许可决定的行为。食品、食品添加剂生产的行政许可也是市场监督管理部门依法对食品、食品添加剂生产企业的食品安全监管措施之一。

为切实规范食品、食品添加剂生产许可活动，加强食品生产监督管理，保障食品安全，国家市场监管总局于2020年颁布实施了修订的《食品生产许可管理办法》（以下简称《办法》）。2022年10月21日，国家市场监管总局发布《食品生产许可审查通则（2022版）》（以下简称《通则》），自2022年11月1日起施行，该《通则》严格落实“四个最严”要求，进一步规范了食品生产许可审查工作的程序。

《食品生产许可管理办法》

一、食品生产许可范围

1. 地域范围

在中华人民共和国境内，从事食品生产活动，应当依法取得食品生产许可。

2. 对象范围

食品生产许可的申请、受理、审查、决定及其监督检查。

食品添加剂的生产许可管理原则、程序、监督检查和法律责任。

取得食品经营许可的餐饮服务提供者在其餐饮服务场所制作加工食品，不需要取得本办法规定的食品生产许可。

对食品生产加工小作坊的监督管理，按照省、自治区、直辖市制定的具体管理办法执行。

3. 时间范围

《办法》自2020年3月1日起施行。在新的生产许可审查通则、细则修订出台前，原有的生产许可审查通则和细则继续有效，但是有关申请材料、许可程序、许可时限、发证检验等内容与《办法》不一致的，应当以《办法》规定为准。

4. 许可的食品

根据《食品生产许可分类目录》，食品生产许可（SC）将食品分成32个类别。食品类别编号按照《办法》所列食品类别顺序依次标识，具体分类详见附录二。

对未列入《食品生产许可分类目录》和无审查细则的食品品种，县级以上地方市场监督管理部门应当依据《办法》和《通则》的相关要求，结合类似食品的审查细则和产品执行标准制定审查方案（婴幼儿配方食品、特殊医学用途配方食品除外），实施食品生产许可审查。

二、食品生产许可基本原则

（1）食品生产许可遵循依法、公开、公平、公正、便民、高效的原则。

（2）食品生产许可实行一企一证原则，即同一个食品生产者从事食品生产活动，应当取得一个食品生产许可证。

（3）市场监督管理部门按照食品的风险程度，结合食品原料、生产工艺等因素，对食品生产实施分类许可。

（4）申请人申请生产多个类别食品的，由申请人按照省级市场监督管理部门确定的食品生产许可管理权限，自主选择其中一个受理部门提交申请材料。受理部门应当及时告知有相应审批权限的市场监督管理部门，组织联合审查。

三、食品生产许可申办程序

（一）申请

1. 基本要求

（1）申请人　申请食品生产许可，应先行取得营业执照等合法主体资格。

企业法人、合伙企业、个人独资企业、个体工商户、农民专业合作组织等，以营业执照载明的主体均可作为申请人。

（2）申请食品类别　申请食品生产许可，应当按照以下食品类别提出：粮食加工品，食用油、油脂及其制品，调味品，肉制品，乳制品，饮料，方便食品，饼干，罐头，冷冻饮品，速冻食品，薯类和膨化食品，糖果制品，茶叶及相关制品，酒类，蔬菜制品，水果制品，炒货食品及坚果制品，蛋制品，可可及焙烤咖啡产品，食糖，水产制品，淀粉及淀粉制品，糕点，豆制品，蜂产品，保健食品，特殊医学用途配方食品，婴幼儿配方食品，特殊膳食食品，其他食品，食品添加剂。

国家市场监督管理总局可以根据监督管理工作需要对食品类别进行调整。

取得食品经营许可的餐饮服务提供者在其餐饮服务场所制作加工食品，不需要取得规定的食品生产许可。

2. 申请人义务

（1）申请材料应当种类齐全、内容完整，符合法定形式和填写要求。

（2）申请材料均须由申请人的法定代表人或负责人签名，并加盖申请人公章。复印件应当由申请人注明“与原件一致”，并加盖申请人公章。

（3）申请人需如实向市场监督管理部门提交有关材料和反映真实情况，对申请材料的真实性负责，并在申请书等材料上签名或者盖章。

（4）许可申请人隐瞒真实情况或者提供虚假材料申请食品生产许可的，由县级以上地方市场监督管理部门给予警告。申请人在1年内不得再次申请食品生产许可。

3. 申请条件

申请食品生产许可，应当符合下列条件。

（1）具有与生产的食品品种、数量相适应的食品原料处理和食品加工、包装、贮存等场所，保持该场所环境整洁，并与有毒、有害场所以及其他污染源保持规定的距离。

（2）具有与生产的食品品种、数量相适应的生产设备或者设施，有相应的消毒、更衣、盥洗、采光、照明、通风、防腐、防尘、防蝇、防鼠、防虫、洗涤以及处理废水、存放垃圾和废弃物的设备或者设施；保健食品生产工艺有原料提取、纯化等前处理工序的，需要具备与生产的品种、数量相适应的原料前处理设备或者设施。

（3）有专职或者兼职的食品安全专业技术人员、食品安全管理人员和保证食品安全的规章制度。

（4）具有合理的设备布局和工艺流程，防止待加工食品与直接入口食品、原料与成品交叉污染，避免食品接触有毒物、不洁物。

（5）法律、法规规定的其他条件。

4. 申请材料

申请材料应当符合《办法》规定，以电子或纸质方式提交。申请人应当对申请材料的真实性负责。符合法定要求的电子申请材料、电子证照、电子印章、电子签名、电子档案与纸质申请材料、纸质证照、实物印章、手写签名或者盖章、纸质档案具有同等法律效力。

（1）申请食品生产许可　应当向申请人所在地县级以上地方市场监督管理部门提交下列材料。

①食品生产许可申请书；

②食品生产设备布局图和食品生产工艺流程图；

③食品生产主要设备、设施清单；

④专职或者兼职的食品安全专业技术人员、食品安全管理人员信息和食品安全管理制度。

（2）申请保健食品、特殊医学用途配方食品、婴幼儿配方食品等特殊食品的生产许可　除上述材料外，还应当提交与所生产食品相适应的生产质量管理体系文件以及相关注册和备案文件。

（3）申请食品添加剂生产许可　应当向申请人所在地县级以上地方市场监督管理部门提交下列材料。

①食品添加剂生产许可申请书；

②食品添加剂生产设备布局图和生产工艺流程图；

③食品添加剂生产主要设备、设施清单；

④专职或者兼职的食品安全专业技术人员、食品安全管理人员信息和食品安全管理制度。

（4）申请人委托他人办理食品生产许可申请的，代理人应当提交授权委托书以及代理人的身份证明文件。

（5）申请人有下列情形之一的，审批部门应当按照申请食品生产许可的要求审查。

①非因不可抗力原因，食品生产许可证有效期届满后提出食品生产许可申请的；

②生产场所迁址，重新申请食品生产许可的；

③生产条件发生重大变化，需要重新申请食品生产许可的。

（二）受理

1. 对申请材料的处理

县级以上地方市场监督管理部门对申请人提出的食品生产许可申请，应当根据下列情况分别作出处理。

（1）申请事项依法不需要取得食品生产许可的，应当即时告知申请人不受理。

（2）申请事项依法不属于市场监督管理部门职权范围的，应当即时作出不予受理的决定，并告知申请人向有关行政机关申请。

（3）申请材料存在可以当场更正的错误的，应当允许申请人当场更正，由申请人在更正处签名或者盖章，注明更正日期。

（4）申请材料不齐全或者不符合法定形式的，应当当场或者在5个工作日内一次性告知申请人需要补正的全部内容。当场告知的，应当将申请材料退回申请人；在5个工作日内告知的，应当收取申请材料并出具收到申请材料的凭据。逾期不告知的，自收到申请材料之日起即为受理。

（5）申请材料齐全、符合法定形式，或者申请人按照要求提交全部补正材料的，应当受理食品生产许可申请。

2. 受理决定

县级以上地方市场监督管理部门对申请人提出的申请决定予以受理的，应当出具受理通知书。

3. 不受理决定

决定不予受理的，应当出具不予受理通知书，说明不予受理的理由，并告知申请人依法享有申请行政复议或者提起行政诉讼的权利。

（三）审查

1. 书面审查

县级以上地方市场监督管理部门应当对申请人提交的申请材料进行审查。

2. 现场核查

有下列情形之一的，应当组织现场核查。

（1）属于《通则》第八条申请食品生产许可情形的。

（2）属于《通则》第十条变更食品生产许可情形第一至五项，可能影响食品安全的。

（3）属于《通则》第十二条延续食品生产许可情形的，申请人声明生产条件或周边环境发生变化，可能影响食品安全的。

（4）需要对申请材料内容、食品类别、与相关审查细则及执行标准要求相符情况进行核实的。

（5）因食品安全国家标准发生重大变化，国家和省级市场监督管理部门决定组织重新核查的。

（6）法律、法规和规章规定需要实施现场核查的其他情形。

对下列情形可以不再进行现场核查。

（1）特殊食品注册时已完成现场核查的（注册现场核查后生产条件发生变化的除外）。

（2）申请延续换证，申请人声明生产条件未发生变化的。

现场核查要求如下。

（1）核查人员　核查组由食品安全监管人员组成，根据需要可以聘请专业技术人员作为核查人员参加现场核查。核查人员应当具备满足现场核查工作要求的素质和能力，与申请人存在直接利害关系或者其他可能影响现场核查公正情形的，应当回避。核查组中食品安全监管人员不得少于 2 人，实行组长负责制。实施现场核查的市场监督管理部门应当指定核查组组长。

核查人员应当出示有效证件，填写食品生产许可现场核查表，制作现场核查记录，经申请人核对无误后，由核查人员和申请人在核查表和记录上签名或者盖章。申请人拒绝签名或者盖章的，核查人员应当注明情况。

（2）核查程序　市场监督管理部门开展食品生产许可现场核查时，应当按照申请材料进行核查。对首次申请许可或者增加食品类别的变更许可的，根据食品生产工艺流程等要求，核查试制食品的检验报告。

开展食品添加剂生产许可现场核查时，可以根据食品添加剂品种特点，核查试制食品添加剂的检验报告和复配食品添加剂配方等。

试制食品检验可以由生产者自行检验，或者委托有资质的食品检验机构检验。

申请保健食品、特殊医学用途配方食品、婴幼儿配方乳粉生产许可，在产品注册或者产品配方注册时经过现场核查的项目，可以不再重复进行现场核查。

市场监督管理部门可以委托下级市场监督管理部门，对受理的食品生产许可申请进行现场核查。特殊食品生产许可的现场核查原则上不得委托下级市场监督管理部门实施。

核查组应当确保核查客观、公正、真实，确保核查报告等文书和记录完整、准确、规范。核查组组长负责组织现场核查、协调核查进度、汇总核查结论、上报核查材料等工作，对核查结论负责。核查组成员对现场核查分工范围内的核查项目评分负责，对现场核查结论有不同意见时，及时与核查组组长研究解决，仍有不同意见时，可以在现场核查结束后 1 个工作日内书面向审批部门报告。

（3）核查范围　现场核查范围主要包括生产场所、设备设施、设备布局和工艺流程、人员管理、管理制度及其执行情况，以及试制食品检验合格报告。

现场核查应当按照食品的类别分别核查、评分。审查细则对现场核查相关内容进行细化或者有特殊要求的，应当一并核查并在《食品、食品添加剂生产许可现场核查评分记录表》中记录。

对首次申请许可或者增加食品类别变更食品生产许可的，应当按照相应审查细则和执行标准的要求，核查试制食品的检验报告。申请变更许可及延续许可的，申请人声明其生产条件及周边环境发生变化的，应当就变化情况实施现场核查，不涉及变更的核查项目应当作为合理缺项，不作为评分项目。

现场核查对每个项目按照符合要求、基本符合要求、不符合要求 3 个等级判定得分，全部核查项目的总分为 100 分。某个核查项目不适用时，不参与评分，在“核查记录”栏目中说明不适用的原因。

现场核查结果以得分率进行判定。参与评分项目的实际得分占参与评分项目应得总分的百分比作为得分率。核查项目单项得分无 0 分项，且总得分率≥85%的，该类别名称及品种明细判定为通过现场核查；核查项目单项得分有 0 分项或者总得分率<85%的，该类别名称及品种明细判定为未通过现场核查。

（4）核查时限　核查组应当自接受现场核查任务之日起 5 个工作日内完成现场核查，并将《食品、食品添加剂生产许可核查材料清单》所列的相关材料上报委派其实施现场核查的市场监督管理部门。

（四）决定

1. 决定期限

除可以当场作出行政许可决定的外，县级以上地方市场监督管理部门应当自受理申请之日起 10 个工作日内作出是否准予行政许可的决定。因特殊原因需要延长期限的，经本行政机关负责人批准，可以延长 5 个工作日，并应当将延长期限的理由告知申请人。

2. 听证

（1）公共利益听证　县级以上地方市场监督管理部门认为食品生产许可申请涉及公共利益的重大事项，需要听证的应当向社会公告并举行听证。

（2）当事人重大利益关系听证　食品生产许可直接涉及申请人与他人之间重大利益关系的，县级以上地方市场监督管理部门在作出行政许可决定前，应当告知申请人、利害关系人享有要求听证的权利。申请人、利害关系人在被告知听证权利之日起 5 个工作日内提出听证申请的，市场监督管理部门应当在 20 个工作日内组织听证。听证期限不计算在行政许可审查期限之内。

3. 准予生产许可决定

县级以上地方市场监督管理部门应当根据申请材料审查和现场核查等情况，对符合条件的，作出准予生产许可的决定，并自作出决定之日起 5 个工作日内向申请人颁发食品生产许可证。

现场核查结论判定为通过的，申请人应当自作出现场核查结论之日起 1 个月内完成对现场核查中发现问题的整改，并将整改结果向其日常监管部门书面报告。因不可抗力原因，申请人无法在规定时限内完成整改的，应当及时向其日常监管部门提出延期申请。

现场核查结论判定为通过的婴幼儿配方食品、特殊医学用途配方食品申请人应当立即对现场核查中发现的问题进行整改，整改结果通过验收后，审批部门颁发食品生产许可证；申请人整改直至通过验收所需时间不计入许可时限。

4. 不予许可决定

对不符合条件的，应当及时作出不予许可的书面决定并说明理由，同时告知申请人依法享有申请行政复议或者提起行政诉讼的权利。

（五）颁发证书

1. 许可证期限

食品生产许可证发证日期为许可决定作出的日期，有效期为5年。

2. 许可证载明内容

食品生产许可证分为正本、副本。正本、副本具有同等法律效力。

食品生产许可证应当载明：生产者名称、社会信用代码、法定代表人（负责人）、住所、生产地址、食品类别、许可证编号、有效期、发证机关、发证日期和二维码。副本还应当载明食品明细。

生产保健食品、特殊医学用途配方食品、婴幼儿配方食品的，还应当载明产品或者产品配方的注册号或者备案登记号；接受委托生产保健食品的，还应当载明委托企业名称及住所等相关信息。

3. 许可证编号规则

食品生产许可证编号由SC（“生产”的汉语拼音首字母缩写）和14位阿拉伯数字组成。数字从左至右依次为：3位食品类别编码、2位省（自治区、直辖市）代码、2位市（地）代码、2位县（区）代码、4位顺序码、1位校验码。

4. 许可证的保管与使用

（1）食品生产者应妥善保管食品生产许可证，不得伪造、涂改、倒卖、出租、出借、转让。若有违反，由县级以上地方市场监督管理部门责令改正，给予警告，并处1万元以下罚款；情节严重的，处1万元以上3万元以下罚款。

（2）食品生产者应当在生产场所的显著位置悬挂或者摆放食品生产许可证正本。若有违反，由县级以上地方市场监督管理部门责令改正；拒不改正的，给予警告。

（3）未取得食品生产许可从事食品生产活动的，由县级以上地方市场监督管理部门依照《食品安全法》第一百二十二条的规定给予处罚。

（4）食品生产者生产的食品不属于食品生产许可证上载明的食品类别的，视为未取得食品生产许可从事食品生产活动。

（5）以欺骗、贿赂等不正当手段取得食品生产许可的，由原发证的市场监督管理部门撤销许可，并处1万元以上3万元以下罚款。被许可人在3年内不得再次申请食品生产许可。

（六）许可证的变更、延续与注销

1. 变更

（1）变更申请　食品生产许可证有效期内，食品生产者名称、现有设备布局和工艺流程、主要生产设备设施、食品类别等事项发生变化，需要变更食品生产许可证载明的许可事项的，食品生产者应当在变化后10个工作日内向原发证的市场监督管理部门提出变更申请。

食品生产者的生产场所迁址的，应当重新申请食品生产许可。

食品生产许可证副本载明的同一食品类别内的事项发生变化的，食品生产者应当在变化后10个工作日内向原发证的市场监督管理部门报告。

食品生产者的生产条件发生变化，不再符合食品生产要求，需要重新办理许可手续的，应当依法办理。

（2）申请变更应当提交的材料　申请变更食品生产许可的，应当提交下列申请材料。

①食品生产许可变更申请书；

②与变更食品生产许可事项有关的其他材料。

（3）变更审查　县级以上地方市场监督管理部门对变更食品生产许可的申请材料进行审查。

①申请人声明生产条件未发生变化的，管理部门可以不再进行现场核查；

②申请人的生产条件及周边环境发生变化，可能影响食品安全的，管理部门应当就变化情况进行现场核查；

③保健食品、特殊医学用途配方食品、婴幼儿配方食品注册或者备案的生产工艺发生变化的，应当先办理注册或者备案变更手续。

（4）发证

①市场监督管理部门决定准予变更的，应当向申请人颁发新的食品生产许可证。食品生产许可证编号不变，发证日期为市场监督管理部门作出变更许可决定的日期，有效期与原证书一致。但是，对因迁址等原因而进行全面现场核查的，其换发的食品生产许可证有效期自发证之日起计算；

②因食品安全国家标准发生重大变化，国家和省级市场监督管理部门决定组织重新核查而换发的食品生产许可证，其发证日期以重新批准日期为准，有效期自重新发证之日起计算。

2. 延续

（1）基本要求　食品生产者若要延续依法取得的食品生产许可有效期，应当在该食品生产许可有效期届满30个工作日前，向原发证的市场监督管理部门提出申请。

食品生产者申请延续食品生产许可，需提交下列材料。

①食品生产许可延续申请书；

②与延续食品生产许可事项有关的其他材料；

③保健食品、特殊医学用途配方食品、婴幼儿配方食品的生产企业申请延续食品生产许可的，还应当提供生产质量管理体系运行情况的自查报告。

（2）审查　县级以上地方市场监督管理部门对延续食品生产许可的申请材料进行审查。具体内容同“变更审查”。

（3）发证　市场监督管理部门决定准予延续的，则向申请人颁发新的食品生产许可证，许可证编号不变，有效期自市场监督管理部门作出延续许可决定之日起计算。若不符合许可条件，则作出不予延续食品生产许可的书面决定，并说明理由。

3. 注销

（1）申请注销　食品生产者终止食品生产，食品生产许可被撤回、撤销，应当在20个工作日内向原发证的市场监督管理部门申请办理注销手续。

（2）依职权注销　有下列情形之一，食品生产者未按规定申请办理注销手续的，原发证的市场监督管理部门应当依法办理食品生产许可注销手续，并在网站进行公示。

①食品生产许可有效期届满未申请延续的；

②食品生产者主体资格依法终止的；

③食品生产许可依法被撤回、撤销或者食品生产许可证依法被吊销的；

④因不可抗力导致食品生产许可事项无法实施的；

⑤法律法规规定的应当注销食品生产许可的其他情形。

食品生产许可被注销的，许可证编号不得再次使用。

第三节　食品经营许可和备案

《食品安全法》规定，国家对食品经营实行许可制度。食品经营行政许可是食品销售经营者、餐饮服务经营者和单位食堂依法向有关市场监督管理部门提出行政许可申请，市场监督管理部门依法向申请人作出行政许可决定的行为。食品经营行政许可也是食品安全监管部门依法对食品销售经营者、餐饮服务经营者和单位食堂进行食品安全监管的措施之一。

为切实规范食品经营许可活动，加强食品经营监督管理，保障食品安全，国家食品药品监督管理总局于2015年颁布了《食品经营许可管理办法》，并于2017年进行了修订。2020年8月，为贯彻落实中共中央、国务院关于“放管服”改革的决策部署，深化食品经营许可制度改革，进一步优化许可程序，适应食品经营领域新兴业态发展趋势，助力新业态、新模式、新技术健康发展，国家市场监督管理总局就《食品经营许可管理办法（征求意见稿）》征求意见，对2015版《食品经营许可管理办法》进行了进一步完善和细化。

《食品经营许可和备案管理办法》

2021年以来，市场监管总局对《食品经营许可管理办法》进行修订，更好地规范食品经营许可和备案工作，优化食品经营许可条件，简化食品经营许可流程，强化风险分级防控，落实食品经营者主体责任，进一步增强食品经营许可制度的可操作性，不断提高食品安全依法、科学、严格监管水平，推动实现审批更简、服务更优的政务和营商环境，保障人民群众“舌尖上的安全”。同时依据新修订的《食品安全法》第三十五条，将“仅销售预包装食品”由许可管理改为备案管理，原《食品经营许可管理办法》的名称更改为《食品经营许可和备案管理办法》，并于2023年12月1日正式实施。该法规的修订与实施，对于推进国家治理体系和治理能力现代化、促进食品经营行业高质量发展、有效解决基层日常许可工作面临的困惑和瓶颈具有重要意义。

一、食品经营许可和备案的范围及基本原则

1. 地域范围

在中华人民共和国境内从事食品销售和餐饮服务活动，应当依法取得食品经营许可。

2. 食品经营许可范围

食品经营许可的申请、受理、审查、决定，仅销售预包装食品（含保健食品、特殊医学

用途配方食品、婴幼儿配方乳粉以及其他婴幼儿配方食品等特殊食品，下同）的备案，以及相关监督检查工作。

下列情形不需要取得食品经营许可。

①销售食用农产品；

②仅销售预包装食品；

③医疗机构、药品零售企业销售特殊医学用途配方食品中的特定全营养配方食品；

④已经取得食品生产许可的食品生产者，在其生产加工场所或者通过网络销售其生产的食品；

⑤法律、法规规定的其他不需要取得食品经营许可的情形。

除上述情形外，还开展其他食品经营项目的，应当依法取得食品经营许可。

3. 备案范围

仅销售预包装食品的，应当报所在地县级以上地方市场监督管理部门备案。

仅销售预包装食品的食品经营者在办理备案后，增加其他应当取得食品经营许可的食品经营项目的，应当依法取得食品经营许可；取得食品经营许可之日起备案自行失效。

食品经营者已经取得食品经营许可，增加预包装食品销售的，不需要另行备案。

已经取得食品生产许可的食品生产者在其生产加工场所或者通过网络销售其生产的预包装食品的，不需要另行备案。

医疗机构、药品零售企业销售特殊医学用途配方食品中的特定全营养配方食品不需要备案，但是向医疗机构、药品零售企业销售特定全营养配方食品的经营企业，应当取得食品经营许可或者进行备案。

从事对温度、湿度等有特殊要求食品贮存业务的非食品生产经营者备案参照仅销售预包装食品备案管理。

4. 基本原则

食品经营许可和备案应当遵循依法、公开、公平、公正、便民、高效的原则。

二、食品经营许可申办程序

（一）申请

1. 申请人要求

（1）先行取得营业执照等合法主体资格　企业法人、合伙企业、个人独资企业、个体工商户等，以营业执照载明的主体作为申请人。

机关、事业单位、社会团体、民办非企业单位、企业等申办食堂，以机关或者事业单位法人登记证、社会团体登记证或者营业执照等载明的主体作为申请人。

（2）被吊销食品经营许可证的食品经营者及其法定代表人、直接负责的主管人员和其他直接责任人员自处罚决定作出之日起五年内不得申请食品生产经营许可，或者从事食品生产经营管理工作，担任食品生产经营企业食品安全管理人员。

2. 申请人义务

申请人应当如实向县级以上地方市场监督管理部门提交有关材料并反映真实情况，对申请材料的真实性负责，并在申请书等材料上签名或者盖章。符合法律规定的可靠电子签名、电子印章与手写签名或者盖章具有同等法律效力。

许可申请人隐瞒真实情况或者提供虚假材料申请食品经营许可的，由县级以上地方市场监督管理部门给予警告。申请人在一年内不得再次申请食品经营许可。

被许可人以欺骗、贿赂等不正当手段取得食品经营许可的，由原发证的市场监督管理部门撤销许可，处 1 万元以上 3 万元以下罚款；造成危害后果的，处 3 万元以上 20 万元以下罚款。被许可人在 3 年内不得再次申请食品经营许可。

3. 申请条件

（1）按照食品经营主体业态和经营项目分类提出　食品经营主体业态分为食品销售经营者、餐饮服务经营者、集中用餐单位食堂。食品经营者从事食品批发销售、中央厨房、集体用餐配送的，利用自动设备从事食品经营的，或者学校、托幼机构食堂，应当在主体业态后以括号标注。主体业态以主要经营项目确定，不可以复选。

食品经营项目分为食品销售、餐饮服务、食品经营管理三类。食品经营项目可以复选。

①食品销售：包括散装食品销售、散装食品和预包装食品销售；

②餐饮服务：包括热食类食品制售、冷食类食品制售、生食类食品制售、半成品制售、自制饮品制售等，其中半成品制售仅限中央厨房申请；

③食品经营管理：包括食品销售连锁管理、餐饮服务连锁管理、餐饮服务管理等。

食品经营者从事散装食品销售中的散装熟食销售、冷食类食品制售中的冷加工糕点制售和冷荤类食品制售应当在经营项目后以括号标注。

具有热、冷、生、固态、液态等多种情形，难以明确归类的食品，可以按照食品安全风险等级最高的情形进行归类。

国家市场监督管理总局可以根据监督管理工作需要对食品经营项目进行调整。

（2）符合与其主体业态、经营项目相适应的食品安全要求　申请食品经营许可，需具备下列条件。

①具有与经营的食品品种、数量相适应的食品原料处理和食品加工、销售、贮存等场所，保持该场所环境整洁，并与有毒、有害场所以及其他污染源保持规定的距离；

②具有与经营的食品品种、数量相适应的经营设备或者设施，有相应的消毒、更衣、盥洗、采光、照明、通风、防腐、防尘、防蝇、防鼠、防虫、洗涤以及处理废水、存放垃圾和废弃物的设备或者设施；

③有专职或者兼职的食品安全总监、食品安全员等食品安全管理人员和保证食品安全的规章制度；

④具有合理的设备布局和工艺流程，防止待加工食品与直接入口食品、原料与成品交叉污染，避免食品接触有毒物、不洁物；

⑤食品安全相关法律、法规规定的其他条件。

从事食品经营管理的，应当具备与其经营规模相适应的食品安全管理能力，建立健全食品安全管理制度，并按照规定配备食品安全管理人员，对其经营管理的食品安全负责。

4. 申请材料

申请食品经营许可，应当提交下列材料。

①食品经营许可申请书；

②营业执照或者其他主体资格证明文件复印件；

③与食品经营相适应的主要设备设施、经营布局、操作流程等文件；

④食品安全自查、从业人员健康管理、进货查验记录、食品安全事故处置等保证食品安全的规章制度目录清单；

⑤利用自动设备从事食品经营的，申请人应当提交每台设备的具体放置地点、食品经营许可证的展示方法、食品安全风险管控方案等材料；

⑥营业执照或者其他主体资格证明文件能够实现网上核验的，申请人不需要提供规定的材料。从事食品经营管理的食品经营者，可以不提供主要设备设施、经营布局材料。仅从事食品销售类经营项目的不需要提供操作流程；

⑦申请人委托代理人办理食品经营许可申请的，代理人应当提交授权委托书以及代理人的身份证明文件；

⑧食品经营者从事解冻、简单加热、冲调、组合、摆盘、洗切等食品安全风险较低的简单制售的，县级以上地方市场监督管理部门在保证食品安全的前提下，可以适当简化设备设施、专门区域等审查内容。

从事生食类食品、冷加工糕点、冷荤类食品等高风险食品制售的不适用前款规定。

（二）受理

县级以上地方市场监督管理部门对申请人提出的食品经营许可申请，应当根据下列情况分别作出处理。

①申请事项依法不需要取得食品经营许可的，应当即时告知申请人不受理；

②申请事项依法不属于市场监督管理部门职权范围的，应当即时作出不予受理的决定，并告知申请人向有关行政机关申请；

③申请材料存在可以当场更正的错误的，应当允许申请人当场更正，由申请人在更正处签名或者盖章，注明更正日期；

④申请材料不齐全或者不符合法定形式的，应当当场或者自收到申请材料之日起五个工作日内一次性告知申请人需要补正的全部内容和合理的补正期限。申请人无正当理由逾期不予补正的，视为放弃行政许可申请，市场监督管理部门不需要作出不予受理的决定；市场监督管理部门逾期未告知申请人补正的，自收到申请材料之日起即为受理；

⑤申请材料齐全、符合法定形式，或者申请人按照要求提交全部补正材料的，应当受理食品经营许可申请。

（三）审查与决定

1. 审查

县级以上地方市场监督管理部门应当对申请人提交的许可申请材料进行审查。需要对申请材料的实质内容进行核实的，应当进行现场核查。食品经营许可申请包含预包装食品销售的，对其中的预包装食品销售项目不需要进行现场核查。

（1）核查人员　现场核查应当由符合要求的核查人员进行。核查人员不得少于两人。核查人员应当出示有效证件，填写食品经营许可现场核查表，制作现场核查记录，经申请人核对无误后，由核查人员和申请人在核查表上签名或者盖章。申请人拒绝签名或者盖章的，核查人员应当注明情况。

上级地方市场监督管理部门可以委托下级地方市场监督管理部门，对受理的食品经营许可申请进行现场核查。

（2）核查时限　核查人员应当自接受现场核查任务之日起五个工作日内，完成对经营场所的现场核查。经核查，通过现场整改能够符合条件的，应当允许现场整改；需要通过一定时限整改的，应当明确整改要求和整改时限，并经市场监督管理部门负责人同意。

2. 决定

（1）决定期限　县级以上地方市场监督管理部门应当自受理申请之日起十个工作日内作出是否准予行政许可的决定。因特殊原因需要延长期限的，经市场监督管理部门负责人批准，可以延长五个工作日，并应当将延长期限的理由告知申请人。鼓励有条件的地方市场监督管理部门优化许可工作流程，压减现场核查、许可决定等工作时限。

（2）听证

①公共利益听证：县级以上地方市场监督管理部门认为食品经营许可申请涉及公共利益的重大事项，需要听证的，应当向社会公告并举行听证。

②当事人重大利益关系听证：食品经营许可直接涉及申请人与他人之间重大利益关系的，县级以上地方市场监督管理部门在作出行政许可决定前，应当告知申请人、利害关系人享有要求听证的权利。申请人、利害关系人在被告知听证权利之日起五个工作日内提出听证申请的，市场监督管理部门应当在二十个工作日内组织听证。听证期限不计算在行政许可审查期限之内。

（3）准予生产许可决定　县级以上地方市场监督管理部门应当根据申请材料审查和现场核查等情况，对符合条件的，作出准予行政许可的决定，并自作出决定之日起五个工作日内向申请人颁发食品经营许可证。

（4）不予许可决定　对不符合条件的，应当作出不予许可的决定，说明理由，并告知申请人依法享有申请行政复议或者提起行政诉讼的权利。

（四）颁发证书

1. 许可证期限

食品经营许可证发证日期为许可决定作出的日期，有效期为五年。

2. 许可证载明内容

食品经营许可证分为正本、副本。正本、副本具有同等法律效力。

食品经营许可证应当载明：经营者名称、统一社会信用代码、法定代表人（负责人）、住所、经营场所、主体业态、经营项目、许可证编号、有效期、投诉举报电话、发证机关、发证日期，并赋有二维码。其中，经营场所、主体业态、经营项目属于许可事项，其他事项不属于许可事项。

食品经营者取得餐饮服务、食品经营管理经营项目的，销售预包装食品不需要在许可证上标注食品销售类经营项目。

3. 许可证编号

食品经营许可证编号由JY（“经营”的汉语拼音首字母缩写）和十四位阿拉伯数字组成。数字从左至右依次为：一位主体业态代码、两位省（自治区、直辖市）代码、两位市（地）代码、两位县（区）代码、六位顺序码、一位校验码。

4. 证件保管与使用

食品经营者应当妥善保管食品经营许可证，不得伪造、涂改、倒卖、出租、出借、转让。

食品经营者应当在经营场所的显著位置悬挂、摆放纸质食品经营许可证正本或者展示其电子证书。

利用自动设备从事食品经营的，应当在自动设备的显著位置展示食品经营者的联系方式、食品经营许可证复印件或者电子证书、备案编号。

三、仅销售预包装食品的备案

1. 备案人资格

备案人应当取得营业执照等合法主体资格，并具备与销售的食品品种、数量等相适应的经营条件。

2. 备案材料

①拟从事仅销售预包装食品活动的，在办理市场主体登记注册时，可以一并进行仅销售预包装食品备案，并提交《仅销售预包装食品备案信息采集表》。

②已经取得合法主体资格的备案人从事仅销售预包装食品活动的，应当在开展销售活动之日起五个工作日内向县级以上地方市场监督管理部门提交备案信息材料。材料齐全的，获得备案编号。备案人对所提供的备案信息的真实性、完整性负责。

③从事仅销售预包装食品活动的食品经营者应当具备与销售的食品品种、数量等相适应的经营条件。不同市场主体一般不得使用同一经营场所从事仅销售预包装食品经营活动。

④利用自动设备仅销售预包装食品的，备案人应当提交每台设备的具体放置地点、备案编号的展示方法、食品安全风险管控方案等材料。

备案信息发生变化的，应当自发生变化之日起十五个工作日内向市场监管部门提交《仅销售预包装食品经营者备案信息变更表》进行备案信息变更。终止食品经营活动的，应当自经营活动终止之日起十五个工作日内，向原备案的市场监管部门办理备案注销。食品经营者主体资格依法终止的或存在其他应当注销而未注销情形的，市场监管部门可依据职权办理备案注销手续。

3. 办理

县级以上地方市场监督管理部门应当在备案后五个工作日内将经营者名称、经营场所、经营种类、备案编号等相关备案信息向社会公开。

备案信息发生变化的，备案人应当自发生变化后十五个工作日内向原备案的市场监督管理部门进行备案信息更新。

4. 备案编号

备案实施唯一编号管理。备案编号由 YB（“预备”的汉语拼音首字母缩写）和十四位阿拉伯数字组成。数字从左至右依次为：一位业态类型代码（1 为批发、2 为零售）、两位省（自治区、直辖市）代码、两位市（地）代码、两位县（区）代码、六位顺序码、一位校验码。食品经营者主体资格依法终止的，备案编号自行失效。

第四节　绿色食品认证管理

党的十八大以来加强了党对生态文明建设的全面领导，把生态文明建设摆在全局工作的突出位置，作出一系列重大战略部署。在“五位一体”总体布局中，生态文明建设是其中一位；在新时代坚持和发展中国特色社会主义的基本方略中，坚持人与自然和谐共生是其中一条；在新发展理念中，绿色是其中一项；在三大攻坚战中，污染防治是其中一战；在到本世纪中叶建成社会主义现代化强国目标中，美丽中国是其中一个。这充分体现了党中央对生态文明建设的高度重视，明确了生态文明建设在党和国家事业发展全局中的重要地位。

2001 年，我国农业部提出了无公害农产品的概念，2003 年开始实施无公害农产品认证工作。由于它为中国独有的一套认证标准，不能与国际市场接轨，2018 年 12 月停止了无公害农产品的认证工作。现今，绿色食品、有机食品与农产品地理标志产品认证是我国生态文明建设中的重要一环。

为了与一般的普通食品相区别，绿色食品采用的不是认证制度，而是实行标志管理。为加强绿色食品标志使用管理，确保绿色食品信誉，促进绿色食品事业健康发展，维护生产经营者和消费者合法权益，2012 年 7 月 10 日农业部制定发布了《绿色食品标志管理办法》（2022 年修正）。

一、绿色食品概述

（一）绿色食品概念

绿色食品，是指产自优良生态环境、按照绿色食品标准生产、实行全程质量控制并获得绿色食品标志使用权的安全、优质食用农产品及相关产品。

由于在国际上，对于保护环境和与之相关的事业已经习惯冠以“绿色”的字样，所以，为了突出这类食品产自良好的生态环境和严格的加工程序，并能给人们带来旺盛的生命活力，在中国统一被称作“绿色食品”。在不同国家“绿色食品”有不同的称谓，例如，在芬兰、瑞典等非英语国家称为“生态食品”“健康食品”；在美国称为“有机食品”，在日本称为“自然食品”。

（二）绿色食品必须具备的条件

①产品或产品原料产地环境符合绿色食品产地环境质量标准；

②农药、肥料、饲料、兽药等投入品使用符合绿色食品投入品使用准则；

③产品质量符合绿色食品产品质量标准；

④包装贮运符合绿色食品包装贮运标准。

（三）绿色食品的标准与分类

我国绿色食品的标准分为两个技术等级——AA 级绿色食品标准和 A 级绿色食品标准。

1. A级绿色食品标准

A级绿色食品指在生态环境质量符合规定标准的产地，生产过程中允许限量使用限定的化学合成物质，按特定的生产操作规程生产、加工，产品质量及包装经检测、检查符合特定标准，并经专门机构认定，许可使用A级绿色食品标志的产品。

A级绿色食品标准要求产地的环境要符合NY/T 391—2021《绿色食品 产地环境质量》标准。其环境质量要求评价项目的综合污染指数不超过1。

生产过程中，严格按绿色食品生产资料用量准则和生产操作规程要求，限量、限品种、限时间地使用安全的人工合成农药、兽药、渔药、肥料、饲料及食品添加剂，并积极采用生物方法，保证产品质量符合绿色食品产品标准要求。

2. AA级绿色食品标准

AA级绿色食品（此时等同国外的“有机食品”“生态食品”）指在生态环境质量符合规定标准的产地，生产过程中不使用任何有害化学合成物质，按特定的生产操作规程生产、加工，产品质量及包装经检测、检查符合特定标准，并经专门机构认定，许可使用AA级绿色食品标志的产品。

AA级绿色食品标准要求生产地的环境质量（空气、土壤、地下水源等）符合《绿色食品产地环境质量标准》，生产过程中不使用化学合成的农药、肥料、食品添加剂、饲料添加剂、兽药及有害于环境和人体健康的生产资料，而是通过使用有机肥、种植绿肥、作物轮作、生物或物理方法等技术，培肥土壤、控制病虫草害，保护或提高产品品质，从而保证产品质量符合绿色食品产品标准要求。

（四）绿色食品的特征

1. 强调产品出自最佳生态环境，注重持续改善生态环境

绿色食品生产从原料产地的生态环境入手，通过对原料产地及其周围的生态环境因子严格监测，判定其是否具备生产绿色食品的基础条件。在绿色食品生产过程中，通过限定化学物质、城市生活垃圾和转基因技术及生物的使用，不仅将对所生产食品的污染控制在危害人体健康的安全限度之内，而且控制和降低生产过程对环境的污染，从而不断改善环境，实现可持续发展。

2. 对产品实行全程质量控制

绿色食品的生产实施“从农田到餐桌”全程质量控制，通过产前环节的环境监测和原料检测，产中环节具体生产、加工操作规程的落实，以及产后环节产品质量、卫生指标、包装、保鲜、运输、贮藏、销售控制，确保绿色食品的整体产品质量，并提高整个生产过程的标准化水平和技术含量。

3. 对产品依法实行标志管理

绿色食品标志是一个质量证明商标，属知识产权范畴，受《中华人民共和国商标法》（以下简称《商标法》）保护，并按照《商标法》《集体商标、证明商标注册和管理办法》和《绿色食品标志管理办法》开展监督、管理工作。政府授权专门机构管理绿色食品标志，这是一种将技术手段和法律手段有机结合起来的生产组织和管理行为。

二、绿色食品标准体系

绿色食品标准以“从农田到餐桌”全程质量控制理念为核心，由四个部分构成。

1. 绿色食品产地环境质量标准

绿色食品产地环境质量标准规定了产地的空气质量标准、水质标准、土壤环境质量标准及环境可持续发展标准等指标以及浓度限值、监测方法。制定这类标准的目的，一是强调绿色食品必须产自良好的生态环境地域，以保证绿色食品最终产品的无污染、安全性；二是促进对绿色食品产地环境的保护和改善。

2. 绿色食品生产技术标准

绿色食品生产技术标准是绿色食品标准体系的核心，它主要包括农药使用准则、肥料使用准则、兽药使用准则、饲料添加剂使用准则、食品添加剂使用准则、渔药使用准则等一些生产过程中涉及的其他准则，各项准则中主要对允许、限制和禁止使用的生产资料及其使用方法、使用剂量等作出了明确规定。

3. 绿色食品产品质量标准

绿色食品产品质量标准主要对原料、感官、理化以及微生物等指标作出规定，此类标准是衡量绿色食品最终产品质量的指标尺度。

4. 绿色食品包装、标签、贮运标准

绿色食品包装、标签、贮运标准主要对绿色食品的标志与标签要求和标识、包装、贮存与运输等作出规定。要求使用前应有良好的包装保护，且不应与有毒有害、易污染环境等物质一起运输，以确保包装材料或容器在使用前的运输、贮存等过程中不被污染。

三、绿色食品标志认证

（一）绿色食品标志注册范围

绿色食品核定使用商品分别为《商标注册用商品和服务国际分类》的第1、2、3、5、29、30、31、32、33类，共九大类以食品为主的商品。

①国家商标分类第1类主要商品为肥料。

②国家商标分类第2类主要商品为食品着色剂。

③国家商标分类第3类主要商品为香料。

④国家商标分类第5类主要商品为婴儿食品。

⑤国家商标分类第29类主要商品为肉、非活的家禽，野味、肉汁，非活水产品，罐头食品（软包装食品不包括在内，随原料制成品归类），腌渍、干制水果及制品，腌制、干制蔬菜，蛋品，乳及乳制品，食用油脂，色拉，食用果胶，加工过的坚果，菌类干制品，食物蛋白、豆腐制品、肠衣。

⑥国家商标分类第30类主要商品为咖啡、咖啡代用品，可可，茶、茶饮料，糖，糖果，南糖，蜂蜜，蜂王浆等营养食品，面包、糕点，方便食品，米，面粉（包括五谷杂粮），面条及米面制品，谷物膨化食品，豆粉，食用预制面筋，食用淀粉及其制品，食用冰，冰制品，食盐，酱油，醋，芥末，味精，沙司，酱等调味品，酵母，食用香精，香料。

⑦国家商标分类第31类主要商品为未加工的林业产品，未加工谷物及农产品（不包括蔬菜、种子），花卉，园艺产品，草木，活生物，未加工的水果及干果，新鲜蔬菜，种子，动物饲料，麦芽，动物栖息用品。

⑧国家商标分类第32类主要商品为啤酒、矿泉水和汽水以及其他不含酒精的饮料，水果

饮料及果汁，糖浆及其他饮料用的制剂。

⑨国家商标分类第33类主要商品为含酒精的饮料（啤酒除外）。

概括地说，可以申请使用绿色食品标志的一般是食品，如粮油、水产、果品、饮料、茶叶、畜禽蛋奶产品等。具体包括按国家商标类别划分的第5、29、30、31、32、33类中的大多数产品均可申请认证；以“食”或“健”字登记的新开发产品可以申请认证；经原卫生部公告既是药品也是食品的产品可以申请认证；暂不受理油炸方便面、叶菜类酱菜（盐渍品）、火腿肠及作用机理不甚清楚的产品（如减肥茶）的申请；绿色食品拒绝转基因技术，由转基因原料生产（饲养）加工的任何产品均不受理。另一类是生产资料，主要是指在生产绿色食品过程中的物质投入品，比如农药、肥料、兽药、水产养殖用药、食品添加剂等。

具备一定生产规模、生产设施条件及技术保证措施的食品生产企业和生产区域还可以申请绿色食品基地。

（二）绿色食品标志的认证

1. 申请

凡具有绿色食品生产条件的国内企业均可按以下程序申请绿色食品认证。境外企业另行规定。

申请人必须是企业法人、社会团体、民间组织，政府和行政机构等不可作为绿色食品的申请人。

同时，还要求申请人具备以下条件。

①能够独立承担民事责任；

②具有绿色食品生产的环境条件和生产技术；

③具有完善的质量管理和质量保证体系；

④具有与生产规模相适应的生产技术人员和质量控制人员；

⑤具有稳定的生产基地；

⑥申请前三年内无质量安全事故和不良诚信记录；

⑦认证申请需要提交的材料。

申请人应当向省级工作机构提出申请，并提交下列材料。

①标志使用申请书；

②产品生产技术规程和质量控制规范；

③预包装产品包装标签或其设计样张；

④中国绿色食品发展中心规定提交的其他证明材料。

2. 受理及文审

省级工作机构自收到申请之日起十个工作日内完成材料审查。符合要求的，予以受理；不符合要求的，不予受理，书面通知申请人并告知理由。

3. 现场检查

符合受理条件者，省级工作机构在产品及产品原料生产期内组织有资质的检查员完成现场检查。现场检查合格的，省级工作机构书面通知申请人；现场检查不合格的，省级工作机构应当退回申请并书面告知理由。

4. 检测机构抽检

现场检查合格者，由申请人委托符合相关检测机构对申请产品和相应的产地环境进行检测。检测机构接受申请人委托后，进行现场抽样，并自产品样品抽样之日起二十个工作日内、环境样品抽样之日起三十个工作日内完成检测工作，出具产品质量检验报告和产地环境监测报告，提交省级工作机构和申请人。

5. 认证审核

省级工作机构自收到产品检验报告和产地环境监测报告之日起二十个工作日内提出初审意见。初审合格的，将初审意见及相关材料报送中国绿色食品发展中心。初审不合格的，退回申请并书面告知理由。

6. 认证评审

中国绿色食品发展中心自收到省级工作机构报送的申请材料之日起三十个工作日内完成书面审查，并在二十个工作日内组织专家评审。必要时进行现场核查。

7. 颁证

中国绿色食品发展中心根据专家评审的意见，在五个工作日内作出是否颁证的决定。同意颁证的，与申请人签订绿色食品标志使用合同，颁发绿色食品标志使用证书（以下简称“证书”），并公告；不同意颁证的，书面通知申请人并告知理由。

绿色食品标志使用证书是申请人合法使用绿色食品标志的凭证，应当载明准许使用的产品名称、商标名称、获证单位及其信息编码、核准产量、产品编号、标志使用有效期、颁证机构等内容。

绿色食品标志使用证书有效期三年，分中文、英文版本，具有同等效力。

四、绿色食品标志及其管理

（一）绿色食品标志

绿色食品标志商标作为特定的产品质量证明商标，1996 年已由中国绿色食品发展中心在国家工商行政管理局注册，从而使绿色食品标志商标专用权受《商标法》保护，这样既有利于约束和规范企业的经济行为，又有利于保护广大消费者的利益。目前，绿色食品商标已在国家知识产权局商标局注册的有十种形式，如图 8-1 所示。

图 8-1　绿色食品标志

2019 年，绿色食品标志图形及绿色食品中、英文组合著作权于 4 月 17 日在国家版权局登记保护成功，有效期为 50 年。

（二）绿色食品标志的含义

绿色食品标志图形由三部分构成，上方的太阳、下方的叶片和中心的蓓蕾。标志图形为正圆形，意为保护、安全。整个图形描绘了一幅明媚阳光照耀下的和谐生机，告诉人们绿色食品是出自纯净、良好生态环境的安全、无污染食品，能给人们带来蓬勃的生命力。绿色食品标志还提醒人们要保护环境和防止污染，通过改善人与环境的关系，创造自然界新的和谐。

（三）绿色食品标志使用管理

绿色食品实施商标使用许可制度，使用有效期为三年。在有效使用期内，绿色食品管理机构每年对用标企业实施年检，组织绿色食品产品质量定点检测机构对产品质量进行抽检，并进行综合考核评定，合格者继续许可使用绿色食品标志，不合格者限期整改或取消绿色食品标志使用权。

（1）标志使用人在证书有效期内享有的权利

①在获证产品及其包装、标签、说明书上使用绿色食品标志；

②在获证产品的广告宣传、展览展销等市场营销活动中使用绿色食品标志；

③在农产品生产基地建设、农业标准化生产、产业化经营、农产品市场营销等方面优先享受相关扶持政策。

（2）标志使用人在证书有效期内应当履行的义务

①严格执行绿色食品标准，保持绿色食品产地环境和产品质量稳定可靠；

②遵守标志使用合同及相关规定，规范使用绿色食品标志；

③积极配合县级以上人民政府农业农村主管部门的监督检查及其所属绿色食品工作机构的跟踪检查。

（3）未经中国绿色食品发展中心许可，任何单位和个人不得使用绿色食品标志。禁止将绿色食品标志用于非许可产品及其经营性活动。

（4）在证书有效期内，标志使用人的单位名称、产品名称、产品商标等发生变化的，应当经省级工作机构审核后向中国绿色食品发展中心申请办理变更手续。

产地环境、生产技术等条件发生变化，导致产品不再符合绿色食品标准要求的，标志使用人应当立即停止标志使用，并通过省级工作机构向中国绿色食品发展中心报告。

（5）证书有效期满，需要继续使用绿色食品标志的，标志使用人应当在有效期满三个月前向省级工作机构书面提出续展申请。省级工作机构应当在四十个工作日内组织完成相关检查、检测及材料审核。初审合格的，由中国绿色食品发展中心在十个工作日内作出是否准予续展的决定。准予续展的，与标志使用人续签绿色食品标志使用合同，颁发新的绿色食品标志使用证书并公告；不予续展的，书面通知标志使用人并告知理由。

标志使用人逾期未提出续展申请，或者申请续展未获通过的，不得继续使用绿色食品标志。

第五节 有机食品认证与农产品地理标志产品认定管理

一、有机产品认证管理

为了维护消费者、生产者和销售者合法权益，进一步提高有机产品质量，加强有机产品认证管理，促进生态环境保护和可持续发展，2014 年 4 月 1 日，国家质检总局制定的《有机产品认证管理办法》正式实施，针对国内有机产品认证及获证有机产品生产、加工、进口和销售活动进行管理，并于 2022 年进行了修订。此后，为进一步完善有机产品认证制度，规范有机产品认证活动，促进有机产业发展，根据《有机产品认证管理办法》（2022 年修正版）和《有机产品认证实施规则》有关规定，按照有序推进并动态调整的原则，2022 年 12 月 29 日，认监委对 2019 年发布的《有机产品认证目录》进行了调整。

（一）有机产品概述

1. 有机产品、有机产品认证定义

有机产品，是指生产、加工和销售符合中国有机产品国家标准的供人类消费、动物食用的产品。

有机产品认证，是指认证机构依照《有机产品认证管理办法》的规定，按照有机产品认证规则，对相关产品的生产、加工和销售活动符合中国有机产品国家标准进行的合格评定活动。

2. 取得有机产品认证的优势

（1）企业用自然、生态平衡的方法从事有机农业生产和管理、保护环境，满足人们需求，实现可持续发展。

（2）顺应国际市场潮流，扩大有机农业生产及有机产品出口，提高产品市场竞争力。

（3）满足“绿色”“环保”的消费需求。

（4）保护生产者，特别是通过有机产品的增值来提高生产者收益，同时有机认证是消费者可以信赖的重要证明。

3. 有机食品认证范围

有机产品包括有机食品以及棉、麻、竹、服装、饲料、中药材等非食品。

有机食品认证范围涉及生产（植物类和食用菌类、畜禽类、水产类）和加工产品，主要包括谷物、蔬菜、水果、食用菌、坚果、豆类、香辛料作物、粮食加工品、肉及肉制品、食用油、油脂及其制品、调味品、乳制品、饮料、方便食品、饼干、罐头、速冻食品、薯类和膨化食品、糖果制品、茶叶及相关制品、酒类、蔬菜制品、水果制品、炒货食品及坚果制品、蛋制品、可可及焙烤咖啡产品、食糖、水产制品、淀粉及淀粉制品、糕点、豆制品、婴幼儿配方食品、特殊膳食食品、其他食品。

只有列入目录的产品才能够获得有机认证。

（二）有机食品认证程序

有机食品认证的一般程序包括生产者向认证机构提出申请和提交符合有机食品生产加工的

证明材料，认证机构对材料进行评审、现场检查后批准，有机食品认证的基本流程如图 8-2 所示。

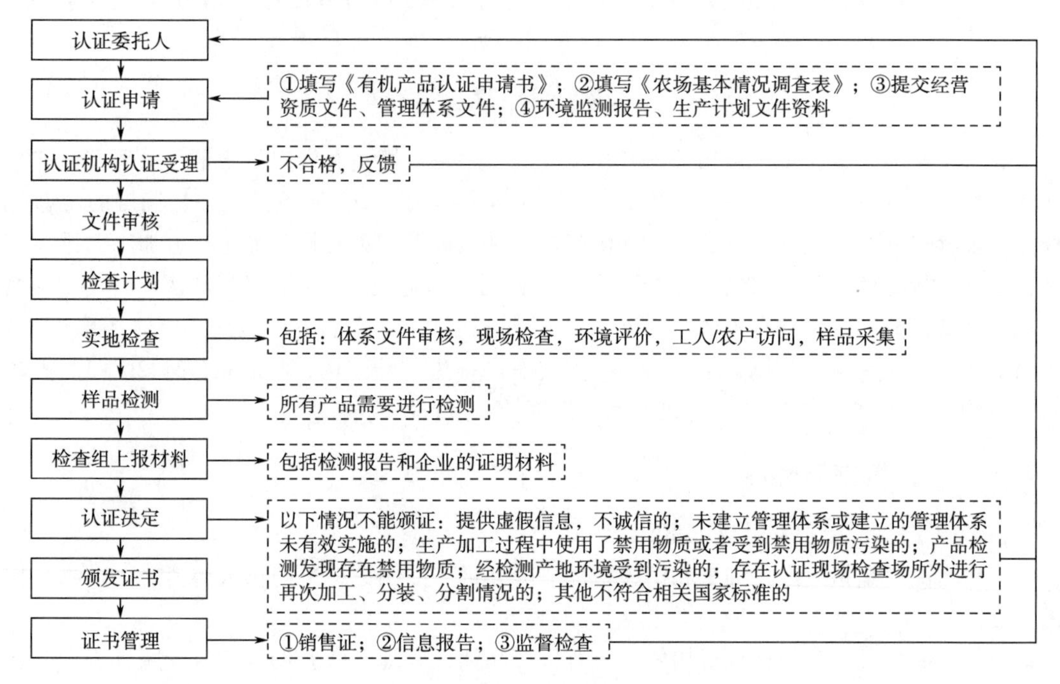

图 8-2 有机食品认证的基本流程

1. 有机认证的要求

（1）认证申请主体基本条件

①取得国家工商行政管理部门或有关机构注册登记的法人资格；

②已取得相关法规规定的行政许可（适用时）；

③生产加工的产品符合中华人民共和国相关法律、法规、安全卫生标准和有关规范的要求；

④建立和实施了文件化的有机产品管理体系，并有效运行 3 个月以上；

⑤申请认证的产品种类应在公布的《有机产品认证目录》内。

（2）生产要求　生产基地在近 3 年内未使用过农药、化肥等禁用物质；种子或种苗未经基因工程技术改造过；生产基地应建立长期土地培肥、植物保护、作物轮作和畜禽养殖计划；生产基地无水土流失、风蚀及其他环境问题；作物在收获、清洁、干燥、贮存和运输过程中应避免污染；在生产和流通过程中，必须有完善的质量控制和跟踪审查体系，并有完整的生产和销售记录档案。

（3）加工要求　原料来自获得有机认证的产品和野生（天然）产品；获得有机认证的原料在最终产品中所占的比例不少于 95%；只允许使用天然的调料、色素和香料等辅助原料和有机认证标准中允许使用的物质，不允许使用人工合成的添加剂；有机产品在生产、加工、贮存和运输的过程中应避免污染；加工和贸易全过程必须有完整的档案记录，包括相应的票据。

2. 认证委托人应提交的文件和资料

一般地，申请认证的产品不同，需要提供的材料也不同，但均需提供以下材料。

（1）委托人的合法经营资质文件复印件，如营业执照副本、组织机构代码证、土地使用权证明及合同等。

（2）认证委托人及有机产品生产、加工、经营的基本情况；认证委托人名称、地址、联系方式；当认证委托人不是产品的直接生产、加工者时，生产、加工者的名称、地址、联系方式；生产单元或加工场所概况；申请认证产品名称、品种及其生产规模，包括面积、产量、数量、加工量等；同一生产单元内非申请认证产品和非有机方式生产的产品的基本信息；过去三年间的生产历史，如植物生产的病虫草害防治、投入物使用及收获等农事活动描述；野生植物采集情况的描述；动物、水产养殖的饲养方法、疾病防治、投入物使用、动物运输和屠宰等情况的描述；申请和获得其他认证的情况。

（3）产地（基地）区域范围描述，包括地理位置、地块分布、缓冲带及产地周围临近地块的使用情况等；加工场所周边环境描述、厂区平面图、工艺流程图等。

（4）有机产品生产、加工规划，包括对生产、加工环境适宜性的评价，对生产方式、加工工艺和流程的说明及证明材料；农药、肥料、食品添加剂等投入物质的管理制度以及质量保证、标识与追溯体系建立、有机生产加工风险控制措施等。

（5）本年度有机产品生产、加工计划，上一年度销售量、销售额和主要销售市场等。

（6）承诺守法诚信，接受行政监管部门及认证机构监督和检查，保证提供材料真实、执行有机产品标准、技术规范的声明。

（7）有机生产、加工的管理体系文件。

（8）有机转换计划（适用时）。

（9）当认证委托人不是有机产品的直接生产、加工者时，认证委托人与有机产品生产、加工者签订的书面合同复印件。

（10）其他相关材料。

3. 认证受理

对符合要求的认证委托人，认证机构应根据有机产品认证依据、程序等要求，在 10 个工作日内对提交的申请文件和资料进行评审并保存评审记录，申请材料齐全、符合要求的，予以受理认证申请，认证中心向企业寄发《受理通知书》《有机食品认证检查合同》（简称《检查合同》）。并根据检查时间和认证收费管理细则，制订初步检查计划和估算认证费用。对于不予受理的，应当书面通知认证委托人，并说明理由，通知申请人当年不再受理其申请。申请人确认《受理通知书》后，与认证中心签订《检查合同》，申请人缴纳相关费用，以保证认证前期工作的正常开展。

4. 现场检查准备与实施

根据所申请产品的对应的认证范围，认证机构将委派具有相应资质和能力的检查员组成检查组。检查组取得申请人相关资料，依据《有机产品认证实施规则》的要求，对申请人的质量管理体系、生产过程控制体系、追踪体系以及产地、生产、加工、仓储、运输、贸易等进行实地检查评估。必要时，检查员需对土壤、产品抽样，由申请人将样品送指定的质检机构检测。每个检查组应至少有 1 名相应认证范围注册资质的专业检查员。

5. 编写检查报告

（1）检查员完成检查后，按认证中心要求编写检查报告。

（2）检查员在检查完成后两周内将检查报告送达认证中心。

6. 综合审查评估意见

（1）认证中心根据申请人提供的申请表、调查表等相关材料以及检查员的检查报告和样品检验报告等进行综合审查评估、编制颁证评估表。

（2）提出评估意见并报技术委员会审议。

7. 颁证决定

认证决定人员对申请人的基本情况调查表、检查员的检查报告和认证中心的评估意见等材料进行全面审查，做出同意颁证、有机转换颁证或拒绝颁证的决定。证书有效期为1年。

当申请项目（如养殖、渔业、加工等项目）较为复杂时，由技术委员会召开工作会议，对相应项目作出认证决定。

（1）同意颁证　申请内容完全符合有机食品标准，颁发有机食品证书。

（2）有条件颁证　申请内容基本符合有机食品标准，但某些方面尚需改进，在申请人书面承诺按要求进行改进以后，也可颁发有机食品证书。

（3）有机转换颁证　申请人的基地进入转换期1年以上，并继续实施有机转换计划，颁发有机转换基地证书。从有机转换基地收获的产品，按照有机方式加工，可作为有机转换产品，即“转换期有机食品”销售。

（4）拒绝颁证　申请内容达不到有机食品标准要求，技术委员会拒绝颁证，并说明理由。

（5）有机食品标志的使用根据证书和《有机食品标志使用管理规则》的要求，签订《有机食品标志使用许可合同》，并办理有机食品商标的使用手续。

（6）保持认证　有机食品认证证书有效期为1年，在新的年度里，认证机构会向获证企业发出《保持认证通知》。获证企业在收到《保持认证通知》后，应按照要求提交认证材料，与联系人沟通确定实地检查时间并及时缴纳相关费用。保持认证的文件审核、实地检查、综合评审颁证决定的程序同初次认证。

（三）有机食品标志及其使用

1. 有机食品标志

中国有机产品认证标志标有中文“中国有机产品”字样和英文“ORGANIC”字样。该标志（图8-3）主要由三部分组成，外围的圆形、中间的种子图形及其周围的环形线条。标志外围的圆形形似地球，象征和谐、安全，圆形中的“中国有机产品”字样为中英文结合方式，既表示中国有机产品与世界同行，也有利于国内外消费者识别。标志中间类似于种子的图形代表生命萌发之际的勃勃生机，象征了有机产品是从种子开始的全过程认证，同时昭示出有机产品就如同刚刚萌发的种子，正在中国大地上茁壮成长。种子图形周围圆润自如的线条象征环形道路，与种子图形合并构成汉字“中”，体现出有机产品植根中国，有机之路越走越宽广。同时，处于平面的环形又是英文字母“C”的变体，种子形状也是“O”的变形，意为“China Organic”。绿色代表环保、健康，表示有机产品给人类的生态环境带来完美与协调。橘红色代表盛开的生命力，表示有机产品对可持续发展的作用。

中绿华夏有机食品标志采用人手和叶片为创意元素，其一是一只手向上持着一片绿叶，寓意人类对自然和生命的渴望；其二是两只手一上一下在一起，将绿叶拟人化为自然的手，寓意人与自然需要和谐美好的生存关系，如图8-3所示。

图 8-3　有机产品及有机食品标志

2. 有机食品标志的使用

根据《有机产品认证管理办法》及 GB/T 19630—2019《有机产品　生产、加工、标识与管理体系要求》中“6　标识和销售”的有关规定，有机产品的标志应符合以下要求。

（1）有机产品应按照国家有关法律法规、标准的要求进行标识。

（2）中国有机产品认证标志仅应用于按照标准要求生产或加工并获得认证的有机产品的标识。

（3）有机配料含量等于或者高于 95%并获得有机产品认证的产品，方可在产品名称前标识“有机”，在产品或者包装上加施中国有机产品认证标志。不应误导消费者将常规产品和有机转换期内的产品作为有机产品。

（4）标识中的文字、图形或符号等应清晰、醒目。图形、符号应直观、规范。文字、图形、符号的颜色与背景色或底色应为对比色。

（5）标识为“有机”的产品应在获证产品或者产品的最小销售包装上加上中国有机产品认证标志及其有机码（每枚有机产品认证标志的唯一编号）、认证机构名称或者其标识。

（6）中国有机产品认证标志可以根据产品的特性，采取粘贴或印刷等方式直接加施在产品或产品的最小销售包装上。不直接零售的加工原料，可以不加施。

（7）印制的中国有机产品认证标志应当清楚、明显。

（8）印制在获证产品标签、说明书及广告宣传材料上的中国有机产品认证标志，可以按比例放大或者缩小，但不应变形、变色。

3. 有机码

2022 年 6 月 30 日认监委发布新版《有机产品认证证书编号规则》和《有机产品认证标志编码规则》（2024 年 1 月 1 日实施）的公告，自公告发布之日起至 2023 年 12 月 31 日期间为新版《有机产品认证标志编码规则》实施过渡期。过渡期内，认证机构库存的按照旧版有机产品认证标志编码规则生成的有机码，可在中国食品农产品认证信息系统备案。各有机产品认证机构应按照新版《有机产品认证标志编码规则》修订管理体系文件，并做好宣贯工作。

依据新版《有机产品认证标志编码规则》，为保证有机产品认证标志的基本防伪与追溯，防止假冒认证标志和获证产品的发生，各认证机构在向获证组织发放认证标志或允许获证组织在产品标签上印制认证标志时，应赋予每枚认证标志一个唯一的编码（有机码），其编码由认证机构代码、认证标志印制年份代码和认证标志发放随机码组成（图 8-4）。

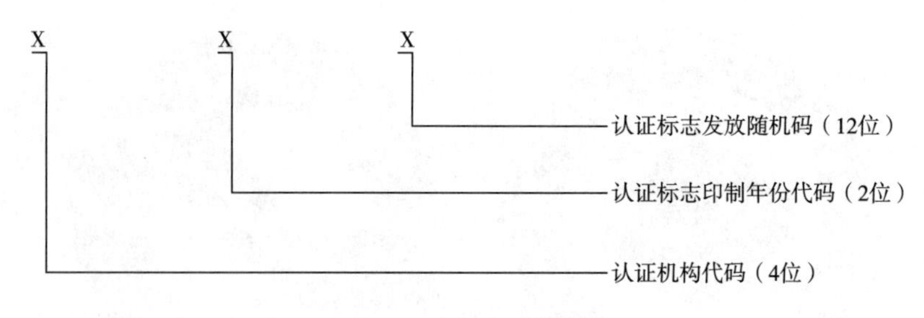

图 8-4 有机产品有机码

（1）认证机构代码（4 位） 认证机构代码共 4 位，由认证机构批准号中年份后的流水号按如下规则构成。

内资认证机构代码取认证机构批准号的 3 位或 4 位阿拉伯数字流水号，不足 4 位在前面加零补齐。例如，认证机构批准号为 CNCA-R-2002-001，认证机构代码为 0001，认证机构批准号为 CNCA-R-2022-1001，认证机构代码为 1001。

外资认证机构代码首位为数字 9，后三位取认证机构批准号的 2 位或 3 位阿拉伯数字流水号，不足 3 位在前面加零补齐。例如，认证机构批准号为 CNCA-RF-2002-07，认证机构代码为 9007。

有机产品认证体系等效性备忘录框架下的境外认证机构代码首位为数字 8，后面 3 位取认监委确定的流水号，不足 3 位在前面加零补齐。

（2）认证标志印制年份代码（2 位） 采用年份的最后 2 位数字，如 2022 年为 22。

（3）认证标志发放随机码（12 位） 该代码是认证机构发放认证标志数量的 12 位阿拉伯数字随机号码。数字产生的随机规则由各认证机构自行制定。

（4）有机码二维码 认证机构应优先选择使用二维码查询，生成与有机码一一对应的二维码，向社会公众提供更加便捷的有机码查询方式。

①二维码生成规则：认证机构可以通过软件程序或工具批量制作有机码二维码。由“认监委指定查询网址+有机码”生成唯一的有机码二维码。

②二维码尺寸规格：根据获证产品或获证产品最小销售包装的尺寸、印刷技术，确定二维码的印刷尺寸，宜不小于 7mm×7mm，其分辨率宜不小于 300PX×300PX。

③二维码查询：社会公众使用认监委官方的有机码查询微信小程序扫描二维码，经过系统安全验证，系统自动展示符合查询条件的有机码及认证证书信息。

二、农产品地理标志产品认定管理

发展地理标志农产品是顺应农业供给侧结构性改革和居民消费结构升级的需要，也是提升农产品价值、实现农业高质量发展的关键举措。

近年来，我国地理标志农产品发展迅速，地理标志数量快速增加，已经成为促进乡村产业振兴的重要途径之一。为规范农产品地理标志的使用，保证地理标志农产品的品质和特色，提升农产品市场竞争力，2007 年 12 月 25 日农业部令第 11 号《农产品地理标志管理办法》公布，2019 年 4 月 25 日农业农村部令 2019 年第 2 号对其进行了部分修订，明确了农产品地理标志的登记、标志使用和监督管理。2019 年起，农业农村部会同财政部等有关部门启动实施地理标志农产品保护工程。截至 2022 年 11 月，我国农产品地理标志数量为 3510 个，其中保护工程支持634个地理标志农产品发展。

近年来，各地政府部门对农产品地理标志发展的重视程度和积极性日趋提升，纷纷将农产品地理标志作为发展现代农业、打造区域经济、创建特色品牌的抓手，在规划计划、补贴奖励、宣传推广、品牌打造等方面积极推动。截至2022年底，我国累计批准保护地理标志产品2495个，地理标志专用标志使用市场主体超2万家，地理标志产品年直接产值超7000亿元。

《农产品地理标志管理办法》

（一）农产品地理标志产品概述

1. 农产品地理标志的概念

农产品是指来源于农业的初级产品，即在农业活动中获得的植物、动物、微生物及其产品。

地理标志是指标示某商品来源于某地区，该商品的特定质量、信誉或者其他特征主要由该地区的自然因素或者人文因素所决定的标志。《民法典》将地理标志规定为知识产权的客体之一。

地理标志产品，是指产自特定地域，所具有的质量、声誉或其他特性本质上取决于该产地的自然因素和人文因素，经审核批准以地理名称进行命名的产品。

农产品地理标志，是指标示农产品来源于特定地域，产品品质和相关特征主要取决于自然生态环境和历史人文因素，并以地域名称冠名的特有农产品标志。

地理标志保护产品，一是来自本地区的种植、养殖产品；二是原材料来自本地区，并在本地区按照特定工艺生产和加工的产品。

这就说明，地理标志产品必须具有独特性，在产品产地采用特定工艺生产加工，原材料全部来自产品产地，当地自然环境和当地生产该产品所采用的特定工艺中的人文因素，决定了该产品的特殊品质、特色质量和声誉。

“地名+产品”是地理标志最常见的构成方式。“白蕉海鲈”“斗门荔枝”“新会陈皮”“英德红茶”“化橘红”等，这些都是提起某个地区时最先联想到的特色食品，也是典型的地理标志名称。

2. 地理标志对区域经济发展的意义

（1）有助于实现农业产业化　地理标志作为区域品牌，本身具有很强的组织功能，可以将分散的农户聚集起来，按照统一的标准生产、加工，并采取统一的标识进行包装、销售。从而实现生产经营的产业化和规模化。另外，地理标志还可以让区域内的单个农户无需自创品牌而分享品牌利益，提高产品的附加值，从而实现区域内优质产品的规模化生产。

（2）有助于解决“三农”问题　地理标志是与“三农”联系最密切的知识产权，地理标志产品能够给农民增加经济收入，地理标志产业的发展能提供大量的就业岗位，使农民更愿意留在本土工作，这也是解决农村问题的途径之一。同时，由于大量的农村青壮年劳动力留在农村，就近就业，使得目前一些农村面临的社会问题迎刃而解，如留守儿童、空巢老人等问题。

（3）有助于提高国际竞争力　从世界范围来看，地理标志产品具有独特和稳定的质量，同时受到地理环境因素的制约，其数量稀少，吸引着消费者愿意出高价购买。对于发展中国家来说，地理标志更是发展本国优势产业，在国际贸易中实现本国经济效益最大化的有力措施。我国地大物博，物产丰富，地理标志产品众多，可以选择一批地理标志产品，通过国际贸易和文化交流等方式，提高在国际市场的品牌影响力和市场竞争力。

（4）有助于保障生产者利益　产品一旦获得了地理标志保护，一般都会给产品带来大幅度的增值。由于地理标志产品具有高附加值，是生产者在激烈的国内外市场竞争中获胜的法宝，从而鼓励生产者通过向高品质产品市场技术投资或者通过销售来增加其产品的价值。

（5）有助于增强消费者购买欲望　地理标志能给予消费者明确的产品原产地信息，帮助消费者做出选择。地理标志可以为消费者的购买节约大量的信息搜寻成本。由于地理标志产品在生产过程中都有严格的质量技术要求，有的甚至是高于国家标准的技术要求。这就意味着地理标志产品可以向消费者提供更可靠的食品安全保障。同时，地理标志还向消费者传递高品质、好信誉的产品信息。对消费者而言，地理标志就是其购买的产品信誉良好、品质独特的保证。

3. 地理标志产品的发展与规范

2018 年机构改革前，我国对地理标志的保护分别由国家工商总局商标局、国家质检总局、农业部三个部门进行注册、认证和登记认定，对应的地理标志保护模式分别为地理标志商标（GI）、地理标志保护产品（PGI）、农产品地理标志（AGI）。2018 年机构改革以后，重新组建的国家知识产权局负责地理标志商标、地理标志保护产品的授权和保护。

同一地理标志获得不同部门注册或登记必然造成权利的冲突，消费者也无法辨别何为“正品”。以“阳澄湖大闸蟹”为例，“吴县市湘城阳澄湖水产养殖总厂”1997 年获准注册“阳澄湖”注册商标。2005 年 5 月原国家质量监督检验检疫总局授予苏州市阳澄湖大闸蟹行业协会“阳澄湖大闸蟹”原产地域产品保护证书，2007 年昆山巴城镇阳澄湖蟹业协会获准注册“巴城阳澄湖大闸蟹”集体商标，2017 年 10 月苏州市阳澄湖大闸蟹行业协会又申请了集体商标。2020 年 4 月，该协会又就“阳澄湖大闸蟹”另行申请并获得农业农村部颁发的农产品地理标志。一个“阳澄湖大闸蟹”，就有如此多种地理标志，且由不同组织持有，很大程度上会造成市场的混乱，消费者极有可能无法识别何为“正宗”的“阳澄湖大闸蟹”。

2022 年 11 月，农业农村部发布公告，正式废止《农产品地理标志登记程序》，这意味着农业农村部不再对农产品地理标志进行认定。目前我国对地理标志的保护体系为以国家市场监管总局为主导的两种：以《商标法》为主要依据的“集体商标”和“证明商标”注册保护体系和以《地理标志产品保护规定》为主要依据的“地理标志保护产品”登记保护体系。

农业农村部宣布停止农产品地理标志登记全部工作的同时，明确“正配合国家知识产权局构建地理标志统一认定制度”。也就是说，农产品地理标志认证终止了，接盘的是统一的地理标志认证制度，管理机构是国家知识产权局。

从目前的情况看，地理标志认证依据的依然是 2005 年出台的《地理标志产品保护规定》，只不过现在的执行机构是国家知识产权局。而农产品地理标志认证依据的是《农产品地理标志管理办法》，由原农业部发布。虽然现在农产品地标认证已终止，但是尚未发布法令终止这部法规，在法律上农产品地标认证还是合法有效的。

2021 年，为响应党的二十大报告提出的加快建设质量强国、加强知识产权法治保障等要求，中共中央、国务院印发《知识产权强国建设纲要（2021—2035 年）》，明确提出探索制定地理标志专门法律法规，健全专门保护与商标保护相互协调的统一地理标志保护制度。

2021 年 12 月，国家知识产权局印发《地理标志保护和运用“十四五”规划》，这是首个地理标志五年规划。《规划》明确了“十四五”时期地理标志保护和运用工作的指导思想、发展目标、主要任务和保障措施，对未来五年的地理标志保护和运用工作进行了全面部署。

2022 年，国家知识产权局加大立法框架等核心问题研究力度，梳理世界主要国家和地区地理标志管理和保护情况，研究地理标志的法律保护、管理、运用促进和公共服务等方面具体制度及措施，为最终形成地理标志统一立法提供支撑。目前，已形成地理标志专门保护和商标保护的协调模式可选方案，并开展利弊分析。

中国的地理标志发展相对较晚，但这也表示市场仍有较大发展空间。地理标志是一笔宝贵财富，在品牌强农战略下，无论如何进行认定，我国对地理标志的保护制度必将日趋完善，坚持走品牌化发展路线将更大程度上释放地理标志经济、社会和生态价值。

（二）地理标志保护产品及其标志

目前国家知识产权局对以下产品允许申请批准为地理标志保护产品。

（1）在特定地域种植、养殖的产品，决定该产品特殊品质、特色和声誉的主要是当地的自然因素。

（2）在产品产地采用特定工艺生产加工，原材料全部来自产品产地，当地的自然环境和生产该产品所采用的特定工艺中的人文因素决定了该产品的特殊品质、特色质量和声誉。

（3）在产品产地采用特定工艺生产加工，原材料部分来自其他地区，该产品产地的自然环境和生产该产品所采用的特定工艺中的人文因素决定了该产品的特殊品质、特色质量和声誉。

暂有的地理标志抛开职责部门及配套法律、办法，从消费者的角度来看，主要是两类：一红一绿，红色标由国家知识产权局认证，绿色标由农业农村部认证（图 8-5）。

地理标志专用标志（新版）　　农产品地理标志公共标识

图 8-5　地理标志保护产品的标志和标识

（三）地理标志的申请

1. 申请人

地理标志产品保护申请，由当地县级以上人民政府（含县级，以下同）指定的地理标志产品保护申请机构或人民政府认定的协会和企业（以下简称申请人）提出，由申请人负责准备有关的申请资料。申请人为当地县级以上人民政府的，可成立地理标志产品保护领导小组，负责地理标志保护相关工作。

2. 申请资料

（1）《地理标志产品保护申请书》。

（2）当地县级以上人民政府关于成立申报机构或指定协会、企业作为申请人的文件。

（3）当地县级以上人民政府关于划定申报产品保护地域范围的公函（保护范围一般具体到乡镇一级；水产品养殖范围一般以自然水域界定）。

（4）所申报产品现行有效的专用标准或管理规范。

（5）证明产品特性的材料　包括以下内容。

①能够说明产品名称、产地范围及地理特征的；

②能够说明产品的历史渊源、知名度和产品生产、销售情况的；

③能够说明产品的理化、感官指标等质量特色及其与产地自然因素和人文因素之间关联性的；

④规定产品生产技术的，包括生产所用原材料、生产工艺、流程、安全卫生要求、主要质量特性、加工设备技术要求等；

⑤其他证明资料，如地方志、获奖证明、检测报告等。

3. 申报流程

地理标志保护产品的申报流程如图 8-6 所示。

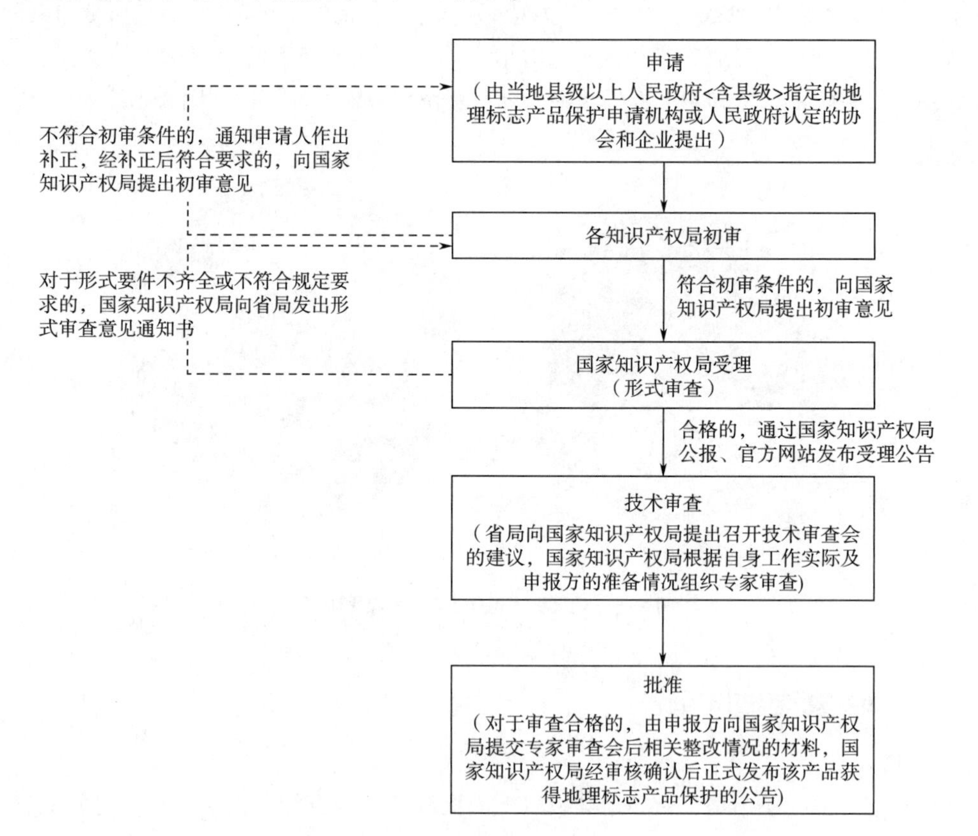

图 8-6　地理标志保护产品的申报流程

4. 网上系统

地理标志产品保护申请须同时在国家知识产权局地理标志产品保护申请电子受理平台中填报，路径为“国家知识产权局官网首页—政务服务—地理标志”。申请人可点击网页中“地理标志产品保护申请电子受理平台”按钮进入系统。

思考题

1. 简述食品生产许可的基本原则和申办程序。
2. 简述食品经营许可和备案的基本原则和申办程序。
3. 何谓绿色食品、有机食品？它们对生态文明建设有何作用？
4. 绿色食品标准体系主要包括哪些内容？简述绿色食品标志认证的申报程序。
5. 简述有机食品认证的申报程序。
6. 我国组织开展地理标志，对于助力乡村振兴有何意义？

第九章

09

食品合规管理

学习目的与要求

1. 了解食品合规管理的相关概念；
2. 掌握食品合规管理体系的建设与运行；
3. 能够对食品合规管理风险进行识别和管控；
4. 理解食品合规管理应用的现状和发展趋势。

第一节　食品合规管理简介

合规生产经营是食品企业的基本要求。食品合规管理的内容包括资质合规、过程合规和产品合规等方面。通过建立和实施食品合规管理体系，并通过内审、管理评审、合规演练等方式对食品合规管理体系进行验证，确保食品合规管理体系的有效运行，能够为食品企业的生产经营提供有力保障。因此，食品合规管理人才培养、食品合规管理体系建设与应用在我国将有广泛的发展前景。

合规是任何组织生存和发展的基础。当前，国际社会和世界各国政府都致力于建立公平透明的社会秩序的同时，我国也不断推进法治社会的建设。食品生产经营企业作为我国重要的市场参与组织，也越来越关注国家的监管要求，关注如何规避合规风险，实现生产经营活动的合规。

一、合规与合规管理

1. 合规

依据 GB/T 35770—2022《合规管理体系　要求及使用指南》，合规是指组织履行其全部的合规义务，而组织的合规义务来自其合规要求和合规承诺。合规要求是指组织有义务遵守的要求，合规要求是明示的、通常隐含的或有义务履行的需求或者期望。合规承诺则是指组织选择遵守的要求。就食品企业合规而言，组织即食品生产经营企业，合规要求主要来源于立法机构及食品安全监管部门制定发布的法律、法规以及食品安全标准等强制性规定，包括食品企业资质合规要求、过程合规要求和产品合规要求；合规承诺则是指食品企业通过选择执行要求更高的推荐性标准或企业标准、团体标准以及食品标签标示、广告宣传对其产品品质及安全做出的承诺。

合规的基本要求就是符合并履行法律法规、规章及准则等所有要求和义务。

2. 合规管理

虽然 GB/T 35770—2022《合规管理体系　要求及使用指南》并没有给出合规管理的定义，可以通过“合规”和“管理”的定义，将“合规管理”理解为指挥和控制组织履行合规义务的协调活动。即以实现合规为目的，以企业和员工的生产经营行为为对象，开展包括制度制定、风险监测、风险识别、风险应对、合规审查、合规培训、持续改进等有组织、有计划的协调活动。合规管理的目的就是通过管理确保企业履行所有的合规义务。

3. 合规与合规管理的起源和发展

合规管理的概念起源于金融行业。21 世纪初，经济利益驱动的造假和欺诈案件不断发生，导致社会对企业的诚信产生了质疑，促使各国政府加强对于企业的监督管理，促使全球企业不断提高合规意识，逐渐关注合规管理。自此，合规管理作为一种系统化的管理模式，在企业内部落地并进入公众的视野。

2006 年，中国银行业监督管理委员会出台了《商业银行合规风险管理指引》，引入合规管理的概念，推动金融领域率先建立合规管理体系，并要求商业银行建立合规绩效考核制度、合规问责制度和诚信举报制度三项基本制度。2007 年，原中国保险监督管理委员会也发布了《保险公司合规管理指引》，将合规管理体系引入保险业，这两个指引的出台标志着合规管理体系从金融、保险行业开始正式落地国内。

2014 年，ISO 通过不懈努力，颁布了 ISO 19600《合规管理体系　指南》标准，为 ISO 众多的管理体系家族标准增加了“合规管理体系”，也为全球企业的合规管理体系建设指明了方向。由此，国际社会越来越重视合规管理，一些国家逐步建立起严格的合规管理制度，从立法、执法层面引导和督促企业主动实施合规管理。国际组织及国际间的合作也在合规管理方面逐步达成了共识。

2017 年，国家质量监督检验检疫总局和国家标准化管理委员会联合发布了推荐性国家标准 GB/T 35770—2022《合规管理体系　要求及使用指南》。该标准等同采用 ISO 19600《合规管理体系　指南》。该标准的发布与实施，将金融、保险业的合规管理扩展到全行业，正式开启了我国全行业合规管理体系建设的新时代，在程序、流程及认证认可方面系统地指导着我国企业合规管理体系的建设与实施。

2018 年，国务院国有资产监督管理委员会发布《中央企业合规管理指引（试行）》，推动央企全面加强合规管理，提升依法合规经营管理水平，着力保障央企的持续健康发展。为我国各类企业的合规管理与发展树立榜样。

2021 年，ISO 组织发布了 ISO 37301：2021《合规管理体系　要求及使用指南》标准，为企业的合规管理体系建设提供了系统方法，进一步规范了企业合规管理体系建设与实施的基本要求，并通过该通用合规管理规则，在合作的相关方之间传递诚实与信任，加深了企业与企业、企业与政府以及国际贸易的交流与沟通合作。企业的合规管理为其持续发展奠定强大的合规基础。

二、食品合规与食品合规管理

1. 食品与食用农产品

依据《食品安全法》，食品是指各种供人食用或者饮用的成品和原料以及按照传统既是食品又是中药材的物品，但是不包括以治疗为目的的物品。食品是各类食物的总称，包括可食用的初级农产品、加工食品、食药物质，但不包括药品。食品分布于农田到餐桌的各个环节，其来源包括各种动物、植物、微生物，以及动植物和微生物的加工品。

食品包括食用农产品，食用农产品是指在传统的种植、养殖、采摘、捕捞等农业活动，以及设施农业、生物工程等现代农业活动中获得的供人食用的植物、动物、微生物及其产品，包括在农业活动中直接获得的，以及经过分拣、去皮、剥壳、干燥、粉碎、清洗、切割、冷冻、打蜡、分级、包装等加工，但未改变其基本自然性状和化学性质的产品。

2. 食品安全

食品的基本用途是供人食用或饮用，但前提是要确保食品安全，确保食用人群的身体健康和必要的营养。《食品安全法》中明确了“食品安全”的定义，是指食品无毒、无害，符合应当有的营养要求，对人体健康不造成任何急性、亚急性或者慢性危害。

无毒、无害，通常是指食品不得对人产生有毒有害的作用，无毒、无害并不是一定不含有那些有毒有害的物质，而是强调食品不得产生毒害作用。有的物质，虽然其本身具有一定毒性，也会因为某些原因存在于食品中，但是其残留的含量很低，人们通过正常饮食摄入的量不会影响人体健康，我国相关食品安全国家标准和法规公告中规定了这部分物质的最大残留限量或允许使用量，在一定的限量范围内允许其存在于某些特定的食品中。例如，在作物栽培和种植中使用的农药、在动物饲养过程中使用的兽药、由于环境因素而无法避免引入食品中的污染物等。正如食品行业常说的，离开剂量谈毒性并没有意义。

符合应当有的营养要求是指食品具有一定的营养成分，能够满足人们对能量和营养成分的摄入要求。目前，我国对于乳制品、婴幼儿配方食品、婴幼儿辅助食品、特殊医学用途配方食品等均规定了相应的营养成分含量要求，包括蛋白质、脂肪、碳水化合物以及维生素、矿物质等营养素的含量要求。

关于急性、亚急性或者慢性危害，虽然还没有权威的概念，但是，可以参考 GB 15193.3—2014《食品安全国家标准　急性经口毒性试验》对于急性经口毒性的定义“急性经口毒性是指一次或在 24 小时内多次经口给予实验动物受试物后，动物在短期内出现的毒性效应”。同时对于食品安全的毒理学评价，除了急性经口毒性，还包括遗传毒性、28d 和 90d 经口毒性、生殖发育毒性、致癌性等亚急性和慢性危害方面的评价。

3. 食品合规

食品合规是食品安全的重要方面，国家通过制定一系列的食品法律法规和食品安全标准，来保障食品的安全，只有充分地履行食品安全相关的合规义务，才能有效地保障食品安全。参考 Q/FMT 0002S—2021《食品合规管理体系　要求及实施指南》标准，食品合规是指食品生产经营企业的生产经营行为及结果需要满足食品相关法律法规、规章、标准、行业准则和企业章程、规章制度以及国际条约、规则等规定的全部要求和承诺。基本含义等同于 GB/T 35770—2022《合规管理体系　要求及使用指南》对于合规的定义。食品合规需要具备三个要素，即：合规主体——食品生产经营企业；合规义务——各类规定的全部要求；合规承诺——食品生产经营企业对其产品和服务的质量安全方面的承诺。

依据食品行业的特点，食品合规涵盖食品生产经营的全部过程和结果，通常包括资质合规、生产经营过程合规和产品合规。各个方面的合规义务和合规管理的具体内容将在后续章节中介绍。

4. 食品合规管理

参考 Q/FMT 0002S—2021《食品合规管理体系 要求及实施指南》标准，食品合规管理是指为了实现食品合规的目的，以企业和员工的生产经营行为为对象，开展包括制度制定、风险监测、风险识别、风险应对、合规审查、合规培训、持续改进等有组织、有计划的协调活动。

食品合规管理的目的是确保食品合规，预防和控制食品合规风险。与其他的管理体系相类似，食品合规管理不是一成不变的，而是一个策划、实施、检查和改进的循环过程。食品合规管理的对象涉及企业的人员、设施设备、所有原辅材料、相关产品及成品、半成品、制度文件及工艺记录、内外部环境及监视与测量等食品生产经营的方方面面。

食品生产经营企业为了达到食品合规管理目标，行之有效的办法是建立和实施食品合规管理体系。

三、食品合规管理体系的基础知识

食品合规管理体系的基础知识主要包含术语定义、体系适用范围、体系建立原则、体系内容及框架、体系核心内容。

（一）相关术语和定义

食品合规义务是指食品相关法律法规、规章、标准、行业准则和企业章程、制度以及国际条约、规则等规定的全部要求和承诺的集合。食品合规义务主要来源是法律法规、部门规章、相关标准、行业规范、企业规章制度等明确要求企业履行的义务，也包括企业对社会、对消费者承诺应该履行的义务。履行食品合规义务属于食品生产经营企业应尽的责任，不受企业是否获利等因素影响，是食品生产经营企业一切活动的根本。不履行合规义务，就会产生一定的合规风险。

食品合规风险主要是指因食品生产经营企业未能遵守食品合规义务，可能遭受法律制裁、监管处罚、经济损失和声誉危机等风险。尤其是一些涉及食品安全性的合规风险，可能会造成严重的食品安全事件及负面影响，严重时危及企业生存，甚至给社会发展造成严重的影响。

食品合规管理体系需要通过落实控制合规风险产生的原因、控制要点及参数、监控人员、监控频率、监视测量及记录等手段，实施预防式的控制，防止不合规的发生。食品合规管理体系需要针对可能发生的不合规制定相应的纠偏措施，落实具体的纠偏控制方法和手段，以应对可能发生的不合规，杜绝危害结果的产生或降低危害的影响。

不合规一般是指不履行某项或多项合规义务，也包括履行相应的义务所经历的过程或结果不符合要求。不合规可以是不合格的结果，也可以是违规的过程、动作或行为。不合规有别于不合格。

纠偏措施是指为了消除或阻止不合格和不合规，并能有效防控其再次发生所采取的措施。不仅可以及时纠偏已发生的不合格和不合规，而且通过相应措施的学习与掌握，能更好地预防不合格和不合规的再次发生。纠偏措施也是一种预防控制手段。

预防措施通常也称为预防控制措施，是指为了消除或阻止潜在的或可能发生不合格和不合规的原因所采取的措施。预防措施通常是对一些可能产生不合格和不合规的原因进行相应的分析与评估，并制定相应的措施，防止不合格和不合规原因产生的方法和手段。控制风险或危害的产生因素，预防不合格和不合规的发生，防患于未然。企业通常通过制定操作手册、卫生规范、工艺流程及参数等制度明确相应的操作参数、要点、方法及步骤等，必要时配合一些监视测量及记录，防止某些原因造成不合格和不合规的行为或结果。

（二）体系适用范围

1. 食品生产企业

食品生产企业包括所有纳入生产许可范围的32个大类的食品生产企业；也包括未实施生产许可管理但是却实施了相应的生产管理的畜禽屠宰分割企业和水产品分割冷冻加工企业等。

2. 食品经营企业

食品经营企业包括所有实施食品生产经营许可的食品经营企业。

3. 餐饮企业

餐饮企业包括所有实施食品生产经营许可的餐饮服务企业。

（三）体系建立的原则

1. 诚信原则

诚信是食品合规管理体系的基本原则，任何人员不应进行任何形式的虚假、隐瞒或恶性的非诚信行为。

2. 独立性原则

所有人员都有独立汇报和举报食品合规管理隐患的权力。

3. 全员参与原则

食品合规，是企业全体人员共同的义务，所以必须全员参与。

4. 完整性原则

食品合规管理体系是个持续改进、不断完善的动态闭环系统，是一系列活动的有机组合，是一套系统化的管理体系，是个PDCA（计划、执行、检查、改进）循环。

5. 透明化原则

所有的合规义务、责任及合规管理工作应是透明的，任何人在食品合规管理工作中都不应有任何徇私舞弊，应履行各自的食品合规责任和义务。

6. 持续改进原则

合规管理工作是持续的，不管是法规的要求，还是企业自身的要求都是越来越高的，只有通过不断的、反复的自查，管理评审，外审，改进，才能满足内外不断变化的环境。

（四）体系内容及框架

1. 体系的主要内容

Q/FMT 0002S—2021《食品合规管理体系　要求及实施指南》共13个章节，明确了食品生产经营企业食品合规管理体系建设的总要求、组织框架、食品合规管理内容、支持、管理制度、食品合规管理内容的监视、测量、分析和评价、食品合规内部审核、管理评审、食品合规演练和改进。

第5章建立合规团队并明确职责和权限是食品合规管理体系的保障。需要选择合适的人员，组建好团队，明确相关职责权限。

第 6 章食品合规管理内容是食品合规管理体系的核心内容，明确阐明使用风险矩阵的模式，对风险进行识别，进一步分析与评价，制定控制措施。

第 8 章建立和完善食品合规管理制度，给予企业文件性的指导。

第 12 章食品合规演练，目的是确认和验证合规管理体系实施的效果，以期对人员的能力及流程规定的有效性进行验证，是个核检的过程。

食品合规管理体系审核表可以作为食品生产经营企业自查、内审、演练及外部审核的依据。

2. 体系的框架

对体系框架结构的理解可以借鉴 PDCA 结构模型。

食品合规管理体系通过对法律法规、标准、企业承诺的输入，经过 PDCA 大循环，输出就是企业资质、过程、成品包括服务的合规以及食品合规管理体系的预期结果。

（1）计划（P） 第 4 章食品合规管理体系。主要包括策划、培训并宣传食品合规方针目标及合规文化；策划食品合规管理体系的内容；以及食品合规风险的控制措施与改进的策划。

（2）执行（D） 第 6 章食品合规管理内容、第 7 章支持、第 8 章建立和完善食品合规管理制度。主要包括建立和完善食品合规管理制度并运行，如合规绩效考核制度、合规风险或隐患举报和汇报制度、合规案件调查制度、合规管理问责制度、食品合规报告制度；以及食品合规管理体系核心内容，食品合规义务的识别、合规风险分析与评价和合规风险控制点的控制措施部分。

（3）检验（C） 第 9 章监视、测量、分析和评价，第 10 章食品合规内审，第 11 章管理评审，第 12 章食品合规演练。通过这几个章节内容核检体系运行的适用性、充分性和有效性。

（4）改进（A） 第 13 章改进，包含了对不符合项的分析、评价以及纠正措施等。其中第 5 章组织框架，角色、职责和权限作为食品合规管理体系的保障贯穿于 PDCA 的全过程。

通过 PDCA 模型，食品生产经营企业可以更系统地进行食品合规管理，并持续改进，实现合规管理的螺旋上升，达到企业的整体持续合规。

四、食品合规管理的现状和趋势

1. 食品合规管理的现状

2020 年以前，我国食品行业并没有明确提出“合规管理”的概念，食品行业的关注焦点主要集中在“食品安全”的结果。的确，食品安全是食品行业的生命线，过去我国对于食品安全的监管主要靠出厂检验来实施。“三聚氰胺事件”让人们意识到，单纯的产品检验并不能发现和避免所有的食品安全风险，相反的，食品原料、生产过程乃至更上游的种养殖业和更下游的物流运输行业都有可能影响食品的安全。并且，随着行业的发展，越来越多的监管人员、企业技术人员、研究人员等食品从业人员都意识到“安全的食品是生产出来的，不是检验出来的”。随着行业对食品源头和过程控制的重视，食品合规管理的理念在一些企业开始逐步出现。修订后的《食品安全法》明确我国食品安全工作实行预防为主、风险管控、全程控制、社会共治，建立科学、严格的监督管理制度。自此，我国食品行业步入“合规管理”的新阶段。

目前，我国食品企业规模差别较大，管理水平参差不齐。一般来讲，越是大规模的企业越是重视合规管理，越是能够有计划、有目的地开展合规管理工作。对于这些企业而言，虽然建设并实施食品合规管理体系的并不多，但是却能在一些项目过程中开展一系列合规管理工作。在部门和人员方面，一些企业成立了法规部或者合规部，组建专门的法规或者合规管理团队。在合规义务识别方面，企业全面收集和梳理其应该遵守的标准法规要求，按照品类、部门、人员、环节各个维度建立了合规义务手册。在合规风险识别方面，有的企业有专门人员或委托第三方机构定期收集与本企业相关的食品安全信息和大数据，进行风险识别评估。在风险防控方面，有的企业建立了食品合规风险防控系统，制定并实施了风险预防控制措施。

2. 食品合规管理的发展趋势

2020 年 12 月，食品合规管理 1+X 职业技能等级评价，获得了国家教育部的批准，并通过《关于受权发布参与 1+X 证书制度试点的第四批职业教育培训评价组织及职业技能等级证书名单的通知》予以发布。2021 年 7 月，Q/FMT 0002S—2021《食品合规管理体系　要求及实施指南》企业标准发布，为广大食品企业食品合规管理体系的建设提供了技术支持。同年，食品合规管理体系认证在国家认证认可监督管理委员会完成备案工作，企业开始提供认证审核服务。伴随着食品合规管理体系的提出和发展，未来我国食品合规管理将呈现以下三方面的趋势。

一是人员职业化。由于食品合规管理职业技能培训和等级评价能够使学员全面系统地掌握食品合规管理的知识和技能，获得食品合规管理职业技能等级证书，这部分人员将成为食品企业从事食品合规管理工作的重要力量。

二是团队专业化。食品企业将建立专门的合规管理团队，由专业合规技术人员从事包括食品合规义务识别、食品合规风险分析与评价、预防控制、食品合规问题处理和应对等工作，为食品合规管理体系的建设和实施奠定了专业化基础。

三是合规全员化。随着合规管理体系的建立和实施，食品企业的全体员工都将具有合规管理的基础知识和基本技能，将合规意识灌输到每个岗位、每个环节的工作中去，实现合规全员化。

第二节　食品合规管理体系的建立与运行

食品合规管理体系是为保证食品企业食品合规，在对其合规义务进行识别、分析和评价的基础之上，建立包括组织架构、职责、策划、运行、规则、目标等相互关联或相互作用的完整要素。对于食品企业而言，在明确体系目标和框架、明确职能部门分工的基础上，遵循诚信、独立、全面的原则，整合其内外部资源，建立和实施食品合规管理体系，对实现有效的合规管理具有重要意义。

食品合规管理体系建设包括食品合规理念的全员宣贯，食品合规文化、方针、目标、组织框架等策划，管理文件及制度建立等管理流程；结合食品行业法律法规、标准等要求，进行食品合规义务识别的过程；结合合规风险的严重程度和发生风险的可能性，对合规义务进行合规风险分析与评估，并对评估后的核心合规风险、关键合规风险、普通合规风险及一般合规风险等落实合规风险分级管理，制定科学有效的合规管理预防控制措施，进而实施系统化的食品合规管理体系并在评估的基础上持续改进的整个流程。

一、食品合规管理体系建设策划

（一）食品合规管理团队及职责策划

体系建设需要专业的团队来实现，食品合规管理体系的建设也是如此。食品生产经营企业应建立食品合规管理组织框架并赋予相应的职能部门独立治理食品合规管理的职责和权限，确保所有的合规管理不受经济或其他因素的影响。同时对于相关人员或岗位明确相应的问责制度，确保食品合规治理的独立性、权威性。

企业组建合规治理小组，规划包括合规治理组织框架及治理小组的成员构成、职责和权限等，并确保充分识别出企业的合规管理人员。

食品合规治理机构和最高管理者应结合食品生产经营企业的组织划分，由涉及食品合规的主要部门组成相应的食品合规管理组织框架，明确具体成员组成，分配相关角色，明确其相应的职责和权限。

1. 食品合规治理小组组长职责和权限

应赋予以下的职责和权限。

（1）分配足够且适当的资源来制定、实施、评估及维护食品合规管理体系及绩效成果。

（2）确保食品合规管理体系所需的过程得到建立、实施和保持；必要时，如实地向法人代表、负责人和监管部门汇报本企业食品合规管理体系的有效性、适用性及运行现状，汇报本企业的食品安全风险、预警机制。

（3）组织并领导食品合规治理小组的工作，建立并实施有效的管理制度，并通过相应的教育、培训等方式提高全体成员的专业知识、技能和能力。

（4）建立并维护问责制度，包括绩效考评和结果考核。

2. 食品合规治理小组职责和权限

食品合规治理小组在组长的领导下，负责组织食品合规管理体系的运行。包括以下的职责和权限。

（1）在相应资源支持下，识别、评估所有食品合规义务，并将合规义务转化为可执行的方针、程序及制度。识别并评估合规风险，包括相关方的合规风险。

（2）记录食品合规风险的评估过程及结果。

（3）使食品合规管理体系符合相应的合规管理目标。

（4）监视和测量食品合规行为及结果。

（5）建立食品合规绩效指标，并监视和测量合规绩效。以识别食品合规管理体系中的所有问题。

（6）分析绩效以识别需要采取的纠偏行动。

（7）建立适当的合规报告和文件化的体系。

（8）确保按计划定期进行食品合规管理体系的内审和管理评审。

（9）为员工提供或组织持续培训，确保所有相关员工得到定期培训。

（10）使员工能够得到与食品合规相关的法律法规、标准、程序、参考资料等资源或文件。

（11）对食品合规相关事宜向组织提供食品合规相关客观合理的建议或意见。

（12）有权监督所有人员的合规义务和责任，对引发食品合规风险的人员有权进行监督与调查。

3. 管理层的职责范围

管理层应负责其职责范围内的食品合规。

（1）配合并支持合规管理团队，并鼓励员工配合并支持合规管理团队的工作。

（2）确保其职责范围内的所有员工都遵守组织的食品合规义务、方针、程序及制度。

（3）识别并沟通职责范围内的食品合规风险。

（4）将合规义务纳入职责范围内的业务实践和程序。

（5）参加并支持食品合规培训。

（6）提高员工履行合规义务的意识，并指导员工满足培训和能力要求。

（7）鼓励并支持员工提出食品合规问题，防范任何形式的合规风险。

（8）积极参与食品合规有关的事件和问题的管理和解决。

（9）与合规管理团队合作，确保一旦发生不合规事件或结果时，有必要的纠正措施予以实施。

（10）监督业务相关方的行为，以确保其符合相应的食品合规义务。

4. 员工职责和权限

包括管理者在内的所有员工有以下职责和权限。

（1）履行组织的合规义务、方针、程序和制度，包括职责范围内的规范及操作要求等。

（2）支持并参与食品合规管理体系的培训与学习。

（3）直接接触食品的人员，应进行健康体检，并取得合法有效的健康证明。

（4）有权汇报所有食品合规问题、合规风险及疑虑。

5. 培训考核

对合规管理团队及相关人员进行食品合规管理体系知识及职责权限等内容的培训。培训内容涉及体系知识、核心内容及实施、食品安全通用基础知识、体系搭建、验证及演练、持续改进等。

（二）食品合规文化策划

食品合规文化策划，主要是收集整理现阶段企业的食品安全文化，同时发动企业全员出谋划策，归纳总结食品合规文化及其内涵，来源于基层的文化，更适合普及与实施。

食品合规文化是企业的价值观、道德规范、宗旨理念及信念的体现，是组织架构、控制系统及行为准则的相互作用，在全员中产生共鸣，并产生有利于合规成果的行为规范和信仰。合规文化是企业长时间磨合形成的共同价值观和信仰的体现，是由一群有共同价值观，共同文化信仰的人共同努力的结果。推行“合规文化”，属于企业文化的一个重要组成，让“合规”的观点和意识渗透到企业所有成员的日常工作中，从而达到“合规创造价值”的企业理念与目的。“食品合规文化”是食品合规管理的一种先进管理理念。合规文化的建设，有利于提高企业执行力，防控企业风险，也有利于降低企业的管理成本。

（三）方针及目标策划

企业需制定合规管理方针或宗旨，以便引领企业更好地实现食品合规管理。制定企业合规管理目标，包括各部门的合规目标，以目标为导向，确保目标及方针落地实施。

食品合规方针是由企业负责人或最高管理者发布的食品合规的宗旨和战略方向，是企业实现食品合规的愿景和使命，为食品合规目标提供框架支持。食品合规方针具有强烈的号召力，需要全员统一认知并努力践行。

食品合规目标是企业在食品合规方面为满足合规要求和持续改进而制定的需要实现的结果，包括企业的总合规目标，也包括分解到部门的食品合规目标。食品合规目标体现企业或部门的目标追求和预期的期望，与食品合规方针保持一致，以实现食品合规、合规创造价值的结果。

二、食品合规义务识别与评估

食品合规义务的识别与评估是食品合规管理的核心环节之一。食品企业需要了解食品合规义务和食品合规风险的内涵和外延，以便有针对性地开展风险防控工作。食品合规管理的内容包括资质合规、生产过程合规和产品合规。要实现以上内容合规分为三步实施，第一步义务识别、第二步风险分析与评估、第三步控制措施制定及落实。

（一）合规义务的识别

合规义务的识别包括：对食品生产经营企业的资质合规义务进行识别并分析，落实相应的控制措施和合规管理体系要求；对食品生产过程涉及的食品合规义务进行识别和风险分析，并落实食品合规管理体系要求；对产品配料及质量安全指标进行食品合规义务识别和风险分析，确保食品的质量安全及标签的合规。

根据企业所属的业态、生产经营的产品类别及产品标准、生产过程、物料等相关方面对法律法规和标准进行识别。

企业需将与产品相关的所有法规、标准、政策、通告、解读等进行收集汇总。法规标准清单的收集要考虑食品行业通用的相关法规、标准；企业所在的业态及产品类别相关的法规、标准；企业所在地的地方规定、通知、要求等。同时要考虑强制性规定及企业承诺的自愿性的规定。尤其要关注到法规及标准变更。识别法规清单是合规管理至关重要的一步，一定要识别全面，不得出现遗漏，如果有遗漏、缺失，合规体系将不全面，并有可能失控。必要时可借助第三方的力量。

识别出法规标准清单后，将所有法规标准按照条款逐条拆解，避免出现遗漏。按照条款规定逐条分析，识别出该条款是否为企业要履行的义务。

将识别出的企业义务条款进行分析，按照条款要求的内容进行分类，如配料合规、标签合规等，填写在该条款的合规内容项目下。

通过合规管控智慧云，可以依据企业的业态（如生产还是经营），行业（如乳制品还是肉制品等）对责任主体和行业属性进行筛选。通过筛选，就可以确定企业应遵循的所有义务条款。如果要想了解单个合规内容要求的时候，也可以一键筛选出来。

食品合规义务的内容包括如下方面。

1. 资质合规

（1）食品生产企业的资质合规　食品生产企业的资质合规包括获得营业执照、相应食品类别的生产许可证、特殊食品注册或备案资质等方面。其相应的合规义务包括但不限于以下内容。

①应取得营业执照，并明确其食品的经营范围；

②如果是实施食品生产许可管理的食品，应按食品生产许可管理办法，取得相应食品类别的食品生产许可证；

③如果有特殊食品，应依法取得相应的注册证书或备案证明，并依法对广告进行备案；

④对于相应食品、标签和说明书使用的商标等有知识产权的信息，应依法取得注册证书或获得授权；

⑤对于需要特殊许可的食品类别应有相应的资质，如矿泉水的采矿许可等；

⑥取得法律法规和客户要求的与食品生产相关的其他资质。

（2）食品经营企业的资质合规　食品经营企业的资质合规包括取得营业执照及相应食品类别的经营许可证等。其相应的合规义务包括但不限于以下内容。

①应取得营业执照，并明确其食品的经营范围；

②应取得相应的食品经营许可证或预包装食品销售备案证明；

③经营食盐的，应取得食盐的专营资质；

④法律法规和客户要求的与食品经营相关的其他资质。

（3）食品进出口企业的资质合规　食品进出口企业的资质合规根据企业类型有所不同。其相应的合规义务包括但不限于以下内容。

①我国出口企业应获得出口企业备案、基地备案或目标国家要求的注册；

②进口食品境外生产企业应获得我国注册资质；

③食品进出口商应在海关总署备案；

④法律法规和客户要求的与食品进出口相关的其他资质。

2. 过程合规

食品生产企业需要确保本企业食品生产过程的全程合规，需要在供应商选择、生产过程等环节进行食品合规义务的识别，包括以下过程的合规义务识别。

（1）食品原辅材料采购过程的合规义务识别

①识别所有供应商的资质要求是否合规有效；

②必要时，可以对所有供应商资质及食品安全管理体系的有效性进行验证；

③识别所有原辅材料的食品安全验收标准、指标要求或合同中的技术指标是否合规；

④是否采购非法或禁止使用的物料；

⑤识别每批原辅材料是否有供应商的合格证明并进行进货查验，首批或定期的型式检验是否合规；

⑥识别每批食品相关产品（包括食品接触材料、洗涤剂、消毒剂等）是否有供应商出具的合格证明并进行进货查验；

⑦识别设施设备供应商提供的合格证明并验收。

（2）运输（包括原辅材料和成品）过程合规义务识别

①识别运输工具的资质是否合规；是否符合必要的冷链运输条件；

②识别运输过程的防护是否合规；食品安全防护是否合规；

③识别运输过程卫生条件是否合规；是否实施了相应的检查或验证。

(3) 贮存（包括原辅材料、半成品及成品）过程合规义务识别

①识别贮存环境是否符合相应食品的要求；必要时，识别制冷和通风条件是否合理；

②识别贮存过程防护是否合规，是否能有效地防止交叉污染等；

③识别贮存过程的卫生是否合规。

(4) 生产经营过程合规义务识别

①识别所有食品生产或餐饮制作过程是否有规范的工艺流程及工艺参数，并有效地实施；

②识别所有食品设计的配方是否合规，以及标准配方是否得到有效的执行；

③识别所有的工艺流程或步骤是否进行了必要的物理性、化学性及生物性危害的控制与预防，预防交叉污染的措施是否合理；

④识别生产或餐饮制作过程中的质量检验、工序交接互检是否合理；

⑤识别生产或餐饮制作过程卫生控制是否合理有效；

⑥识别涉及食品安全的设备是否得到有效控制；

⑦识别是否存在非法添加、超范围超量添加等食品欺诈的非法行为；

⑧识别生产或餐饮制作过程中的区域设置是否合理；

⑨识别生产或餐饮制作过程人员卫生管理是否合理；

⑩识别生产或餐饮制作过程中的环境卫生、温度是否合理；

⑪识别生产或餐饮制作过程中的记录是否准确、及时、有效。

(5) 检验（包括原辅材料、半成品和成品）过程的合规义务识别

①识别检验人员的知识和能力是否符合相应的标准要求；

②识别检验标准是否有效；

③识别检验过程是否合理并符合相应的标准要求；

④识别检验记录是否及时、准确、真实有效，是否存在提供虚假检验记录或报告的嫌疑。

(6) 销售过程的合规义务识别

①识别销售记录是否完善，并可满足追溯和召回管理的需要；

②识别经营活动是否有合法的资质条件；

③识别销售过程中是否有夸大、虚假宣传等不真实、不诚信的行为。

识别其他涉及食品合规的义务，是否符合相关法律法规和食品安全标准的要求。

上述过程合规义务的识别，包括各种食品生产经营过程中合规义务的识别，只要相应的活动涉及上述合规义务，就需要进行相应的合规义务识别。食品合规管理的审核，依据相应的审核发现进行全面性及准确性的合规义务识别。

3. 产品合规

企业需要依据法律法规、食品安全国家标准和产品执行标准等要求，对产品指标及配料进行合规义务识别，包括使用范围、使用量及含量的合规义务，确保食品产品合规。

①识别食品成品使用的所有原辅材料是否合规；

②识别原辅材料使用范围、添加比例是否合规；

③识别成品的安全指标、质量指标及明示的指标是否合规；

④识别食品标签是否合规；

⑤识别食品的销售广告及销售网页的宣传是否合规；

⑥识别成品的其他技术要求及参数是否符合法律法规标准及企业承诺等要求。

（二）合规风险的识别与评价

食品企业应根据识别出来的食品合规义务，针对合规风险发生的可能性和严重性进行识别与评价，必要时实施合规风险分级，按核心合规风险、关键合规风险等不同的风险级别实施分类管理，从而为核心合规风险和关键合规风险等重要的风险点分配足够的管理资源，妥善管理并预防核心合规风险和关键合规风险。

食品企业应依据不同的合规风险等级，策划并制定相应的预防控制措施，落实具体的控制因素、控制频率、控制人员、控制手段及方法、监视与测量要求、纠偏措施及记录等预防式的控制要求，从而落实并完善控制措施，防止其偏离或产生合规风险。

与其他管理制度一样，合规管理的预防控制措施及纠偏措施的制定，也需要根据企业的发展情况不断更新完善。

（三）控制措施的制定与落实

将所有法规条款中同类别的合规内容项目进行筛选、汇总，列出此类别合规内容的项目中所有的法规条款。

按照风险控制措施原则，并结合同类别的合规内容的所有法规标准条款要求，对企业的文件、制度、记录及控制措施进行梳理，来制定和落实风险控制措施。

如果企业现有的控制措施能满足某项合规内容中法规标准条款的要求，并符合控制措施的原则，说明企业风险控制措施是有效的，需持续按照风险控制措施执行。

如果企业没有控制措施或者现有的控制措施不能满足某项合规内容中法规标准条款的要求，就需要根据相应的法规标准条款具体要求重新评估法规风险，改进现有的措施并落实，经过评估后，确定满足合规要求。按照新的措施落地执行，使每个合规内容及合规风险都有适宜的有效的文件制度或者措施来保障。

三、食品合规管理文件编制

食品合规管理文件主要用于指导食品合规管理体系有效运行和实施，并为体系实施过程中可能出现的问题提供指导性预防和纠偏措施。食品合规管理文件通常包括但不限于：文件化的食品合规文化、方针、食品合规目标及分解目标；法律法规及标准要求形成的文件；食品合规管理体系实施和运行所需要的文件、程序、制度和记录等。例如，Q/FMT 0002S—2021《食品合规管理体系　要求及实施指南》中明确要求建立文件化的食品合规管理文化、方针和目标，文件化的食品合规管理组织框架及治理小组成员、职责和权限，合规治理组长任命，食品合规管理手册，合规义务，合规义务识别与评估程序，合规风险预防控制措施，合规人员培训计划，人员合规绩效考评制度，人员健康档案，内部审核程序，管理评审程序，合规演练控制程序，合规风险及隐患举报和汇报制度，合规案件调查制度，合规管理问责制度，食品合规报告制度等合规管理文件。另外，依据《食品安全法》等法律法规及 GB 14881—2013《食品安全国家标准　食品生产通用卫生规范》等标准需要建立的文件有进货查验管理制度、生产过程控制管理制度、出厂检验管理制度、不合格品控制程序、食品安全事故处置程序、追溯控制程序、召回控制程序等，具体依据法律法规和标准需要建立的所有文件，只要合规义务要求制定文件的，都必须制定相应的文件或制度。

记录可以协助监视和验证过程，以提供符合要求和食品合规管理体系有效运行的证据。所有的相关内容都按相应的要求记录，并维护和保持记录的完整性和清晰度，易于识读和检索。

（一）食品合规方针

食品合规方针是由最高管理者发布的食品合规的宗旨和方向。它是企业方针的一个组成部分，与企业的宗旨相适宜，在各层级得到充分的沟通和理解。是指导事业向前发展的纲领，为企业合规发展指明方向。

食品合规方针的制定要联系实际，有实质的内容和含义，避免口号化，文字严谨、准确、简练、易于明白。

（二）食品合规目标

食品合规目标是在一定时期内，围绕食品合规，由食品生产经营企业制定并通过努力能实现的结果。食品合规目标由组织确定，与方针保持一致，以实现特定的结果。企业制定合规目标时，从时间维度上考虑可制定长期、中期、短期目标，从空间维度考虑制定企业的合规目标，可将目标继续分解至各层级、部门、员工层面。

目标的设定还要遵循三个原则。一是一致性，长期、中期、短期目标应该是相结合的，各层级的各岗位的目标应该是相结合的，各部门之间的目标也应该是相互联系，相互配合，为总目标服务的；二是目标的设定要遵循 SMART 的原则，应该是明确的，并能够可衡量、可达成，目标和目标之间有关联性，要有时间的限制；三是目标的实现不能只依赖少数人，食品合规管理体系的目标提倡全员参与。

（三）合规方针目标的体现

食品合规方针目标确定后，要在全员中践行。可以通过培训、内部宣传等方式实现。培训可以通过制度学习、内部会议、外部培训、知识考核等方式。内部宣传可以通过文化上墙、宣传视频、宣传手册、宣传标语等方式。实现全员了解、掌握、践行，为企业的食品合规而努力。

（四）体系文件建立

企业以食品合规管理体系为依据制定的文件架构一般分为四层，基本架构如下。

1. 管理手册

管理手册包含了食品合规管理体系的范围以及方针目标。还可以包含公司的组织架构情况、食品合规治理小组组成情况，以及各个部门和主要岗位的职责和权限；食品合规管理体系的总要求，文件的要求、记录的要求，以及其他制度的基本要求；必要时，也可以形成职能分配表。

2. 管理制度

管理制度包含两类。一类是管理体系中采用的全部要素的要求和规定，包括合规绩效考核制度、合规风险或隐患举报和汇报制度、合规案件调查制度、合规管理问责制度、食品合规报告制度、监视测量、内审、管理评审等制度。一类是为保障食品合规，依据合规义务管控措施制定的文件要求如验收管理程序、放行管理程序、人员管理程序等。

3. 操作程序

操作程序是手册和管理制度的支持性文件，这类文件主要是针对具体的某个作业过程的规定。比如检验的、生产的、工艺的、设备等操作指导书。

4. 记录文件

企业记录性文件是对上述文件的执行过程及结果、预期变更等信息的保留，保证可追溯性。如项目计划、合同协议、原始记录、统计报表、分析评价报告等。

（五）体系文件管理

食品合规管理体系文件的制定，具有全面性，涵盖体系及法规标准强制的要求；与企业实际相结合，是可实施的，有指导作用，并有约束力。

食品合规管理体系所要求的文件（包括外来文件）应予以控制。

①文件发布前得到审核与批准，以确保文件的适宜性及准确性；

②必要时，对文件的评审与更新，需要再次审核与批准；

③文件修订的原因、修订人等信息及状态需要得到及时记录；

④文件清晰、准确，易于识读、理解，并保持有效的状态；

⑤文件的培训及分发也需要得到有效的控制；

⑥作废文件需要标记清晰并进行有效的控制，防止作废文件的误用。

食品合规管理体系所有的记录都需要按相应的要求记录，以提供符合要求和食品合规管理体系有效运行的证据。并维护和保持记录的完整性和清晰度，易于识读和检索。记录的贮存、保护、检索及处置需要按相应的程序进行控制。

四、食品合规管理体系试运行

（一）文件及制度培训

企业需要把编写、审核并批准的文件按照文件控制程序进行管理，确保各部门和岗位使用的文件实时有效，并依据有效的文件进行操作规范培训，从而妥善落实文件的具体要求，做什么，怎么做，谁来做，做到什么程度，谁检查，是否记录等体系运行过程要求及记录要求。通过培训，要求相应岗位人员知道如何做等具体规定要求。

将企业合规义务清单，落实到相关部门或岗位，并按文件的要求实施相应的管理与记录，从而验证食品合规义务得到有效的落实与履行。

（二）运行过程监控

企业应对食品合规管理体系进行监控，以确保食品合规目标的实现。同时，应确定以下内容：需要被监控和测量的对象；监视、测量、分析、评价的方法，以确保有效的监控和测量结果；进行监视和测量的最佳时机；对监视和测量的结果进行分析和评价的方法。

企业应保留文件化的监视、测量、分析、评价的结果信息，作为结果的证据。企业应对合规绩效和食品合规管理体系的有效性进行评价。

（三）合规评价

合规治理小组应履行对各部门合规义务检查的职责，并形成自查报告；同时应对合规管理体系进行内部审核、管理评审、合规演练，以验证体系在各部门的执行情况及符合性情况。

1. 内部审核

食品企业应按计划安排内部审核，以验证食品合规管理体系运行是否有效。内部审核计划的策划与实施包括内审的频率、方法、职责和要求。内部审核方案应考虑相关过程的重要性和前期审核的结果。食品企业应选择拥有初级、中级和高级食品合规技能等级证书或同等能力以上的人员进行内部审核。内审人员不允许审核自己部门或岗位的食品合规管理体系要素，以确保内部审核的客观公正。内部审核报告要提交给相关管理层，保留内部评审的记录，作为实施审核方案和审核结果的证据。

2. 管理评审

食品合规治理小组和最高管理者应评审组织食品合规管理体系，以确保食品合规管理体系的适用性、有效性。应输出文件化的管理评审结果，管理评审的结果应包括与持续改进有关的决定、食品合规管理体系更新与修订等。

3. 合规演练

食品合规治理小组应定期组织食品合规演练，合规演练包括：过程合规演练和产品合规演练。演练报告包括食品合规演练计划、实施及演练结果总结，并及时向合规治理组长汇报。

五、食品合规管理体系建设评估

企业应保持持续改进食品合规管理体系的适用性、充分性和有效性。当企业确定需要对食品合规管理体系进行变更时，变更应有计划地进行。

食品合规管理需要企业各部门密切配合，需要全员共同参与。合规管理部门与企业其他部门分工协作，生产经营相关部门应主动进行日常合规管理工作，识别相关合规要求，制定并落实管理制度和风险防范措施，组织或配合合规管理部门进行合规审查和风险评估，组织或监督违规调查及整改工作。企业还应积极与监管机构建立良好沟通渠道，了解监管机构的合规期望，制定符合监管机构要求的合规制度，降低市场投诉及行政处罚等方面的风险。为做好食品合规管理工作，企业可以寻求与专业的合规咨询公司建立合作，与合规咨询公司合作时，应做好相关的风险研究和调查，深入了解合规管理相关法律法规及标准的新要求。

企业应建立健全合规风险应对机制，对识别评估的各类合规风险采取恰当的控制和处置措施。发生重大合规风险时，企业的合规管理部门和其他相关部门应协同配合，及时采取补救措施，最大程度降低损失。法律法规有明确规定要求向监管部门报告的，应及时报告。

合规管理体系不是一成不变的，需要根据合规管理部门自查以及其他部门反馈意见持续完善。食品合规管理部门应定期对合规管理体系进行系统全面的评价，发现和纠偏合规管理工作中存在的问题，促进合规体系的不断完善。合规管理体系评价可由合规管理相关部门组织开展，也可以委托外部专业咨询机构开展。在开展评价工作时，应考虑企业面临的合规要求变化情况，不断调整合规管理目标，更新合规风险管理措施，以满足内外部所有的合规管理要求。也应根据合规管理体系评价情况，进行合规风险再识别和合规制度再修订完善的持续改进，保障合规体系稳健运行，切实提高企业合规管理水平。必要时，实施食品合规管理体系的阶段性评价，以验证食品合规管理体系是否能持续有效地运行。企业也可以申请食品合规管理体系第三方审核，以第三方专业的视角评估本企业策划并建立的食品合规管理体系，验证其是否符合相应的食品合规管理体系标准的要求，并有能力确保此食品合规管理体系持续有效地运行。

第三节　食品合规风险识别与管控

食品生产经营企业在运营过程中，往往会由于对标准法规不了解，员工合规意识不强、现场管理不善而面临各种合规风险，包括资质合规、过程合规和产品合规方面的风险。这些合规风险如果管理不善，将会给企业带来巨大损失。为此，食品生产经营企业在识别合规义务、建立合规管理体系、开展合规管理的同时，必须有效识别其面临的合规管理风险，以便有针对性地制定预防控制措施，降低甚至消除合规风险。

食品企业的合规风险包括内部风险和外部风险，内部风险主要是由于自身原因导致的风险，外部风险主要是通过各类信息反映出的其他同行或相近行业企业的风险。内部风险的识别主要靠食品合规管理体系的内审和管理评审发现，外部风险的识别主要靠大数据收集和研究来识别。通过研究分析同品类、同行业或相近行业的其他企业存在的合规管理问题，能够分析出行业潜在的风险点，使食品生产企业做到未雨绸缪，提前预知合规管理风险，降低合规管理成本。

食品生产经营企业开展外部风险的识别工作，主要是利用已有的各类食品安全信息，结合自身的食品生产经营状况，结合食品企业自身的合规义务，对每个合规风险点产生风险的可能性、影响程度（后果严重程度），利用风险分析的工具进行合规风险的分析与评价，识别出在合规管理工作中可能面临的风险点，为后续合规管理政策的制定提供参考依据。

一、风险识别数据来源

食品合规风险识别，主要依据各类食品安全大数据进行。

（一）食品安全监管大数据

食品安全监管大数据主要包括国内外监管部门发布的食品标准法规以及企业的生产经营资质许可、生产经营过程控制、产品抽检监测结果等方面的数据。

1. 食品标准法规大数据

食品标准法规数据主要从政府部门、社会团体、科研机构网站获取，也可以通过专业的第三方咨询机构获取。

食品标准法规数据所反映的风险的识别，要分析标准法规的发布单位、发布日期、实施日期和标准法规主要内容的变化。比对分析是常用的识别方式，将标准法规的新旧版本内容进行拆解分析研究，以比对表的形式呈现出来，找出其中的差异，从而识别出企业合规风险。

随着我国立法制度和标准制修订制度的不断完善，我国重要的食品标准法规在正式发布之前往往会进行一次或者多次公开征求意见。虽然征求意见稿和最终的正式版本可能存在差异，但可以通过征求意见稿预知正式版本可能的变化，对识别企业合规风险有一定参考价值。

2. 食品监督抽检大数据

依据《食品安全法》及《食品安全抽样检验管理办法》，食品监督抽检是指市场监督管理部门按照法定程序和食品安全标准等规定，以排查风险为目的，对食品组织的抽样、检验、复检、处理等活动。国家市场监督管理总局根据食品安全监管工作的需要，制定全国性食品安全抽样检验年度计划。县级以上地方市场监督管理部门制定本行政区域的食品安全抽样检验方案和计划。食品监督抽检结果主要通过国家市场监督管理总局及各级市场监督管理部门的网站以通告公告等形式发布，通告公告的内容主要包括食品抽检涉及的产品、企业、产地、执法机构、所属品类、不合格原因、产品不合格率等。此外，海关总署每月会通报我国进境不合格信息，境外的进出口食品安全监管部门也会通报我国出口食品的不合格信息。

食品抽检数据的分析方法主要是在数据规范基础上对大量的数据进行统计分析。具体分析的内容包括如下几方面，一是抽检计划的分析，主要是特定时间、地域范围内不同食品品类的抽检数量分析；二是抽检结果的分析，包括特定时间、地域范围内不同食品品类的不合格率分析，可以获知不合格率较高的食品品类；三是具体品类的不合格原因分析，可以获知各类食品主要的不合格原因。食品进出口预警数据的分析则主要包括进出口食品的来源国家/出口目标国家、不合格原因等角度的统计分析。

3. 食品监督检查大数据

食品监督检查大数据具体包括各级食品安全监督管理部门发布的食品安全风险监测信息、食品行政处罚信息、食品企业体系检查与飞行检查方面的信息等。其中，食品安全风险监测信息一般不予公开。对企业而言，比较有价值的是行政处罚和监督检查信息。对于行政处罚信息，国家市场监督管理总局构建了行政处罚数据库和国家企业信用信息公示系统，可以依据企业名称查询到该企业受到的行政处罚信息。行政处罚信息的内容涵盖了该企业被处罚的原因事由、处罚依据及处罚结果。

依据《食品生产经营监督检查管理办法》，市场监督管理部门依法对食品生产经营企业进行监督检查，检查的要点和结果的通报主要依据《食品生产经营监督检查要点表》和《食品生产经营监督检查结果记录表》。检查要点是企业需要重点关注的风险点，检查结果则表明了同类企业容易出现的问题。

这些行政处罚和监督检查信息主要针对食品企业生产经营过程的违规情况，如环境设施、人员操作、原料验收、过程控制等，对这些信息进行汇总分析研究，也有助于企业对照检查自身的生产经营过程，有效识别过程风险。

（二）食品安全舆情大数据

用于食品安全风险识别的食品安全舆情数据，主要包括食品安全事件数据和食品安全判决案例数据。

1. 食品安全事件大数据

食品安全事件数据主要是指由各类食品危害引起的食源性疾病、食物中毒、违规生产经营、误导或欺诈消费者等食品安全方面的各类舆情事件，其主要来源包括各类媒体、论坛社区等。

食品安全事件舆情数据的风险识别方法主要是针对各类食品安全事件，分析事件反映企业在合规方面存在的问题。互联网的信息积累为识别食品安全风险提供了便利，利用舆情监控分析工具回溯过去几年食品行业的主要舆情、热点舆情，并分析其主要趋势、热度等，有助于发现媒体、消费者关注的食品安全风险，从而识别风险。例如，利用舆情监控采集工具，搜索关于大米、小麦、玉米、大豆等粮食近几年的食品安全报道，按照发霉生虫、转基因、非法添加、添加剂超标、污染物超标等风险因子进行数据统计，则可以识别出粮食中最容易产生食品安全风险的品类，以及相应的风险因子、地区及时间。

食品安全事件舆情对于食品企业的公共形象建立具有重要影响，因此对食品安全事件舆情大数据的监控和分析尤为重要。食品企业通过及时跟踪舆情信息，发现其中反馈的风险因素，可以提前做好风险控制措施，准备舆情应对预案，以便将舆情事件对企业的影响降至最低。

2. 食品安全判决案例大数据

食品安全判决案例数据主要是指涉及食品安全相关的判决文书等。主要的获取来源包括中国裁判文书网等网站。食品判例数据可拆解分析的因素主要包括食品安全投诉案例发生的地区、涉及品类、起诉案由、判决结果及其依据、涉及的主要食品标准法规等内容。对这些判例进行统计分析，研究职业打假人员容易获胜的食品品类和起诉理由，有助于食品企业对照检查自身产品可能存在的问题，尽可能识别被职业打假的风险。

二、主要风险点的识别

1. 资质合规风险识别

食品生产经营企业资质合规方面的主要风险点包括无证生产经营、生产经营许可证过期、超范围生产经营、特殊食品未获注册备案、特殊食品注册备案过期、进口食品未获准入以及进口食品文件材料不全等。这些风险往往会导致企业遭受行政处罚、被投诉或者抽检不合格等。这类风险出现的主要原因是企业对标准法规不了解或者资质证照管理不规范等。

2. 过程合规风险点的风险识别

食品生产经营企业过程合规方面的主要风险点包括场所环境、设备设施、人员管理、原辅料管理、生产经营控制等方面，这些方面的不合规往往会导致企业在监督检查中被通报或遭受行政处罚。餐饮企业违规操作被媒体报道，很大程度上会引起负面的社会舆论，导致企业的品牌形象受损。这类风险出现的主要原因是内部合规管理体系运行不畅，人员合规意识不强等。尤其是餐饮企业，近年来，随着我国餐饮行业的规模不断扩大，餐饮行业存在的问题也日渐增多，主要表现在落实食品进货查验记录制度不到位、原料贮存和食品加工制作不规范、环境不整洁等方面。

3. 产品合规风险识别

产品合规风险点主要包括产品指标不合格和产品标签不合格等方面。产品指标不合格主要会导致企业抽检不合格，使企业生产经营的产品撤回、召回、停止生产售卖、销毁等。产品标签不合格则会使食品企业面临职业打假的风险，产品指标不合格和产品标签不合格都可能会给企业带来经济损失。

三、合规风险等级评价

针对识别出来的合规风险，对每个合规风险点产生风险的可能性、影响程度（后果严重程度），利用风险分析的工具如合规风险等级评估矩阵进行合规风险的等级评估。合规风险等级评估矩阵见表9-1。

表9-1 合规风险等级评估矩阵

可能性						
可能性	5	D	C	C	B	A
	4	E	D	C	B	B
	3	E	D	D	B	B
	2	E	E	D	C	B
	1	F	E	E	D	C
		1	2	3	4	5
		影响程度				

在表9-1中，可能性方面分为5个等级。1表示基本不可能发生合规风险，2表示略有可能发生合规风险，3表示可能发生合规风险，4表示很有可能发生合规风险，5表示发生合规风险的可能性很大。

影响程度方面，也分为5个等级。1表示基本不会产生负面影响，2表示可能有经济损失但不涉及食品安全合规的负面影响，3表示有经济损失的不涉及食品安全负面影响，4表示产生较大经济损失或品牌损失也涉及食品安全的负面影响，5表示产生食用危害，或涉及企业生存和刑事责任的负面影响。

上述A区域为严重合规风险区，B区域为重大合规风险区，C区域为较大合规风险区，D区域为一般合规风险区，E区域为较小合规风险区，F区域为极小合规风险区。

结合上述合规风险等级评估矩阵，对涉及风险进行合规风险分析，食品生产经营企业可将A和B区域的合规风险点列为合规义务核心风险控制点，将C和D区域的合规风险点列为合规义务的关键风险控制点，将E区域列为普通风险控制点，F区域可以根据需要进行适当控制。食品生产经营企业也可根据自身资源分配情况制定自己的风险等级评估规则。

对于失控的合规风险，需要重新进行合规风险分析与评估，必要时上升一个或多个风险等级控制，或加严控制。

第四节　食品合规管理内审与管理评审

内部审核和管理评审属于合规管理体系的主要组成部分，企业在运行食品合规管理体系时，必须进行有效内部审核和管理评审，属于企业食品合规管理绩效评价的重要组成部分，通过企业内部检查或检验食品合规管理体系运行情况，用以证明企业是否有能力持续有效地实施食品合规管理体系。

一、食品合规管理体系内部审核

内部审核是指为了获得客观证据并进行客观评价，以确认企业食品合规管理体系运行满足审核准则的程度，由企业内部组织并发起的、系统的自查自纠式的检查与评价，也称第一方审核或简称内审。内部审核的主要目的是查找企业运行食品合规管理体系符合审核准则程度的客观证据，并通过综合的查验结果评价企业食品合规管理体系运行符合审核准则的程度。与外部审核（包括第二方审核和独立的第三方审核）不同的是，内部审核完全由企业内部进行策划、组织、实施审核并评价，而第二方审核主要是由客户或相关方策划、组织、实施审核并评价，第三方审核是受委托的有资质的独立的第三方进行策划、组织、实施审核并评价。

企业应该就内部审核工作的开展进行必要的策划，策划的内容包括审核时间、审核准则和范围、审核组长及内审员职责义务及安排、审核频率及审核方法、实施内部审核并记录审核发现、评价审核结果并报告给相关管理层。内部审核时间包括内部审核的日期和各受审核部门的审核时间。对于各部门的审核时间，需要结合该部门履行审核准则的具体内容，安排合理的时间，方便审核员能在该时间内完成该部门的食品合规管理体系的适用条款的审核。

审核准则是指用于与客观证据进行比较的一组要求，涉及内部审核的审核准则和各部门审核准则的适用条款。审核准则包括法律法规、食品安全标准、食品合规管理体系要求及实施指南标准及企业文件等，也包括相应法律法规或标准涉及食品合规的全部条款。而对于内部审核的审核准则，可以根据审核频率，将相应的审核条款安排到多次内部审核计划中。审核范围是指审核的内容和界限，包括企业适用食品合规管理体系的所有部门及其适用的审核准则条款范围。对于所有受审核的部门，可以分别安排到不同的内部审核计划中。总之，企业需要确保在一个审核周期年内，完成审核准则所有条款的审核，完成企业所有涉及部门的审核。同时，对于需要重点审核的部门或项目，需要在审核计划中予以明确。

关于审核组长及内审员的安排，所有审核人员都必须要经过培训并取得内审员资格。企业需要结合内审员的能力、岗位及技术特长，任命审核组长并明确内审组长及内审员的职责义务和权力，以便合理地安排或调整内审员的审核工作，合理安排审核的条款及部门。为了审核的独立性，实施交叉审核，内审员不能审核自己部门或岗位，需要安排审核与自己无责任关系的部门。企业应提供必要的资源或设备以帮助内审员完成计划的内部审核工作。

关于审核频率，企业需要结合食品特色、生产周期、原辅料采购、内审员及季节性等实际情况自行确定，审核准则中不作限制，但是需要在同一审核周期年内完成企业所有部门所有审核准则条款的审核。企业可以安排一年一审，也可以安排一年多次的内部审核。

审核方式包括抽样审核和现场审核。抽样审核方法有文件抽样审核、现场抽样审核及产品抽样检查。现场审核方法包括看、听、问及查看记录等，也包括现场测试、正向追踪和逆向追溯等。其中记录包括文字记录、音视频或监控记录等。对于实施抽样检查，如果审核发现不合规，则需要扩大抽样量或抽样范围，多批次多角度实施内部审核，以帮助判断不合规问题是偶发性问题还是系统性问题。

实施内部审核，通常由内审组长组织受审核部门的负责人或代理人，召开内部审核的首次会议，落实内部审核及各部门配合工作，并形成首次会议记录。为了规范审核过程和审核行为，要求内审员按相应的审核流程对相应部门、岗位或人员进行审核，实施统一规范的审核行为。同时为了保证审核的全面性，企业通常会建立自己的内部审核检查表，依据审核准则中所有需要审核的项目或条款，制定相应的检查清单。由内审员按内部审核检查表中的具体项目及条款逐条进行检查核对，并按检查项目或条款记录审核发现。对于内部审核检查表的设计，需要包含所有审核准则的具体项目和条款。对于具体条款的审核发现与判断，需要由经过培训的内审员根据客观事实进行判断，必要时可以进行审核组内部讨论或向审核组长汇报，审核组长认为有必要时，可以向内部技术专家或外部专家寻求帮助。确保审核及判断准确，以帮助更好地理解审核准则并提升管理水平。

评价审核结果由审核组长结合所有内审员的审核发现，并召开审核员会议，讨论或沟通审核发现，并编写审核报告。审核组长召开审核的末次会议，向公司领导和受审核的部门负责人或代理人汇报审核结果，对于审核发现的不合规问题，需要落实相应的整改要求。由相应部门负责人或代理人签字接收相应的不合规项目报告，同时落实不合规整改的验证工作。综合审核结果及不合规项整改验证报告，完善内部审核的审核报告，由相应内审员签字并经审核组长审核后，汇报给公司领导，并提交给相关管理层保管。作为公司管理评审的输入材料。同时对于内部审核的不合规问题作为下次内部审核重点审核的项目。

为了更好地开展内部审核工作，企业可以根据企业现状，制定企业内部审核控制程序。从内部审核的目的、范围、引用文件、审核计划制定、审核流程规范、实施审核及记录等方面，规范统一企业内部审核的具体工作，方便相关管理人员及内审员实施审核并报告审核结果。

为了更好地在内部审核中发现问题、解决问题、改进问题并提升食品合规的管理水平，内部审核组及相关部门应该积极总结内部审核的发现及审核经验，落实有效的改进措施，解决相应的不合规问题，以验证企业食品合规管理体系运行的有效性，并具备持续保持食品合规管理体系有效运行的能力。

二、食品合规管理评审

管理评审通常是指企业的最高管理者对公司资源、人员、产品、过程及管理体系等客体实现目标的适宜性、充分性及有效性的定期的、系统的评价活动。而食品合规管理评审，是指食品企业的最高管理者对公司资源、人员、食品、过程及管理体系等是否能满足实现食品合规目标的适宜性、充分性及有效性的评价。食品合规管理评审包括食品合规文化、方针和目标落实及实现情况评价，以及通过评审、评价找出与目标的差距，以文件化的形式输出所需要落实执行的可行性控制措施。通过食品合规管理评审，验证食品合规管理体系是否能得到持续有效的改进。

食品合规治理小组和最高管理者应定期评审企业的食品合规管理体系，以验证食品合规管理体系的适用性、有效性和符合性。管理评审主要由评审输入、实施评审、评审输出三部分组成。管理评审的输入主要包括前期管理评审落实的问题及改进措施的实施情况、食品合规管理体系所需的内部和外部的变更、食品合规内部审核或外部审核汇报的问题及改进措施的实施情况、资源的充分性、合规目标实现的程度、内外部食品合规投诉或举报的问题、持续改进的机会、应对风险与机遇所采取措施的有效性等。管理评审的实施主要从制定管理评审计划开始，整理收集管理评审输入的材料，实施管理评审，并记录管理评审过程与结果。其中，管理评审计划包括管理评审的目的、时间、人员、管理评审输入的内容、评审方式及评审依据等。评审方式通常是会议评审，各职能部门汇报管理评审输入的内容，最高管理者审议或评审食品合规管理体系的现状及需要改进的措施，并输出管理评审的决定、结论及措施。管理评审输出包括资源需求、食品合规方针目标的修订、食品合规管理体系有效性的改进、持续改进有关的决定及食品合规管理体系更新与修订等，并为相应的管理问题指明方向或明确具体的改进措施，落实并记录相应措施的执行、监督与验证工作，以便于下一次管理评审进行再验证。最后完善管理评审报告。

为了更好地开展管理评审工作，企业可以根据企业现状，制定企业内部的管理评审控制程序，从管理评审的目的、范围、引用文件、管理评审计划制定、评审流程规范、实施管理评审及记录等方面，规范管理评审的具体方式方法。对于管理评审输出的资源、改进措施，企业应监督落实，解决相应的不合规问题，以验证企业食品合规管理体系运行的有效性，并得到持续有效的改进。

第五节　食品合规演练与改进

食品合规演练是食品合规管理体系运行过程中的一种有效的能力验证方法，作为食品合规管理体系管理人员，应掌握食品合规演练的相关要求及基本知识。食品合规演练同样也是验证食品合规管理人员能力的一种手段，同时也可以借助演练中发现的管理问题锻炼相应人员的应急处置与管理能力。企业可以制定一些合规演练的具体内容，或进行合规演练的桌面推演，从而保障合规演练的顺利进行。

在合规管理体系有效运行期间，企业应定期组织食品合规演练，检验合规管理流程及人员合规知识与能力。合规演练包括食品合规演练计划、实施合规演练、形成合规演练报告并及时向合规治理小组组长汇报。为了更好地验证合规管理体系运行的有效性，应在企业范围内开展合规管理演练，查漏补缺，更好地推进企业合规管理体系的改进。从而验证企业合规管理体系运行的有效性，并为企业合规管理体系的改进和管理评审输入相应的技术支持。

（一）合规演练控制程序

合规演练，是企业检验合规管理能力是否能满足食品合规管理需要的一种手段，为了规范合规演练控制流程并实施合规演练，企业需要制定相应的合规演练控制程序。明确合规演练的目的、范围、引用文件，制定合规演练计划，实施合规演练及总结等控制要求。要求相关人员掌握合规演练控制程序的要求，并依据相应的控制要求实施相应的合规演练。

（二）合规演练的目的

合规演练的主要目的，就是通过假设的合规问题，考核关键岗位人员专业技能与专业知识。验证关键岗位人员应对突发食品合规风险的能力，从而评估并验证企业的合规管理体系运行的有效性。同时验证企业合规管理体系所收集法律法规及标准的有效性及是否得到有效的宣贯。通过演练考核，查找合规管理过程中存在的问题，提升企业人员应对合规风险的能力，预防食品合规风险。

（三）制定合规演练计划

演练即是实战，将演练当作一次练兵，从而检验相应人员合规管理的知识与操作能力。需要掌握合规演练控制程序的要求，并通过对相关程序文件及要求的学习，制定相应的演练计划，检验相关演练岗位或人员的知识水平和操作能力。预设一些食品合规的问题，包括资质合规问题、过程合规问题及产品合规问题，全面科学地展示相关人员的知识水平与操作能力。合规演练计划包括时间安排、人员安排、演练内容、演练目的等。合规演练的时间计划，包括实施演练的具体日期、演练响应时间及总演练用时等。各部门演练参与人员应该分工明确，按演练预案实施合规演练。本着知识学习和技能训练的目的，对关键岗位人员的专业技能与专业知识进行合规演练考核。同时为了体现演练的公平性，确保演练参与人与被考核人不在同一部门。

（四）实施合规演练

首先召开食品合规演练启动会，由演练组长布置并落实合规演练任务，并落实演练制度，对被考核的人员实施不通知式的考核。

依据演练计划的职责与分工，开始合规演练。各演练参与人需要按演练预案进行演练考核，并记录整个演练过程及过程中的问题，作为本次演练的记录汇入演练报告。

各个参与演练的小组，将各组的演练过程记录及问题进行汇总，并进行相应的统计分析与总结，在演练总结会议上通报演练过程中发现的问题。同时由演练组长落实问题的改进与验证工作，必要时可包括对人员能力的考核与评价，最后完成完整的演练报告。

（五）总结合规演练结果

通过合规演练的实施，掌握演练流程及演练的基本知识，能够熟练地总结合规演练过程中的问题。通过总结发现不足，分析原因并制定相应的改进措施，从而弥补管理不足，预防合规风险。

（六）持续改进

掌握并利用PDCA循环等管理工具，逐步提升食品合规管理能力和经验，从而更好地应对突发的食品安全合规风险。

合规演练可以验证企业食品合规管理体系运行的有效性，并使企业具备持续保持食品合规管理体系的有效运行的能力。同时能够更好地督促食品合规管理人员不断学习提升，并能掌握突发食品合规风险的应对技巧，综合提升企业应对食品合规风险的能力。

（七）不符合项和不合规纠正措施

（1）当发生不符合或不合规时，组织应做以下措施。

①对不符合或不合规作出反应，适用时采取措施控制和纠正，管理后果。

②评价是否需要采取措施消除不符合或不合规的原因，以使不符合或不合规不再发生和不在其他地方发生，通过评审不符合项或不合规项；确定不符合或不合规的原因；确定是否存在或发生潜在的不符合或不合规。

③实施任何必要的措施。

④评审所采取纠正措施的有效性。

⑤必要时，更新食品合规管理体系。

（2）应保留文件化的信息，作为证据　不符合/不合规的性质和随后采取的任何措施；任何纠正措施的后果。

（3）分析不符合/不合规所得的信息能用于以下事项。

①评估产品合规性。

②改进产品或流程。

③对员工进行再培训。

④对相关方进行再评估。

⑤对潜在不合规提供早期预警。

⑥对过程控制进行重新设计或评审。

第六节　食品合规管理应用现状与前景

企业产品质量过硬可能会带来丰厚的利润，质量不佳或做得不够精良，可能丧失市场竞争力和良好的前景。但是如果企业的合规管理不好甚至“不合规”，不仅会丧失竞争力，甚至会危及企业的生命。而且食品安全影响着消费者的身体健康，尤为重要，而资质、过程及产品的合规是食品安全的首要条件和基础，所以食品企业的生产经营必须打牢“合规管理”的基础。利用食品合规管理体系规范食品生产经营的资质申请、原辅料采购、生产加工及产品检验等合规管理工作。只有合规经营，食品安全才能有保障，质量才能稳定，市场才会认可。而“不合规”的食品生产经营企业不仅影响食品行业的公平竞争环境，还要承受监管部门的严厉处罚和消费者的质疑，甚至会让消费者丧失信心。企业只有严控合规的底线，才能有效地保证食品的安全，才会有资格从事食品生产经营。

一、食品合规管理体系的应用现状

目前食品行业的合规管理体系发展及应用还有待完善与成熟。大部分食品企业主要是利用 GB/T 19001—2016《质量管理体系　要求》（ISO 9001）、GB/T 22000—2006《食品安全管理体系　食品链中各类组织的要求》（ISO 22000）和 GB/T 27341—2009《危害分析与关键控制点（HACCP）体系　食品生产企业通用要求》等管理体系相关标准，进行食品质量及安全的管理。在我国食品法律法规和标准体系建设及推动下，大部分食品企业都能贯彻执行法律法规、标准的有关要求，但还有部分企业未能系统地对法律法规和标准中的合规义务进行识别、分析与评估，很有可能会遗漏某条法律法规或标准的某些条款规定的合规义务，导致一些食品安全事件的发生，从而给企业的合规经营带来一定的影响。

随着食品安全刑事责任及终身禁止从事食品行业等“最严厉的处罚”制度的落实，以及“最严肃的问责”食品安全管理制度的推行，食品生产经营者的风险也在不断加大。尤其是自媒体和网络时代的发展，任何不合规行为都有可能被无限放大，造成各种不良影响，这也鞭策着广大食品生产经营者提升食品合规管理意识，敦促落实食品合规管理体系。

二、食品合规管理体系的应用范围和要素

1. 食品合规管理体系的应用范围

依据《食品安全法》和 GB/T 35770—2022《合规管理体系　要求及使用指南》标准建立的适用于食品生产经营企业的食品合规管理体系，围绕食品相关法律法规、食品安全标准等合规义务，应用食品合规管理体系，从食品生产经营企业的资质、过程管理及产品合规等主要合规内容方面，落实合规管理控制措施。鉴于食品的特殊性及食品安全的重要性，目前推

行的食品合规管理体系适用于实施食品生产许可的32个大类的所有食品生产企业；也适用于未实施生产许可的可食用农副产品的生产加工，如畜禽屠宰分割企业和水产品分割冷冻加工企业等；还适用于实施食品经营许可或备案的食品经营企业。

食品合规管理体系仅适用于上述企业需要履行的涉及食品质量和食品安全及与食品相关的法律法规及标准等合规义务，不包括企业需要履行的《中华人民共和国劳动法》《中华人民共和国环境保护法》等合规义务。但是企业可以通过应用食品合规管理体系知识或工具，在劳动保护、环境保护及安全生产等方面完善企业的合规管理体系。

2. 食品合规管理体系诚信原则的应用

“人无信不立，业无信难兴”，诚信是社会主义核心价值观的重要组成，是人与人，企业与企业合作的基础，是食品合规管理体系的基本原则，任何人不应有任何形式的虚假、隐瞒或恶性的非诚信行为。使用低劣的原辅材料、以次充好、非法添加、虚假宣传及出具虚假报告等食品欺诈行为，都是非诚信的非法行为，严重威胁着食品的安全。

食品合规管理体系是以诚信为基本原则，依据法律法规，在客观事实的基础上建立的系统性的管理体系。要求贯彻法律法规的合规义务，制定相应的管理制度和操作规范，并实施监视测量管理。在诚信的基础上，将企业义务制度化，过程行为记录化，并根据需要实施过程监视与测量。在食品合规管理体系建设期间，应积极组织开展诚信意识培训，加强员工良好职业操守的培养，树立“诚信为荣”的企业文化和素养。

对于诚信管理，也需要延伸到供应商和客户，尤其是要求供应商必须本着诚信的原则进行合作，必须保证源头输入的原辅材料符合法律法规和食品安全标准要求，信息真实准确。对于客户的市场销售行为，也必须客观真实地向消费者介绍和宣传，确保信息真实准确，防止虚假或误解。

3. 食品合规管理体系文件的应用

食品企业在申请食品生产许可前，需要依据法律法规和标准的要求，建立相应的食品安全和卫生管理制度。同时实施质量管理体系或食品安全管理体系的企业，按相应的审核准则建立一些程序文件及制度。食品合规管理体系与其他管理体系一样，结合食品合规管理体系建设的需要，也要建立必要的程序性管理文件，尤其是法律法规和标准等明确要求建立的制度。对于食品合规管理体系需要建立的文件的格式没有固定的要求，文件内容也是法律法规和标准的基本要求，所以食品合规管理体系文件可以与其他体系文件进行整合。建立食品合规管理体系时，可以直接应用食品生产许可申请时的部分文件，也可以直接使用质量管理体系或食品安全管理体系文件，而对于上述体系不包括的文件制度，则需要结合企业的组织架构、活动范围等客观事实，单独制定相应的制度文件。当然食品合规管理体系文件也适用于其他管理体系，可以直接引用或应用。

4. 食品合规风险分析工具的应用

企业依据GB/T 27341—2009《危害分析与关键控制点（HACCP）体系　食品生产企业通用要求》和CXC 1《食品卫生总则》在进行食品危害分析时，大多采用“判断树”作为关键控制点分析与判断的主要工具，而食品合规管理体系通常使用“矩阵图”法进行食品合规风险的分析。“矩阵图”是一种有效的质量管理工具，从多个维度找出成对的因素，组成矩阵图进行分析，确定关键及核心问题的方法。食品合规管理体系通过对合规风险发生的可能性及影响程度等维度进行风险分析。影响程度大的发生的可能性高的作为核心合规风险或关键合规风险，影响程度小的发生的可能性低的作为普通合规风险或一般合规风险。实行合规风险的等级管理，为核心合规风险或关键合规风险匹配足够的管理资源，落实预防控制措施，控制、降低或杜绝合规风险。对于食品合规风险分析的“矩阵图”工具，也可以在食品危害分析、关键控制点判断及市场风险分析等环节使用。

PDCA 管理工具是持续改进的、全面质量管理的重要工具。通过计划、执行、检查和改进的不断循环，周而复始，阶梯式提升质量管理水平和能力。

食品合规管理体系也引用了这一管理工具，在合规风险识别、应对、监视测量、持续改进等过程实施 PDCA 管理，逐步提升企业的食品合规管理水平。食品合规管理体系总体要求如图 9-1 所示。

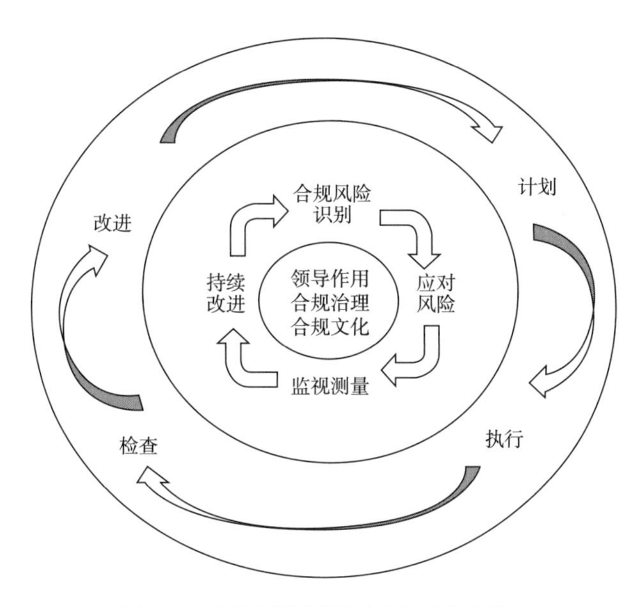

图 9-1　食品合规管理体系总体要求示意图

5. 食品合规绩效的应用

合规绩效是指在食品合规管理体系建立、实施过程中，将食品合规管理情况纳入对各部门负责人的年度绩效的综合考核与评价。合规绩效考核，应该作为个人评选、薪酬调整、升职或工作调动的重要依据。

合规绩效反馈来源包括员工、客户、供应商、监管机构和过程控制记录和活动记录。合规绩效反馈内容包括合规问题、不合规或疑似不合规的反馈或举报、对食品合规有效性和合规绩效的评价及对于食品合规目标完成情况的统计等。举报和反馈信息作为食品合规管理体系持续改进的重要依据。

对于未实施绩效考核的企业，可以利用合规绩效考核的经验，在企业推行绩效考评，逐步规范企业的绩效管理，激励员工更加努力地工作。

三、食品合规管理体系的应用前景

食品合规管理体系是一套预防式的管理体系，可以让企业系统地识别出所有的合规义务及风险，并对合规义务和风险进行分析与评价，实施合规风险的等级管理，并制定相应的监控计划、预防或纠偏控制措施，从而实施有效的预防式管理。它能有效地改善企业食品合规管理的现状，并形成系统化的食品合规管理氛围，有利于合规化的建设与推进，有利于企业文化的建设。能系统地提升企业食品合规管理人员的管理水平，综合提升企业的市场竞争力与应对能力，为企业合规合法经营奠定了坚实的合规保障。

随着食品安全法律法规体系的不断健全，越来越多的法律法规及标准需要食品生产经营企业引起重视。食品安全不仅是检验是否符合相应的食品安全指标，还包括资质合规、原辅包装材料合规、过程合规及产品合规等系列管理与控制的结果。食品合规管理体系将食品安全的结果向前延伸，明确食品生产经营企业应该做什么，应该怎么做，需要配备什么样的资源（包括硬件设施设备等资源及人力资源等），通过先进的预防式管理方法进行具体化、明细化、制度化、记录化，并通过一系列过程的合规管理，保证食品的安全，从而帮助提升企业的市场竞争力。

思考题

1. 食品合规管理的主要内容包括哪些？
2. 食品合规义务识别包括哪些方面？
3. 食品合规评价包括哪些方面？
4. 简述食品企业需要编写的合规管理文件。

第十章

10

国外食品标准与法规

学习目的与要求

1. 了解国际与部分国家或组织食品法律法规的基本内容与要求；
2. 熟悉国际食品标准组织的结构、业务内容及作用；
3. 了解部分国家或组织的食品法律法规体系。

第一节　WTO/TBT 协定及 WTO/SPS 协定与 CAC

一、世界贸易组织概况

世界贸易组织（WTO）于 1995 年 1 月 1 日正式开始运作，负责管理世界经济和贸易秩序，总部设在瑞士日内瓦。1996 年 1 月 1 日，它正式取代 1947 年订立的关贸总协定临时机构。与关贸总协定相比，世贸组织涵盖货物贸易、服务贸易以及知识产权贸易，而关贸总协定只适用于商品货物贸易。世界贸易组织是当代最重要的国际经济组织之一，截至 2022 年 3 月，世界贸易组织有 164 个成员，25 个观察成员，成员贸易总额达到全球的 97%，有“经济联合国”之称。

世贸组织的宗旨是提高生活水平，保证充分就业和大幅度、稳步提高实际收入和有效需求；扩大货物和服务的生产与贸易；坚持走可持续发展之路，各成员方应促进对世界资源的最优利用、保护和维护环境，并以符合不同经济发展水平下各成员需要的方式，加强采取各种相应的措施；积极努力确保发展中国家，尤其是最不发达国家在国际贸易增长中获得与其经济发展水平相适应的份额和利益。

世贸组织的基本职能有管理和执行共同构成世贸组织的多边及诸边贸易协定；作为多边贸易谈判的讲坛；寻求解决贸易争端；监督各成员贸易政策，并与其他制定全球经济政策有关的国际机构进行合作。世贸组织的目标是建立一个完整的、更具有活力的和永久性的多边贸易体制。与关贸总协定相比，世贸组织管辖的范围除传统的和乌拉圭回合确定的货物贸易外，还包括长期游离于关贸总协定外的知识产权、投资措施和非货物贸易（服务贸易）等领域。

世贸组织是一个独立于联合国的具有法人地位的永久性国际组织，在调解成员争端方面具有更高的权威性。

二、世界贸易组织与食品卫生安全工作

当今世界，食品安全已成为人们日益关注的问题。为维护全世界人民的利益，WTO 对食品安全提出了几点建议及策略。

（1）把食品安全作为公共卫生的基本职能之一，并提供足够的资源以建立和加强其食品安全规划。

（2）制定和实施系统的和持久的预防措施，以显著减少食源性疾病的发生。

（3）建立和维护国家或区域水平的食源性疾病调查以及食品中有关微生物和化学物的监测和控制手段，强化食品加工者、生产者和销售者在食品安全方面应负的责任；应提高实验室能力，尤其是在发展中国家。

（4）为防止微生物抗药性的发展，应将综合措施纳入食品安全策略中。

（5）支持食品危险因素评估科学的发展，其中包括与食源性疾病相关危险因素的分析。

（6）把食品安全问题纳入消费者卫生和营养教育与资讯网络，尤其是引入小学和中学的课程中，并开展针对食品操作人员、消费者、农场主、加工人员及农产品加工人员进行的符合文化特点的卫生和营养教育。

（7）从消费者角度建立包括个体从业人员（尤其是在城市食品市场）在内的食品安全改善规划，并通过与食品企业合作，以探索提高他们对良好的生产规范的认识方法。

（8）协调国家级食品安全相关部门进行的食品安全活动，尤其是与食源性疾病危险性评估相关的活动。

（9）积极参与食品法典委员会及其工作委员会的工作，包括对新出现的食品安全风险的分析活动。

另外，各国还应加强食源性疾病的监测系统建设、加强危险性评价、发展对新技术食品安全性评价的方法、增强 WTO 在食品法典委员会中科学性和公共健康方面的作用、加强危险性交流和提倡食品安全、加强国际和国内的有效合作、加强能力建设。

三、实施卫生与植物卫生措施协定（WTO/SPS 协定）

在 WTO 的协定中，与食品安全管理相关的两个重要协定是《实施卫生与植物卫生措施协定》（SPS 协定）和《技术性贸易壁垒协定》（TBT 协定），其主要目的都是避免和消除贸易技术壁垒，促进贸易自由化。为了保护人类、动物和植物的生命和健康，并使贸易的负面影响尽可能降到最小，世贸组织各成员方达成了《实施卫生与植物卫生措施协定》。SPS 协定指出，保护食品安全、防止动植物病害传入本国是必要的，因此各国有权制定或采取一定措施以保护本国的消费者、动物及植物，但这些措施绝不能人为地或不公正地对各国商品贸易存在不平等待遇，或超过保护消费者要求的更严格的标准，造成潜在的贸易限制。

1. SPS 协定的适用范围

SPS 协定适用于所有可能直接或间接影响国际贸易的卫生与植物卫生措施，这些措施包括下列内容：保护成员方人的生命免受食品和饮料中的添加剂、污染物、毒素以及外来动植物病虫害传入危害的措施；保护成员方动物的生命免受饲料中的添加剂、污染物、毒素以及外来病虫害传入危害的措施；保护成员方植物的生命免受外来病虫害传入危害的措施；防止

外来病虫害传入成员方造成危害的措施；与上述措施有关的所有法律、法规、要求和程序，特别包括：最终产品标准；工序和生产方法；检测、检验、出证和审批批准程序；各种检疫处理；有关统计方法、抽样程序风险评估方法的规定；与食品安全直接有关的包装和标签要求。就适用范围而言，SPS 协定涉及动物卫生、植物卫生和食品安全三个领域的工作。

2. SPS 协定的主要内容

各成员在制定 SPS 措施时，要考虑有科学依据；要采用风险评估技术；要接受病虫害非疫区和低度流行区概念；要制定适当的保护水平等。SPS 协定制定的思路是，通过制定 SPS 措施应遵循的基本原则，规范各成员执行 SPS 措施的行为，达到既保护人类、动物和植物的健康又促进国际贸易发展的目的。

（1）科学依据　各成员应确保任何卫生与植物卫生措施的实施都以科学原理为依据（第 2 条）；没有充分科学依据的卫生与植物卫生措施则不再实施；在科学依据不充分的情况下，可临时采取某种 SPS 措施，但应在合理的期限内做出评价；科学依据包括有害生物的非疫区；有害生物风险分析（PRA）；检验、抽样和测试方法；有关工序和生产方法；有关生态和环境条件；有害生物传入、定居或传播条件等。

（2）国际标准　指三大国际组织制定的国际标准准则和建议，即 CAC——食品安全（食品添加剂、兽药和杀虫剂残留、污染物等），OIE——动物健康，IPPC——植物保护；强调各成员的卫生与植物卫生措施应以国际标准、准则和建议为依据；符合国际标准、准则和建议的 SPS 措施视为是保护人类、动物和植物的生命和健康所必需的措施；可以实施和维持比现有国际标准、准则和建议高的标准，但需要有科学依据。实施没有国际标准、准则和建议的 SPS 措施时，或实施的 SPS 措施与国际标准、准则和建议的内容实质上不一致时，如限制或潜在地限制了出口国的产品进口，进口国则要向出口国解释理由，并及早发出通知；鼓励各成员特别是发展中国家成员积极参与 CAC 等国际组织的活动，以促进这些组织制定和定期审议有关的 SPS 标准、指南和建议。

（3）等同对待　如果出口成员对出口产品所采取的 SPS 措施，客观上达到了进口成员适当的卫生与植物卫生保护水平，进口成员就应当接受这种 SPS 措施，哪怕这种措施不同于自己所采取的措施，或不同于从事同一产品贸易的其他成员所采用的措施；可根据等同性的原则进行成员间的磋商并达成双边和多边协议。

（4）风险分析　有害生物风险分析（PRA）是进口成员的科学专家在进口前对进口产品可能带来的有害生物的定居、传播、危害和经济影响做出的科学理论报告。该报告将是一个成员决定是否进口某产品的科学基础，或称决策依据。PRA 分析时应考虑可获得的科学依据；PRA 分析强调适当的卫生与植物卫生保护水平，并应考虑对贸易的消极影响减少到最低程度这一目标；PRA 分析要考虑有关国际组织制定的风险评估技术；要考虑有害生物的传入途径、定居、传播、控制和根除经济成本等。

（5）非疫区　检疫性有害生物在一个地区没有发生就是非疫区。例如，地中海实蝇或非洲猪瘟在北京地区没有发生，那么，北京地区就是非疫区。确定一个非疫区大小，要考虑地理、生态系统、流行病监测以及 SPS 措施的效果等。各成员应承认病虫害低度流行区和非疫区的概念；SPS 协定将非疫区定义为：经主管当局认定，某种有害生物没有发生的地区，这可以是一个国家的全部或部分，或几个国家的全部或部分；出口成员声明其境内某些地区是非疫区时，应向进口成员提供必要的证据等。

（6）透明度原则

①透明什么：各成员应确保所有卫生与植物卫生措施法规及时公布。除紧急情况外，各成员应允许在卫生与植物卫生措施法规公布和生效之间有合理的时间间隔，以便让出口成员，尤其是发展中国家成员的生产商有足够的时间调整其产品和生产方法，以适应进口成员的要求。

②怎么透明：通过SPS咨询点和通知机构实现透明。各成员应确保设立一个咨询点，负责对感兴趣的成员提出的所有合理问题提供答复，并提供有关文件。同时，各成员应指定一个中央机构负责对实施缺乏国际标准、指南或建议或与国际标准、指南或建议有实质不同，并对其他成员的贸易有重大影响的SPS措施时应及早发出通知，通过WTO秘书处对拟议的法规作出目的和理由说明。

（7）SPS措施委员会　为磋商提供一个经常性的场所。SPS措施委员会的职能是：执行SPS协定的各项规定，推动协调一致的目标实现。鼓励成员对特定的SPS措施问题进行不定期的磋商或谈判。鼓励所有成员采用国际标准、准则和建议，并制定程序监督国际协调的进程，国际标准、准则和建议的采用；应与CAC、OIE和IPPC秘书处保持密切联系；拟定一份对贸易有重大影响的卫生与植物卫生措施方面的国际标准、准则和建议清单。

SPS协定除以上主要内容外，还有诸如争端解决、优待发展中国家、技术援助、非歧视及控制、检验和批准程序等内容。

四、技术性贸易壁垒协定（WTO/TBT协定）

WTO/TBT协定是世界贸易组织技术性贸易壁垒协定，对各成员在国际贸易中制定、采用和实施的技术法规、标准及合格评定程序等作出了明确的规定。

WTO/TBT协定是非关税壁垒的主要表现形式，它以技术为支撑条件，即商品进口国在实施贸易进口管制时，通过颁布法律、法令、条例、规定、建立技术标准、认证制度、卫生检验检疫制度、检验程序以及包装、规格标签标准等，提高对进口产品的技术要求，增加进口难度，最终达到保障国家安全、保护消费者利益和保持国际收支平衡的目的。

1. WTO/TBT协定的宗旨、主要原则及表现形式

①宗旨：为防止和消除国际贸易中的技术性贸易壁垒，避免各成员的技术法规、标准以及合格评定活动给国际贸易带来不必要的障碍，使国际贸易自由化和便利化，在技术法规、标准、合格评定程序以及标签、标志制度等技术要求方面以国际标准为基础开展国际协调，遏制以带有歧视性的技术要求为主要表现形式的贸易保护主义，最大限度地减少和消除国际贸易中的技术壁垒，为世界经济全球化服务。

②主要原则：最少贸易限制原则、非歧视原则、协调性原则、等效和相互承认原则、透明度原则、对发展中国家实行差别和优惠待遇原则等。

③主要表现形式：概括起来有技术法规、标准、合格评定程序（conformity assessment procedures）以及利用工业产权、知识产权形成技术保护其他形式的技术壁垒，例如，近年部分国家利用环境标准、生态保护法规等设置的绿色壁垒等。

2. WTO/TBT协定的基本内容

WTO/TBT协定共分为7部分，包括15条，129款和3个附件。基本内容如下。

①序言、总则：主要阐述该协定的目的、宗旨及适用范围。

②技术法规和标准：规范各成员中央政府、地方政府和非政府机构制定、采用和实施技术法规和标准的行为。各成员在制定技术法规、标准方面应以国际标准为基础，否则必须在文件的初期阶段进行通报。

③符合技术法规和标准：规定各成员中央政府、地方政府、非政府机构和国际及区域性组织制定、采用和实施合格评定程序的行为。其原则是采用通用的国际规范；尽可能承认其他国家的认证结果；积极参加国际和区域性的合格评定活动。

④信息和援助：要求各成员设立国家级 WTO/TBT 咨询点，代表政府按规定开展通报咨询工作。对其他成员提出的请求给予技术援助。对发展中国家成员提供特殊和差别待遇。

⑤机构、磋商和争端解决：设立技术性贸易壁垒委员会，就协定执行中出现的有关事项进行磋商，并负责解决争端。

⑥最后条款：要求各成员在加入 WTO 时，对执行 WTO/TBT 协定做出承诺。未经其他成员的同意，不得对执行本协定的任何条款提出保留。

⑦附件：该协定中的术语及其定义；技术专家小组；关于制定、采用和实施标准的良好行为规范。

五、国际食品法典委员会

（一）国际食品法典委员会概况

为了在国际食品和农产品贸易中给消费者提供更高水平的保护，促进更公平的贸易活动，FAO 和 WHO 在联合食品标准计划下创建了国际食品法典委员（Codex Alimentarius Commission，CAC)。作为一个制定食品标准、准则和操作规范等相关文件的国际性机构，其宗旨是保护消费者健康和便利食品国际贸易，通过制定推荐的食品标准及食品加工规范，协调各国的食品标准立法并指导其建立食品安全体系。

自 1961 年第 11 届粮农组织大会和 1963 年第 16 届世界卫生大会分别通过了创建 CAC 的决议以来，已有 188 个成员国和 1 个成员国组织（欧盟）加入该组织，覆盖全球 99%的人口。我国于 1984 年正式加入 CAC，成为国际食品法典委员会的正式成员；1986 年成立了中国食品法典委员会，由与食品安全相关的多个部门组成。

CAC 为成员方和国际机构提供了一个交流食品安全和贸易问题信息的论坛，通过制定、建立具有科学基础的食品标准、准则、操作规范和其他相关建议以促进消费者保护和食品贸易。其主要职能为以下几方面。

（1）保护消费者健康和确保公平的食品贸易。

（2）促进国际政府和非政府组织所承担的所有食品标准工作的协调一致。

（3）通过或借助于适当的组织确定优先重点以及开始或指导草案标准的制定工作。

（4）审批由以上第 3 条已制定的标准，并与其他机构（以上第 2 条）已批准的国际标准一起，在由成员政府接受后，作为世界或区域标准予以发布。

（5）根据制定情况，在适当审查后修订已发布的标准。

（二）国际食品法典委员会组织机制

CAC 的组织机构包括全体成员国大会（含常设秘书处）、执行委员会和附属技术机构

(各类分委员会)。

1. 全体成员国大会

CAC主要的决策机构是每2年1次在罗马和日内瓦轮流召开的全体成员国大会，审议并通过国际食品法典标准和其他相关事项。委员会的日常工作由在罗马FAO总部的由6名专业人员和7名支持人员组成的常设秘书处来承担。

2. 执行委员会

在CAC全体成员国大会休会期间，执行委员会代表委员会开展工作行使职权。执行委员会由主席和副主席连同委员会选出的7名来自非洲、亚洲、欧洲、拉美和加勒比、近东、北美以及西南太平洋的成员组成。

3. 附属技术机构

CAC的附属技术机构是CAC国际标准制定的实体机构。这些附属机构分成综合主题委员会（10个）、商品委员会（11个）、区域协调委员会（6个）和政府间特别工作组（1个）四类。每个委员会由国际食品法典委员会会议选定一个成员国主持。在食品法典委员会的章程中，明确提出了其目的、责任规范、目标和议事规则。

综合主题委员会负责拟订有关适用于所有食品的食品安全和消费者健康保护通用原则的标准。商品委员会（纵向）负责拟定有关特定商品的标准。区域协调委员会负责处理区域性事务。此外，委员会成立政府间特设工作组（而非食品法典的委员会），作为一种精简委员会组织结构的手段，并借此提高附属机构的运行效率。具体委员会如图10-1所示。

食品法典委员会的分委员会和特别工作组负责草拟提交给委员会的标准，无论其是拟作全球使用的还是供特定区域或国家使用的。在食品法典内对标准草案及相关文件的解释工作由附属技术机构承担。食品法典委员会的组织机构被假定为互相联系的，每个成员内部有相应的行政管理结构。

食品法典委员会与成员主要的机构接触渠道就是各国家的法典联络处。根据法典程序手册，法典联络处的核心职能包括：充当食品法典委员会秘书处与成员之间的联系纽带，并协调国家一级与食品法典有关的所有活动。

4. 联合专家委员会

FAO和WHO共同资助和管理2个专家委员会——FAO/WHO食品添加剂和污染物联合专家委员会（JECFA）和农药残留联合会议（JMPR），二者均为制定食品法典标准所需的信息提供独立的专家科学建议。

（三）食品法典

食品法典是全球消费者、食品生产和加工者、各国食品管理机构和国际食品贸易重要的基本参照标准。

制定CAC法典要求遵循以下原则。

①保护消费者健康。

②促进公正国际食品贸易。

③以科学危险性评价（定性与定量）为基础：JECFA、JMPR、微生物危险性评价专家咨询会议。

④考虑其他合理因素：经济、不同地区和国家的情况等。

图 10-1　国际食品法典委员会的机构

标准体系内容结构有下列要素架构。横向的通用标准由一般专题分委员会制定，包括食品卫生（包括卫生操作规范）、食品添加剂、农药残留、污染物、标签及其说明以及分析和取样方法等方面的规定。纵向的产品标准由商品委员会制定，涉及水果、蔬菜、肉和肉制品、鱼和鱼制品、谷物及其制品、豆类及其制品、植物蛋白、油脂及其制品、婴儿配方食品、糖、可可制品、巧克力、果汁及瓶装水、食用冰 14 类产品。

自从 1961 年开始制定国际食品法典以来，负责这一工作的 CAC 在食品质量和安全方面的工作也得到了世界的重视，并且在保护消费者健康和维护公平食品贸易有关的工作中做出了突出的贡献。国际社会对食品安全认识的提高使得食品法典成为唯一的参考标准。它还促进国际社会和各国政府对食品安全的认同并加强了消费者的保护。

第二节 欧盟食品安全法律法规

一、欧盟食品安全法规体系的建立

欧盟对于食品规制的最初权限主要是落实确保粮食安全的共同农业政策和建立保障食品自由流通的共同市场。为此，欧盟层面制定了一系列的指令，意在协调各成员国的食品规制。随着 20 世纪 80 年代食品安全问题的多发，尤其是疯牛病，以确保公众健康为目的的食品安全规制日益受到重视。鉴于此，1992 年修订后的《欧盟条约》赋予了欧盟规制食品安全的权限，以便确保公众健康和保护消费者。

2000 年，欧盟正式发表《食品安全白皮书》，在此框架下，2002 年 1 月，欧盟进一步制定了欧洲议会和理事会第 178/2002 号法规，即《通用食品法》。《通用食品法》确定了食品法规的基本原则和要求，明确了欧洲食品安全管理机构的基本职责以及有关食品安全的管理程序，并相应建立了欧洲食品安全局。此后，欧盟对食品安全法规和条例进行了大量修订和更新，建立了一个较为完善的食品安全法规体系，涵盖了“从农田到餐桌”整个食物链，形成了以《食品安全白皮书》为核心，各种法律、法令和指令等并存的食品安全法规体系，各成员国如英国、德国、荷兰、丹麦等针对各成员国的实际情况，也各自形成了一套自己的法规准则。

作为一部基本法，《通用食品法》包括以下特征。第一，在层级化的食品安全法律体系中，《通用食品法》扮演着“宪法”的角色。作为法律体系的基础，其针对风险预防、信息、进出口的基本义务、追溯的基本要求、食品从业者和主管部门的责任作出了规定。第二，这一新的食品法通过食品全程链的方式实现了从农田到餐桌的全程监管，包括初级阶段、生产、加工、流通环节以及出口。尽管食品的定义在欧盟法律中有所限制，但《通用食品法》同时包含了对饲料的规定，而这意味就动物源性食品而言，其安全保障真正从源头抓起。将饲料排除在食品的定义中但又将其置于食品法的规范中，其意义正如《通用食品法》所述，食品法定义的广泛性是为了通过全面和整合的方式确保食品安全。因此，就食品供应链而言，需要注意的就是在农场中确保食品安全的源头是动物饲料。第三，通过落实风险分析和风险预防原则，欧盟从风险规制的角度入手对食品安全实施监管。作为先锋，欧盟的诸多经验值得借鉴。例如，其独特之处就在于通过成立欧盟食品安全局，实现了风险评估和风险管理的分离。

二、欧盟食品安全法规体系的特点

①利益主体责任明确：在欧盟及其成员国中，各个主体（农业生产者、家畜饲养者、食

品加工者、管理者、消费者等）责任都十分明确；

②食品安全可追溯性：在生产、加工及流转的所有阶段都具备追踪食品、饲料及其成分存在的情况的能力与措施；

③重点风险评估：包括风险评估、风险管理以及风险交流，确保科学评估与风险管理的准确性和科学性；

④食品安全预防性原则：通过采取风险评估与提出解决措施使贸易限制作用最小化；

⑤食品风险预警系统：目前，欧盟主要采用食品与饲料快速预警系统（rapid alert system for food and feed，RASFF）收集来自所有成员国的相关信息，并发布风险预警信息，以便成员国及时获取有关信息并采取措施加强检验，确保进口食品安全。RASFF 为欧盟及各成员国的管理机构提供了一个信息交流的有效工具；

⑥以保证消费者的安全为出发点：为消费者提供安全健康的食品是欧盟食品立法的根本出发点，整个法律法规体系都围绕一个目的建立和实施，即确保所有欧盟消费者食用同样高标准的食品。

三、欧盟食品安全法规对贸易的影响

① 对欧盟各成员国之间贸易的影响：通过对各成员国的食品法规进行协调，消除了成员国之间的贸易壁垒，促进了成员国间食品贸易的增长；

②对与第三国之间贸易的影响：

消极影响。严格的食品安全法规增加了出口商的成本，限制了国际贸易，受其影响，世界食品安全法规日趋严格，限制了部分食品，尤其是转基因食品的进口；

积极影响。食品安全标准“趋同”，不仅有利于减少贸易摩擦，而且使高附加值食品贸易增长。

第三节　美国食品卫生与安全法律法规

美国有关食品安全的法律法规繁多，如《联邦食品、药物和化妆品法》《公平包装和标签法》《营养标签与教育法》《食品质量保护法》和《公共卫生服务法》等综合性法规。这些法律法规覆盖了所有食品，为食品安全制定了非常具体的标准以及监管程序。

一、美国食品安全组织管理体系

美国是一个联邦制国家，根据联邦宪法，联邦政府与州政府各自拥有独立的行政、立法及司法管辖权。美国联邦食品安全管理体系是建立在系统、完整灵活和基于科学的法律框架的基础上的。法律制度规定，食品企业对食品安全负全责。承担食品安全管理职能的联邦机构在州县政府有关部门的协助下，形成了较为完善的联邦食品卫生管理体系。各州卫生局（署）根据州立法律，独立行使州立法律规定的食品安全管理职责，与联邦食品安全管理机构合作开展有关食品安全管理工作。

美国承担食品安全管理职责的联邦机构主要有健康与人类服务部（DHHS）所属的食品与药物监督管理局（FDA）、农业部（USDA）所属的食品安全监督服务署（FSIS）与动植物

卫生监督服务署（APHIS）和环境保护局（EPA）等联邦行政管理机构。

FDA 总部设在马里兰州市，在各州设有常驻的派出机构，主要负责现场食品安全卫生监督检查工作，FDA 现有雇员 9000 余人。FDA 的主要职责是打击假冒伪劣食品、不安全食品和虚假标签，以保护消费者的正当权益。FDA 的管辖范围包括 FSIS 所管辖的食品以外的所有的食品与食品添加剂的生产经营活动。

FSIS 负责畜、禽肉及蛋制品的安全卫生及其产品标签的管理。这三类食品包括：各种生鲜牛肉、猪肉、羊肉、鸡肉以及肉制品（包括火腿、香肠和含 2%以上熟肉或 3%以上生鲜肉的冷冻食品等）和蛋制品（包括蛋黄粉、全蛋粉、液态蛋和含蛋的混合食品等）。

APHIS 负责动植物病虫害及其疫病的预防控制工作。

EPA 负责农药与有毒化学物质的管理。

除了以上 4 个承担相应的食品安全管理职责的联邦机构外，其他联邦机构也协助和参与有关食品安全管理或承担与食品安全有关的研究、教育、预防、监测、标准研制和食源性疾病暴发事件调查与应急处置等项工作，如财政部关税处，DHHS 所属的疾病预防与控制中心（CDC）、国立卫生研究所（NIH）、USDA 所属的农业研究服务处（ARS）、州教育研究项目协调服务处（CSREES）、农产品市场服务处（AMS）、经济研究服务处（ERS）、粮食储运管理局（GPSA）和国家渔业服务协会（NMFS）等。

二、美国食品安全法律法规体系

美国食品安全法规被公认为是较完备的法规体系，法规的制定是以危险性分析和科学性为基础，并拥有预防性措施。美国宪法规定了国家食品安全系统由政府的立法、执法和司法 3 个部门负责。美国关于食品的法律法规包括两个方面的内容，一是议会通过的法案，称为法令（ACT），如《美国法典》（USC）第 21 部中有关食品和药品的法律，《行政管理程序法令》（APA）等；二是由权力机构根据议会的授权制定的具有法律效力的规则和命令，包括：《联邦食品、药物和化妆品法》（*Federal Food, Drug, and Cosmetic Act*, FFDCA）、《联邦肉类检验法》（FMIA）、《禽类产品检验法》（PPLA）、《蛋产品检验法》（EPIA）、《食品质量保护法》（FQPA）等。

美国食品安全法律法规的制定与修订采用向公众公开、透明的方式，不仅允许而且鼓励被管理的行业、消费者和其他利益相关者参与到规章的制订和颁布的过程中。当遇到特别难解的问题时，就需要向管理机构以外的专家进行咨询，管理机构可以选择召开公开会议或召开咨询委员会会议。召开公开会议时，可以根据管理机构的需要，通过非正常程序将专家和资金持有者召集在一起。这类会议可用于收集公众对某一专题或今后的项目的看法。召开公开会议和咨询委员会会议应在“联邦注册”（Federal Register）上发布消息（除非讨论特定问题）。任何组织或个人对管理机构的决议有异议，都可以将管理机构诉诸法庭。从而保证食品行业不仅要保证食品的安全，而且有遵守法律和管理条例的责任。

三、主要的食品安全管理机构

1. FDA

FDA 由美国联邦政府授权，是一个由医生、律师、微生物学家和统计学家等专业人士组成的，致力于保护、促进和提高美国国民健康的政府卫生管制机构，对于确保美国社会所有的食品、药品、化妆品和医疗器具对人体的安全具有重要作用。FDA 是世界上规模庞大的食品与药物管理机构之一，每年所管理产品的价值相当于美国年消费总额的 1/4，与美国人每天的基本生活息息相关。FDA 的管辖范围包括所有国产食品和进口食品（但不包括肉类和禽类）、瓶装水、酒精含量小于 7%的葡萄酒。FDA 的主要评估机构有：食品安全和应用营养中心（CFSAN）；药品评估和研究中心（CDER）、设备安全和放射线健康保护中心（CDRH）、生物制品评估和研究中心（CBER）、兽用药品中心（CVM）。其中食品安全和应用营养中心是 FDA 工作量最大的部门。FDA 实施的主要法规有 1938 年《联邦食品、药物和化妆品法》、1966 年《公平包装和标签法》、1990 年《营养标签与教育法》、1994 年《膳食补充剂健康和教育法》、《公共卫生服务法》和 2002 年《公共卫生安全与生物恐怖防范应对法》。

FDA 的食品安全职责是：①执行食品安全法律，管理除肉禽类以外的国内食品和进口食品。②收集食品样品，检验分析食品加工厂、食品仓库，样品的物理、化学和微生物的污染。③产品上市销售前，负责综述和验证食品添加剂和色素添加剂的安全性。④综述和验证兽药对所用动物的安全性及对食用该动物食品的人的安全性。⑤监测作为食品生产动物饲料的安全性。⑥制定美国的《食品法典》、条令、指南和说明，并与各州合作，运用这些法典、条令、指南和说明管理牛奶、贝类和零售食品以及餐馆和杂货商店等。⑦以现代《食品法典》为指针，指导零售商、护理院及其他机构，正确准备食品以及如何预防食源性疾病。⑧建立良好的食品加工操作程序和其他生产标准，如工厂卫生、包装要求、危害分析和关键控制点计划。⑨大力进行同外国政府的合作，确保进口食品的安全。⑩要求加工商召回不安全的食品，并监测其具体行动的进行，并采取相应的行动。⑪对食品安全展开科学研究。⑫对食品行业进行消费食品安全处理规程的培训。

FDA 认证，全称为“美国食品与药物监督管理局认证”（U. S. Food and Drug Administration），是美国政府机构负责确保食品、药品、医疗器械和化妆品等产品的质量、安全和有效性。FDA 认证作为 FDA 的认证制度，在企业和产品的发展中扮演着重要的角色。作为全球最严格的监管机构之一，FDA 在食品和药品领域的认证具有广泛的国际认可度。FDA 认证不仅是进入美国市场的必要条件，也是确保产品安全和保护公众健康的重要保障。

美国政府出于保护公众健康和确保产品安全等方面的考虑，制定了严格的法律依据和目标来支持 FDA 认证。FDA 认证的法律依据主要包括《联邦食品、药品和化妆品法》和《医疗器械修正法案》等。通过 FDA 认证，美国政府可以对产品进行审查、监督和监控，确保其在销售和使用过程中的安全性、有效性和合规性。这样的严格要求和监管体系，为公众提供了保护，为企业提供了市场准入的门槛和信任度。

2. 农业部的食品安全检验局（FSIS）和动植物卫生检验局（APHIS）

FSIS 的管辖范围是国内和进口的肉禽以及相关产品，如含肉、禽的食品，比萨饼，冷冻食品，加工的蛋制品（一般液态、冷冻和干燥的巴氏杀菌的蛋制品）。其食品安全职责为：①执行食品安全法律，管理国内和进口肉禽品。②对用作食品的动物进行屠宰前和屠宰后检验。③检验肉、禽屠宰厂和肉、禽加工厂。④收集和分析食品样品，进行微生物和化学传染物的毒素监测和检验。⑤在准备包装肉禽产品，或进行热加工和其他处理时，建立食品添加剂和食品其他配料使用的生产标准。⑥建立工厂卫生标准，确保所有进口到美国的国外肉禽加工符合美国标准。⑦要求肉、禽加工者对其加工的不安全产品自愿召回。⑧资助肉、禽加工食品安全的研究。⑨食品行业和消费者有关食品安全的食品处理规程。动植物卫生检验局在食品安全体系中的主要职责是保护动植物生长、抵制病虫害、防止动植物发生有害生物危害和疾病。

3. 环境保护署（EPA）

该局的任务是负责保护公众的健康和环境不受农药的危害，完善对有害生物的管理方式，改进安全性。任何食品或饮料中如果含有 FDA 不允许的食品添加剂或兽药残留，或含有 EPA 没有规定限量的农药残留或农药残留限量超过规定的限量，都不允许上市。其管辖范围包括饮用水、食用植物、海产品、肉和禽制造的食品。其食品安全职责为：①建立安全饮用水标准。②管理有毒物质和废物，预防其进入环境和食物链。③帮助各州检测饮用水的质量，探测预防饮用水污染的途径。④测定新的杀虫剂的安全性，建立杀虫剂在食品中残留的限量水平，发布杀虫剂安全使用指南。⑤制定农药、环境化学物的残留限量和有关法规。

4. 疾病预防和控制中心（CDC）

CDC 管辖范围为所有食品，其食品安全职责为：①调查食源性疾病的暴发。②维护国家范围食源性疾病调查的体系。③采取快速行动，运用电子系统及早报道食源性感染情况。④与其他机构合作，监测食源性疾病暴发的速率和趋势。⑤开发快速检验病原菌的技术，制定公众健康方针，预防食源性疾病。⑥开展研究并有效预防食源性疾病。⑦为地方和各州培训食品安全人员。

5. 美国商业渔业部

该部管辖范围为鱼类和海产品。其食品安全职责是按照联邦卫生标准，通过收费的海产品检验计划，对运载渔船、海产品加工工厂、零售点进行检验和颁发证书。

6. 农业部联合研究教育服务局（CSREES）

该局管辖范围为所有国产食品和一些进口产品。其食品安全职责是与美国各大学、学院合作，对农业主和消费者就有关食品安全实施研究和教育计划。

7. 国家农业图书馆（NAL）食源性疾病教育信息中心（FIEIC）

该中心管辖范围为所有食品。其食品安全职责是维护有关预防食源性疾病资料的数据库，帮助教育者、从事食品行业的培训人员、消费者得到有关食源性疾病的资料。

8. 国立卫生研究院（NIH）

该院管辖范围为所有食品。其食品安全职责是进行食品安全研究。

9. 经济作物部酒精、烟草局（DTBATF）

该局的管辖范围为酒精饮料（除了酒精含量在 7%以下的饮料）。其食品安全职责是：执行食品安全法律，管理酒精饮料的生产和配送；调查假冒酒精产品的案件。有时需要 FDA 的协助。

10. 美国海关服务局

该局的管辖范围为所有食品。其食品安全职责是与联邦管理机构合作，确保所有进出口食品符合美国的法律、法规。

四、美国食品安全的主要法律法规

美国食品法律法规是由联邦和各州制定的适用于食品种植、养殖、加工、包装、运输、销售和消费各个环节的一整套法律规定，其中食品法律和由职能部门制定的规章是食品生产、销售企业必须强制执行的，而有些标准、规范为推荐内容。美国的食品安全法律法规体系被公认为是较完备的法律法规体系，目前以《联邦食品、药品和化妆品法》为核心，包括《联邦肉类检验法》《禽类及禽产品检验法》《蛋类产品检验法》《联邦杀虫剂、杀真菌剂和灭鼠剂法》《食品质量保护法》《公共卫生服务法》共七部法令，这些法律从一开始就集中于食品供应的不同领域，法规的制定是以危险性分析和科学性为基础，并有预防性措施。

1.《联邦食品、药品和化妆品法》

《联邦食品、药品和化妆品法》是美国食品安全监管的基本大法。该法于1906年首次通过，当时称为《联邦食品药品法》，1938年修订时改称为《联邦食品、药品和化妆品法》。该法明确了食品安全生产的基本要求以及监管部门的主要职责，它为美国食品安全的管理提供了基本原则和框架。授予FDA对假冒伪劣食品强制召回的权力。

它要求美国FDA管辖除肉、禽和部分蛋类以外的国产和进口食品的生产、加工、包装、贮存。此外，还包括对新型动物药品、加药饲料和所有可能成为食品成分的食品添加剂的销售许可和监督。

该法禁止销售须经FDA批准而未获得批准的食品、未获得相应报告的食品和拒绝对规定设施进行检查的厂家生产的食品。该法还禁止销售由于不洁贮藏条件而引起的含有令人厌恶的或污物的食品。该法对卫生的要求还规定禁止出售带有病毒的产品，并要求食品必须在卫生设施良好的房间中生产。

2.《联邦肉类检验法》

《联邦肉类检验法》于1906年出台，是专门针对猪、牛、羊等家畜屠宰及其肉产品生产加工的法律。要求对所有跨州和出口交易的肉类进行检验，包括对加工、包装设备和设施的检验。该法授权美国农业部对家畜屠宰场及肉产品生产企业进行严格的监督检查。

类似的法规还有《禽类及禽产品检验法》和《蛋类产品检验法》等，是专门针对鸡、鹅、鸭等家禽屠宰及禽肉产品生产加工的法律。该法于1957年通过，规定农业部下属的食品安全检验局的职责主要是规范肉、禽、蛋类制品，确保销售给消费者的肉类、禽类和蛋类产品是合乎卫生的、不掺假的，并进行正确的标记、标识和包装。

肉类、禽类和蛋类产品只有在盖有美国农业部的检验合格标记后，才允许销售和运输。这三部法律还要求向美国出口肉类、禽类和蛋类产品的国家必须具有等同于美国检验项目的检验能力。这种等同性要求不仅针对各国的检验体系，还包括在该体系中生产的产品质量的等同性。

3.《联邦杀虫剂、杀真菌剂和灭鼠剂法》

《联邦杀虫剂、杀真菌剂和灭鼠剂法》是美国国会于1947年通过，它与《联邦食品、药品和化妆品法》联合赋予国家环境保护署对用于特定作物的杀虫剂的审批权，并要求环保署规定食品中最高残留限量（容许量）；保证人们在工作中使用或接触杀虫剂、食品清洁剂和消毒杀菌剂时是安全的；避免环境中的其他化学物质以及空气和水中的细菌污染物可能威胁食品供给安全性的物质。

4.《食品质量保护法》

1996年美国国会一致通过了《食品质量保护法》，该法对应用于所有食品的全部杀虫剂制定了一个单一的、以健康为基础的标准，为婴儿和儿童提供了特殊的保护，对安全性提高的杀虫剂进行快速批准，要求定期对杀虫剂的注册和容许量进行重新评估，以确保杀虫剂注册的数据不过时。

5.《公共卫生服务法》

美国国会于1994年通过的《公共卫生服务法》，又称《美国检疫法》，是美国关于防范传染病的联邦法律，该法明确了严重传染病的界定程序，制定传染病控制条例，规定检疫官员的职责，同时对来自特定地区的人员、货物、有关检疫站、检疫场所与港口，民航与民航飞机的检疫等均做出了详尽规定，此外还对战争时期的特殊检疫进行了规范。它要求FDA负责制定防止传染病传播方面的法规，并向州和地方政府相应机构提供有关传染病法规的协助。

第四节　德国食品法律法规

一、德国食品安全监督机制

德国是欧盟重要成员国，在欧盟的法律框架内，德国政府致力于监管措施的日趋完善，建立健全了食品安全监督机制和快速预警机制，在从农田到餐桌的全过程食品监督中以“风险管理”为主，形成了政府、企业、研究机构和公众共同参与的监管模式，较好地解决了食品质量安全问题。

在欧洲食品安全局（EFSA）的架构内，德国于2001年将原食品、农业和林业部改组为消费者保护、食品和农业部，接管了卫生部的消费者保护和经济技术部的消费者政策制定职能，对全国食品安全统一监管，并于2002年设立了联邦风险评估研究所、联邦消费者保护和食品安全局两个专业机构。为了保证国家制定的法律法规得到贯彻执行，德国各州、大区、专区和城市政府都设立了负责食品安全的监管部门，形成了统一的监管体系。

为预防和控制食品安全风险，全球食品生产、食品贸易在很大程度上都要借助检验检测手段的使用，德国建立起了官方的和非官方的多层次检验检测机构和体系，大体上分为三个层次，第一层次是企业自我检测，这是基础。联邦德国制定的食品安全政策措施都是建立在一定经济利益基础上的，促使企业重视并加强自我检测。第二层次是中介机构检测，它是介于企业与政府之间完全独立的技术检测机构，它可以受政府、企业、行业、协会等委托从事检验业务，收取一定报酬。第三层次是政府检验检测，不收取费用。德国的食品安全监管是以检验检测为基础的，检验标准、操作规范统一，食品生产企业重视和自觉地加强自我检验，这对从源头确保食品安全非常重要。中介检测机构独立于企业和监管部门之外，有利于防止权力滥用，保证检验结果的真实、准确和公正。

在德国食品安全管理机制中，食品安全的首要责任是生产者、加工者和经营者的责任，政府部门的主要责任是通过加强监管，最大限度地减少食品安全风险。《欧盟食品安全白皮书》规定，食品生产加工者、饲料生产者和农民对食品安全承担基础责任；政府当局通过国家监督和控制体系的运作来确保食品安全；消费者对食品的保管、处理与烹煮负责。在德国，只要监管部门履行了职责，有真实完整的监管记录，即使发生了食品安全事故，政府及管理部门均不承担责任，也不补偿事故造成的损失。

二、德国食品安全法律体系

德国在食品质量控制和安全保障方面成功的法宝是确定了三大目标（保护消费者健康，

仅允许提供质量可靠和符合安全标准的食品；保护消费者不受欺骗，严防欺诈；保护消费者知情权，提供的信息必须实事求是）和七项原则（食品链原则、企业责任原则、可追溯原则、独立而科学的风险评估原则、风险评估与风险管理分离原则、预防原则和风险沟通透明原则）。基于这些目标和原则，德国建立了一整套食品质量和安全管理体系。德国是个法治国家，一切依法行事，而且做到有法必依、违法必究。在食品安全方面，德国法律来源于三个层面。

1. 国内法

迄今，德国涉及食品立法及相关条例多达200余个。最基本的法律首推1879年制定的《食品法》，该法包罗万象，所列款项多达几十万条，贯穿食品生产和流通各个环节。其次是《食品和日用品管理法》（又称《食品、烟草制品、化妆品和其他日用品管理法》），该法是德国食品安全核心法律之一，为食品安全的其他法律法规提供了原则和框架。《食品责任法》明确规定了食品生产各个环节企业的责任，每个食品或饲料生产者，无论是农业经营者、面包师或食品添加材料制造商，都必须承担食品安全责任。其他还有：《食品和饲料法典》《添加剂许可法规》《食品标识条例》《食品可追溯条例》《畜肉卫生法》《畜类管理条例》《禽肉卫生法》《禽肉管理条例》《混合碎肉管理条例》《鱼卫生条例》《奶管理条例》《蛋管理条例》，以及《纯净度标准》《残留物最高限量管理条例》《日用品管理条例》等。此外，《德国食品汇编集》虽不是正规的法律条文，但是法律的补充，可作为专业鉴定的法律依据。

2. 欧盟的法律法规

作为欧盟成员国，德国有义务实施欧盟相关法律法规和条例。如《欧盟食品安全白皮书》（主要内容包括设立欧洲食品局、食品安全立法、食品安全监控和消费者信息等）、《通用食品法》（2002年2月21日生效）等。还有，《欧洲议会指导性法案93/43/EWG》是欧盟统一的食品安全法案，对动物源食品生产和加工提出了统一的法律要求，德国将其转化为国内法《食品卫生管理条例》来实施。欧洲诸多条例如《消费者关于食品信息条例》《标示规定》《饮食条例》等都被转换成德国法律付诸实施。

3. 国际上有关法律法规

德国把国际上通用的一些食品安全方面的法律法规和质量标准体系如GlobalGAP、IFS、HACCP、BRC、SQF2000、ISO22000、SA8000、BSCI、ETI、GSV、ICS、AVE等纳入自己的体系中，有的还更加细化和本土化。

第五节　日本食品法律法规

一、日本的食品安全管理机制

日本是世界上食品安全监管最严厉的国家之一，目前已经建立了一套比较完善的食品安全监管体系，在进口食品的检验检疫方面尤为突出。日本食品安全监督管理机构主要包括食品安全委员会、厚生劳动省、农林水产省、消费者厅。现在的食品质量安全监管体制主要依据CODEX的风险分析方法，风险分析主要包括风险管理和风险评估以及风险交流。这其中，风险管理，由农林水产省和厚生劳动省共同协作完成，风险评估由食品安全委员会完成，而风险沟通，则由这三个府省独自合作完成。

日本食品安全管理主要由农林水产省与厚生劳动省共同承担。农林水产省主要负责国内生鲜农产品生产环节的安全管理和质量保证，农业投入品（农药、化肥、饲料和兽药等）产、销、使用的监督管理，进口农产品动植物检疫，国产和进口粮食的安全性检查，国内农产品品质和标志的认证以及认证产品的监督管理等。

厚生劳动省主要负责加工和流通环节食品安全的监督管理，包括国内食品加工企业的经营许可，进口食品的安全检查，食物中毒事件的调查处理，流通环节食品（畜、水产品等）的经营许可和对食品问题进行监督执法以及发布食品安全情况等。

2003 年 7 月，日本在内阁府设置了食品安全委员会（FSC）。食品安全委员会是用最先进的科学技术对食品的安全性进行检测鉴定，为内阁府的立法提案提供科学依据的独立机构。该委员会由科学家和食品方面的专家组成，有权对食品安全的直接管理机构——农林水产省和厚生劳动省的执法监管状况进行监督、评价。此外，负责地区健康和卫生的行政组织——保健中心在保证日本各地区的食品安全方面也发挥了重要作用。

二、日本的食品安全法律法规体系

日本保障食品质量安全的法律法规体系由两大基本法和其他相关法律法规组成。《食品卫生法》和《食品安全基本法》是两大基本法律。

1.《食品卫生法》

《食品卫生法》是日本食品安全管理工作的法律依据。该法制定于 1947 年，后根据需要经过几次修订。该法由 36 条条文组成，其宗旨是保护人们远离由于饮食导致的健康危险，改善和促进公众健康，适用于国内产品和进口产品。该法涉及的对象包括食物和饮料，还包括天然调味剂在内的添加剂和用于处理、制造、加工或输送食物的设备和容器（包装）以及与食物有关的企业活动。该法严禁生产、进口或销售不卫生或不符合相关标准等要求的食品，包括腐烂的，含有毒及有害物质的，被病原微生物污染的或含有外来物质的食品或食品添加剂；在向食品卫生调查委员会咨询后，厚生劳动省可能会禁止销售的新种类食品；患病的或死家畜的肉、设备或包装容器中含有毒或有害物质的食品。该法授予厚生劳动省对上述事项可以采取法律行动，授权各地方政府在其管辖范围内对当地的企业采取必要的措施，包括为企业制定必要的标准、发放或吊销执照、给予指导以及中断或终止营业活动等。

2.《食品安全基本法》

由于日本先后出现了牛奶食物中毒事件、疯牛病问题、未许可添加剂的滥用问题、原产地标识伪造问题等事件，使食品的质量安全受到了严重的冲击，于 2003 年 7 月开始实施《食品安全基本法》。该法明确了在食品安全监管方面，国家、地方公共团体、食品相关经营者以及消费者的责任和义务，国家及地方公共团体的责任和义务是综合制定确保食品安全性的政策；销售商的责任和义务是具有“确保食品安全性”的意识，为确保食品的安全性，对食品供给过程中各阶段恰当的采取需要的措施。消费者则要掌握并理解食品安全性知识，同时就食品安全性方面，要充分表明个人意见。《食品安全基本法》为日本的食品安全行政制度提供了基本的原则和要素。要点如下：一是确保食品安全，二是地方政府和消费者共同参与，三是协调政策原则，四是建立食品安全委员会，负责进行风险评估，并向风险管理部门也就是厚生劳动省和农林水产省，提供科学建议。

除上述基本法外，与食品相关的法律法规还包括《转基因食品标识法》《包装容器法》《农药取缔法》《健康增进法》《家禽传染病预防法》《乳及乳制品成分规格省令》《农林物资规格化法（JAS法）》《新食品标识法》等。

第六节 加拿大食品法律法规

一、加拿大的食品安全管理体制

加拿大食品安全采取的是分级管理、相互合作、广泛参与的模式。联邦、各省和市政当局都有管理食品安全的责任，负责实施法规和标准并对有关法规和标准的执行情况进行监督。在联邦一级的主要管理机构是加拿大卫生部和农业与农业食品部（Agriculture and Agri. - Food）下属的食品检验局（CFIA）。CFIA是1997年加拿大整合了国内食品安全管理机构，把农业与农业食品部、渔业与海洋部、卫生部、工业部的食品安全监督管理职能整合到了一起建立起来的。

这两个部门相互合作，各司其职。卫生部负责制定所有在加拿大出售的食品的安全及营养质量标准，并对食品检验局的食品安全工作情况进行评估，同时负责食源性疾病的监督与预警。CFIA负责管理联邦一级注册、产品跨省或在国际市场销售的食品企业，并对有关法规和标准执行情况进行监督，实施这些法规和标准。省级政府的食品安全机构提供在自己管辖权范围内、产品本地销售的成千上万的小食品企业的检验，市政当局负责向经营最终食品的饭店提供公共健康的标准，并对其进行监督。

二、加拿大食品法律法规体系

加拿大最重要的两部食品法律是《食品药品法》和《食品安全法》，与之对应的两部法规分别是《食品药品条例》和《食品安全条例》，食品安全产品标准的具体要求主要体现在这两部条例中。

（一）《食品药品条例》

《食品药品条例》作为加拿大食品和药品行业最重要的基础性法规，对食品、药品的标准、标签、广告、销售等各方面要求做了详细规定。该条例共分为三章：第一章为基础管理要求；第二章为食品方面的具体要求，第三章为药品有关的内容。其中，第二章食品方面的具体要求涉及标签、食品包装材料、食品添加剂、香料等通用要求，还包括酒精饮料、可可和巧克力制品、油脂、包装饮用水和冰、肉及肉制品等22类特定的食品产品标准。

（二）《食品安全条例》

《食品安全条例》于2018年6月13日发布，2019年1月15日正式实施。该条例废止了《鱼类检验条例》《肉类检验条例》《蛋制品条例》《新鲜水果和蔬菜条例》《蜂蜜条例》《蜂产品条例》《加工蛋制品条例》《加工产品条例》《乳制品条例》《许可和仲裁条例》《畜禽胴体分级条例》《有机产品条例》和《冰酒条例》，同时整合了肉类、水果、乳制品和有机产品等众多的产品标准。该条例的实施改变了加拿大之前基于单独的商品法和条例监管食品的模式，而是针对所有食品，建立了一种以预防为主的食品安全监管模式。

《食品安全条例》并未在条例中规定产品的具体指标要求，而是以引入特征文件标准（Standards of Identity Document）的形式规定了产品标准要求。该条例明确规定：加拿大省际、进口和出口贸易中的食品必须符合特征文件标准中的要求。特征文件标准在加拿大食品检验署的网站中发布并实时更新。加拿大食品检验署在其网站中也明确：该类文件通过引用的形式纳入《食品安全条例》，并与其具有相同的法律效力。目前加拿大食品检验署网站发布的特征文件标准主要有产品等级要求和产品标准要求两大类。其中，产品等级要求规定了相应产品的等级名称和等级要求；产品标准要求规定了相应产品的基本质量要求。

除上述两类清单文件外，引入的参考文件还包括《预包装鱼产品的常见名称》《肉制品中生物危害预防控制计划要求》等文件。另外，除了食品检验署自己制定的特征文件标准外，也引用了第三方的技术文件，如加拿大通用标准委员会（CGSB）制定的有机生产相关标准等。

思考题

1. 简述与食品有关的国际食品组织的机构和工作范围。
2. 美国食品安全法律法规的体系是什么？有何特点？
3. 加拿大的食品安全管理机制如何？有哪些主要的法律法规？
4. 日本的食品安全管理机构有哪些？
5. 欧盟食品安全法律法规的体系是什么？有何特点？

附录一　我国法律、法规、自治条例和单行条例、规章、规范性文件的区别和联系

我国法律、法规、自治条例和单行条例、规章、规范性文件的区别和联系如附表 1 所示。

附表 1　我国法律、法规、自治条例和单行条例、规章、规范性文件的区别和联系

法律渊源		制定单位	发布形式	法律效力	常用称谓	举例
法律		全国人民代表大会及其常务委员会	国家主席签署，采用主席令公布	法律的效力高于法规、规章	法	1.《中华人民共和国食品安全法》（主席令第二十一号） 2.《中华人民共和国反食品浪费法》（主席令第七十八号）
法规	行政法规	国务院	总理签署，采用国务院令公布	法律效力高于地方性法规、规章	条例、规定、规则、办法	1.《中华人民共和国食品安全法实施条例》（国务院令 第721号） 2. 中华人民共和国标准化法实施条例（国务院令第 53 号）
	地方性法规	省、自治区、直辖市以及较大的市的人民代表大会及其常委会	大会主席团或常务委员会发布公告予以公布 较大的市制定的地方性法规须报省、自治区人大常委会批准后施行	法律效力高于本级和下级地方政府规章		1.《上海市食品安全条例》（上海市人民代表大会公告第18 号） 2.《辽宁省食品安全条例》（辽宁省人民代表大会常务委员会公告 2016 年第 54 号） 3.《山东省食品小作坊小餐饮和食品摊点管理条例》（2017 年 1 月 18 日山东省第十二届人民代表大会常务委员会第二十五次会议通过）
	自治条例 单行条例	民族自治地方的人民代表大会	自治区的自治条例和单行条例，报全国人民代表大会常务委员会批准后生效。自治州、自治县的自治条例和单行条例报省、自治区、直辖市的人民代表大会常务委员会批准后生效，并报全国人民代表大会常务委员会和国务院备案	法律效力同地方法规，可对法律和行政法规的规定作出变通规定		1.《大理州企业职工生育保险暂行办法》（大理白族自治州人民政府） 2.《大理白族自治州洱海保护区内农药经营使用管理实施办法》（大理白族自治州人民政府） 3.《云南省怒江傈僳族自治州水资源保护与开发条例》（怒江傈僳族自治州人民代表大会常务委员会）

续表

<table>
<tr><th colspan="2">法律渊源</th><th>制定单位</th><th>发布形式</th><th>法律效力</th><th>常用称谓</th><th>举例</th></tr>
<tr><td rowspan="2">规章</td><td>部门规章</td><td>国务院的部、委员会和直属机构</td><td>部门首长签署命令予以公布</td><td>部门规章之间、部门规章与地方政府规章之间具有同等效力，在各自的权限范围内施行</td><td rowspan="2">规定、办法，不得称为条例</td><td>1.《食品生产经营监督检查管理办法》（国家市场监督管理总局令第 49 号）
2.《食品添加剂新品种管理办法》（卫生部令第 73 号）
3.《学校食品安全与营养健康管理规定》（教育部、国家市场监督管理总局、国家卫生健康委员会令第 45 号）等</td></tr>
<tr><td>地方政府规章</td><td>省、自治区、直辖市和较大的市的人民政府</td><td>省长、自治区主席、市长或者自治州州长签署命令予以公布</td><td>省、自治区的人民政府制定的规章的效力高于本行政区域内的设区的市、自治州的人民政府制定的规章</td><td>1.《北京市餐饮经营单位安全生产规定》（市政府令〔2006〕177 号）
2.《西藏自治区食品生产加工小作坊小餐饮店小食杂店和食品摊贩管理办法》（西藏自治区人民政府令第 164 号）
3.《江苏省商品条码管理办法》（江苏省人民政府令第 56 号）</td></tr>
<tr><td colspan="2">规范性文件</td><td>行政机关或者经法律、法规授权的具有管理公共事务职能的组织（行政机关）</td><td>经政府常务会议审议，也可以由政府负责人直接签署</td><td>法律效力主要通过在法律依据、法律补充、行政等级、刑侦规范、行政复议得到体现</td><td>命令（令）、决定、指示、公告、通告、通知、通报、报告、请示、批复、涵和会议纪要</td><td>1. 市场监管总局办公厅关于印发食品生产经营监督检查有关表格的通知（市监食生发〔2022〕18 号）
2. 国家卫生健康委员会关于印发《食品安全风险评估管理规定》的通知（国卫食品发〔2021〕34 号）</td></tr>
</table>

附录二　食品生产许可分类目录

食品生产许可分类目录如附表 2 所示。

附表 2　食品生产许可分类目录

食品、食品添加剂类别	类别编号	类别名称	品种明细	备注
粮食加工品	0101	小麦粉	1. 通用：特制一等小麦粉、特制二等小麦粉、标准粉、普通粉、高筋小麦粉、低筋小麦粉、全麦粉、其他 2. 专用：营养强化小麦粉、面包用小麦粉、面条用小麦粉、饺子用小麦粉、馒头用小麦粉、发酵饼干用小麦粉、酥性饼干用小麦粉、蛋糕用小麦粉、糕点用小麦粉、自发小麦粉、专用全麦粉、小麦胚（胚片、胚粉）、其他	
	0102	大米	大米、糙米类产品（糙米、留胚米等）、特殊大米（免淘米、蒸谷米、发芽糙米等）、其他	
	0103	挂面	1. 普通挂面 2. 花色挂面 3. 手工面	
	0104	其他粮食加工品	1. 谷物加工品：高粱米、黍米、稷米、小米、黑米、紫米、红线米、小麦米、大麦米、裸大麦米、莜麦米（燕麦米）、荞麦米、薏仁米、八宝米类、混合杂粮类、其他 2. 谷物碾磨加工品：玉米糁、玉米粉、燕麦片、汤圆粉（糯米粉）、莜麦粉、玉米自发粉、小米粉、高粱粉、荞麦粉、大麦粉、青稞粉、杂面粉、大米粉、绿豆粉、黄豆粉、红豆粉、黑豆粉、豌豆粉、芸豆粉、蚕豆粉、黍米粉（大黄米粉）、稷米粉（糜子面）、混合杂粮粉、其他 3. 谷物粉类制成品：生湿面制品、生干面制品、米粉制品、其他	
食用油、油脂及其制品	0201	食用植物油	菜籽油、大豆油、花生油、葵花籽油、棉籽油、亚麻籽油、油茶籽油、玉米油、米糠油、芝麻油、棕榈油、橄榄油、食用植物调和油、其他	
	0202	食用油脂制品	食用氢化油、人造奶油（人造黄油）、起酥油、代可可脂、植脂奶油、粉末油脂、植脂末、其他	
	0203	食用动物油脂	猪油、牛油、羊油、鸡油、鸭油、鹅油、骨髓油、水生动物油脂、其他	

续表

食品、食品添加剂类别	类别编号	类别名称	品种明细	备注
调味品	0301	酱油	酱油	
	0302	食醋	1. 食醋 2. 甜醋	
	0303	味精	1. 谷氨酸钠（99%味精） 2. 加盐味精 3. 增鲜味精	
	0304	酱类	稀甜面酱、甜面酱、大豆酱（黄酱）、蚕豆酱、豆瓣酱、大酱、其他	
	0305	调味料	1. 液体调味料：鸡汁调味料、牛肉汁调味料、烧烤汁、鲍鱼汁、香辛料调味汁、糟卤、调味料酒、液态复合调味料、其他 2. 半固体（酱）调味料：花生酱、芝麻酱、辣椒酱、番茄酱、风味酱、芥末酱、咖喱卤、油辣椒、火锅蘸料、火锅底料、排骨酱、叉烧酱、香辛料酱（泥）、复合调味酱、其他 3. 固体调味料：鸡精调味料、鸡粉调味料、畜（禽）粉调味料、风味汤料、酱油粉、食醋粉、酱粉、咖喱粉、香辛料粉、复合调味粉、其他 4. 食用调味油：香辛料调味油、复合调味油、其他 5. 水产调味品：蚝油、鱼露、虾酱、鱼子酱、虾油、其他	
	0306	食盐	1. 食用盐：普通食用盐（加碘）、普通食用盐（未加碘）、低钠食用盐（加碘）、低钠食用盐（未加碘）、风味食用盐（加碘）、风味食用盐（未加碘）、特殊工艺食用盐（加碘）、特殊工艺食用盐（未加碘） 2. 食品生产加工用盐	
肉制品	0401	热加工熟肉制品	1. 酱卤肉制品：酱卤肉类、糟肉类、白煮类、其他 2. 熏烧烤肉制品 3. 肉灌制品：灌肠类、西式火腿、其他 4. 油炸肉制品 5. 熟肉干制品：肉松类、肉干类、肉脯、其他 6. 其他熟肉制品	
	0402	发酵肉制品	1. 发酵灌制品 2. 发酵火腿制品	
	0403	预制调理肉制品	1. 冷藏预制调理肉类 2. 冷冻预制调理肉类	

续表

食品、食品添加剂类别	类别编号	类别名称	品种明细	备注
肉制品	0404	腌腊肉制品	1. 肉灌制品 2. 腊肉制品 3. 火腿制品 4. 其他肉制品	
乳制品	0501	液体乳	1. 巴氏杀菌乳 2. 高温杀菌乳 3. 调制乳 4. 灭菌乳 5. 发酵乳	《食品安全国家标准　高温杀菌乳》发布前可按经备案的企业标准许可
	0502	乳粉	1. 全脂乳粉 2. 脱脂乳粉 3. 部分脱脂乳粉 4. 调制乳粉 5. 乳清粉	
	0503	其他乳制品	1. 炼乳 2. 奶油 3. 稀奶油 4. 无水奶油 5. 干酪 6. 再制干酪 7. 特色乳制品 8. 浓缩乳	
饮料	0601	包装饮用水	1. 饮用天然矿泉水 2. 饮用纯净水 3. 饮用天然泉水 4. 饮用天然水 5. 其他饮用水	
	0602	碳酸饮料（汽水）	果汁型碳酸饮料、果味型碳酸饮料、可乐型碳酸饮料、其他型碳酸饮料	
	0603	茶类饮料	1. 原茶汁：茶汤/纯茶饮料 2. 茶浓缩液	

续表

食品、食品添加剂类别	类别编号	类别名称	品种明细	备注
饮料	0603	茶类饮料	3. 茶饮料 4. 果汁茶饮料 5. 奶茶饮料 6. 复合茶饮料 7. 混合茶饮料 8. 其他茶（类）饮料	
	0604	果蔬汁类及其饮料	1. 果蔬汁（浆）：果汁、蔬菜汁、果浆、蔬菜浆、复合果蔬汁、复合果蔬浆、其他 2. 浓缩果蔬汁（浆） 3. 果蔬汁（浆）类饮料：果蔬汁饮料、果肉饮料、果浆饮料、复合果蔬汁饮料、果蔬汁饮料浓浆、发酵果蔬汁饮料、水果饮料、其他	
	0605	蛋白饮料	1. 含乳饮料 2. 植物蛋白饮料 3. 复合蛋白饮料	
	0606	固体饮料	1. 风味固体饮料 2. 蛋白固体饮料 3. 果蔬固体饮料 4. 茶固体饮料 5. 咖啡固体饮料 6. 可可粉固体饮料 7. 其他固体饮料：植物固体饮料、谷物固体饮料、食用菌固体饮料、其他	
	0607	其他饮料	1. 咖啡（类）饮料 2. 植物饮料 3. 风味饮料 4. 运动饮料 5. 营养素饮料 6. 能量饮料 7. 电解质饮料 8. 饮料浓浆 9. 其他类饮料	

续表

食品、食品添加剂类别	类别编号	类别名称	品种明细	备注
方便食品	0701	方便面	1. 油炸方便面 2. 热风干燥方便面 3. 其他方便面	
	0702	其他方便食品	1. 主食类：方便米饭、方便粥、方便米粉、方便米线、方便粉丝、方便湿米粉、方便豆花、方便湿面、凉粉、其他 2. 冲调类：麦片、黑芝麻糊、红枣羹、油茶、即食谷物粉、其他	
	0703	调味面制品	调味面制品	
饼干	0801	饼干	酥性饼干、韧性饼干、发酵饼干、压缩饼干、曲奇饼干、夹心（注心）饼干、威化饼干、蛋圆饼干、蛋卷、煎饼、装饰饼干、水泡饼干、其他	
罐头	0901	畜禽水产罐头	火腿类罐头、肉类罐头、牛肉罐头、羊肉罐头、鱼类罐头、禽类罐头、肉酱类罐头、其他	
	0902	果蔬罐头	1. 水果罐头：桃罐头、橘子罐头、菠萝罐头、荔枝罐头、梨罐头、其他 2. 蔬菜罐头：食用菌罐头、竹笋罐头、莲藕罐头、番茄罐头、豆类罐头、其他	
	0903	其他罐头	其他罐头：果仁类罐头、八宝粥罐头、其他	
冷冻饮品	1001	冷冻饮品	1. 冰淇淋 2. 雪糕 3. 雪泥 4. 冰棍 5. 食用冰 6. 甜味冰 7. 其他冷冻饮品	
速冻食品	1101	速冻面米制品	1. 生制品：速冻饺子、速冻包子、速冻汤圆、速冻粽子、速冻面点、速冻其他面米制品、其他 2. 熟制品：速冻饺子、速冻包子、速冻粽子、速冻其他面米制品、其他	
	1102	速冻调制食品	1. 生制品（具体品种明细） 2. 熟制品（具体品种明细）	
	1103	速冻其他食品	速冻其他食品	

续表

食品、食品添加剂类别	类别编号	类别名称	品种明细	备注
薯类和膨化食品	1201	膨化食品	1. 焙烤型 2. 油炸型 3. 直接挤压型 4. 花色型	
	1202	薯类食品	1. 干制薯类 2. 冷冻薯类 3. 薯泥（酱）类 4. 薯粉类 5. 其他薯类	
糖果制品	1301	糖果	1. 硬质糖果 2. 奶糖糖果 3. 夹心糖果 4. 酥质糖果 5. 焦香糖果（太妃糖果） 6. 充气糖果 7. 凝胶糖果 8. 胶基糖果 9. 压片糖果 10. 流质糖果 11. 膜片糖果 12. 花式糖果 13. 其他糖果	
	1302	巧克力及巧克力制品	1. 巧克力 2. 巧克力制品	
	1303	代可可脂巧克力及代可可脂巧克力制品	1. 代可可脂巧克力 2. 代可可脂巧克力制品	
	1304	果冻	果汁型果冻、果肉型果冻、果味型果冻、含乳型果冻、其他型果冻	
茶叶及相关制品	1401	茶叶	1. 绿茶：龙井茶、珠茶、黄山毛峰、都匀毛尖、其他 2. 红茶：祁门工夫红茶、小种红茶、红碎茶、其他	

续表

食品、食品添加剂类别	类别编号	类别名称	品种明细	备注
茶叶及相关制品	1401	茶叶	3. 乌龙茶：铁观音茶、武夷岩茶、凤凰单枞茶、其他 4. 白茶：白毫银针茶、白牡丹茶、贡眉茶、其他 5. 黄茶：蒙顶黄芽茶、霍山黄芽茶、君山银针茶、其他 6. 黑茶：普洱茶（熟茶）散茶、六堡茶散茶、其他 7. 花茶：茉莉花茶、珠兰花茶、桂花茶、其他 8. 袋泡茶：绿茶袋泡茶、红茶袋泡茶、花茶袋泡茶、其他 9. 紧压茶：普洱茶（生茶）紧压茶、普洱茶（熟茶）紧压茶、六堡茶紧压茶、白茶紧压茶、花砖茶、黑砖茶、茯砖茶、康砖茶、沱茶、紧茶、金尖茶、米砖茶、青砖茶、其他紧压茶	
	1402	茶制品	1. 茶粉：绿茶粉、红茶粉、其他 2. 固态速溶茶：速溶红茶、速溶绿茶、其他 3. 茶浓缩液：红茶浓缩液、绿茶浓缩液、其他 4. 茶膏：普洱茶膏、黑茶膏、其他 5. 调味茶制品：调味茶粉、调味速溶茶、调味茶浓缩液、调味茶膏、其他 6. 其他茶制品：表没食子儿茶素没食子酸酯、绿茶茶氨酸、其他	
	1403	调味茶	1. 加料调味茶：八宝茶、三炮台、枸杞绿茶、玄米绿茶、其他 2. 加香调味茶：柠檬红茶、草莓绿茶、其他 3. 混合调味茶：柠檬枸杞茶、其他 4. 袋泡调味茶：玫瑰袋泡红茶、其他 5. 紧压调味茶：荷叶茯砖茶、其他	
	1404	代用茶	1. 叶类代用茶：荷叶、桑叶、薄荷叶、苦丁茶、其他 2. 花类代用茶：杭白菊、金银花、重瓣红玫瑰、其他 3. 果实类代用茶：大麦茶、枸杞子、决明子、苦瓜片、罗汉果、柠檬片、其他 4. 根茎类代用茶：甘草、牛蒡根、人参（人工种植）、其他 5. 混合类代用茶：荷叶玫瑰茶、枸杞菊花茶、其他 6. 袋泡代用茶：荷叶袋泡茶、桑叶袋泡茶、其他 7. 紧压代用茶：紧压菊花、其他	
酒类	1501	白酒	1. 白酒 2. 白酒（液态） 3. 白酒（原酒）	
	1502	葡萄酒及果酒	1. 葡萄酒：原酒、加工灌装 2. 冰葡萄酒：原酒、加工灌装 3. 其他特种葡萄酒：原酒、加工灌装 4. 发酵型果酒：原酒、加工灌装	

续表

食品、食品添加剂类别	类别编号	类别名称	品种明细	备注
酒类	1503	啤酒	1. 熟啤酒 2. 生啤酒 3. 鲜啤酒 4. 特种啤酒	
	1504	黄酒	黄酒：原酒、加工灌装	
	1505	其他酒	1. 配制酒：露酒、枸杞酒、枇杷酒、其他 2. 其他蒸馏酒：白兰地、威士忌、俄得克、朗姆酒、水果白兰地、水果蒸馏酒、其他 3. 其他发酵酒：清酒、米酒（醪糟）、奶酒、其他	
	1506	食用酒精	食用酒精	
蔬菜制品	1601	酱腌菜	调味榨菜、腌萝卜、腌豇豆、酱渍菜、虾油渍菜、盐水渍菜、其他	
	1602	蔬菜干制品	1. 自然干制蔬菜 2. 热风干燥蔬菜 3. 冷冻干燥蔬菜 4. 蔬菜脆片 5. 蔬菜粉及制品	
	1603	食用菌制品	1. 干制食用菌 2. 腌渍食用菌	
	1604	其他蔬菜制品	其他蔬菜制品	
水果制品	1701	蜜饯	1. 蜜饯类 2. 凉果类 3. 果脯类 4. 话化类 5. 果丹（饼）类 6. 果糕类	
	1702	水果制品	1. 水果干制品：葡萄干、水果脆片、荔枝干、桂圆、椰干、大枣干制品、其他 2. 果酱：苹果酱、草莓酱、蓝莓酱、其他	

续表

食品、食品添加剂类别	类别编号	类别名称	品种明细	备注
炒货食品及坚果制品	1801	炒货食品及坚果制品	1. 烘炒类：炒瓜子、炒花生、炒豌豆、其他 2. 油炸类：油炸青豆、油炸琥珀桃仁、其他 3. 其他类：水煮花生、糖炒花生、糖炒瓜子仁、裹衣花生、咸干花生、其他	
蛋制品	1901	蛋制品	1. 再制蛋类：皮蛋、咸蛋、糟蛋、卤蛋、咸蛋黄、其他 2. 干蛋类：巴氏杀菌鸡全蛋粉、鸡蛋黄粉、鸡蛋白片、其他 3. 冰蛋类：巴氏杀菌冻鸡全蛋、冻鸡蛋黄、冰鸡蛋白、其他 4. 其他类：热凝固蛋制品、其他	
可可及焙烤咖啡产品	2001	可可制品	可可粉、可可脂、可可液块、可可饼块、其他	
	2002	焙炒咖啡	焙炒咖啡豆、咖啡粉、其他	
食糖	2101	糖	1. 白砂糖 2. 绵白糖 3. 赤砂糖 4. 冰糖：单晶体冰糖、多晶体冰糖 5. 方糖 6. 冰片糖 7. 红糖 8. 其他糖：具体品种明细	
水产制品	2201	干制水产品	虾米、虾皮、干贝、鱼干、干燥裙带菜、干海带、干紫菜、干海参、其他	
	2202	盐渍水产品	盐渍藻类、盐渍海蜇、盐渍鱼、盐渍海参、其他	
	2203	鱼糜及鱼糜制品	冷冻鱼糜、冷冻鱼糜制品	
	2204	冷冻水产制品	冷冻调理制品、冷冻挂浆制品、冻煮制品、冻油炸制品、冻烧烤制品、其他	
	2205	熟制水产品	烤鱼片、鱿鱼丝、烤虾、海苔、鱼松、鱼肠、鱼饼、调味鱼（鱿鱼）、即食海参（鲍鱼）、调味海带（裙带菜）、其他	
	2206	生食水产品	腌制生食水产品、非腌制生食水产品	
	2207	其他水产品	其他水产品	

续表

食品、食品添加剂类别	类别编号	类别名称	品种明细	备注
淀粉及淀粉制品	2301	淀粉及淀粉制品	1. 淀粉：谷类淀粉（大米、玉米、高粱、麦、其他）、薯类淀粉（木薯、马铃薯、甘薯、芋头、其他）、豆类淀粉（绿豆、蚕豆、豇豆、豌豆、其他）、其他淀粉（藕、荸荠、百合、蕨根、其他） 2. 淀粉制品：粉丝、粉条、粉皮、虾味片、凉粉、其他	
	2302	淀粉糖	葡萄糖、饴糖、麦芽糖、异构化糖、低聚异麦芽糖、果葡糖浆、麦芽糊精、葡萄糖浆、其他	
糕点	2401	热加工糕点	1. 烘烤类糕点：酥类、松酥类、松脆类、酥层类、酥皮类、松酥皮类、糖浆皮类、硬皮类、水油皮类、发酵类、烤蛋糕类、烘糕类、烫面类、其他类 2. 油炸类糕点：酥皮类、水油皮类、松酥类、酥层类、水调类、发酵类、其他类 3. 蒸煮类糕点：蒸蛋糕类、印模糕类、韧糕类、发糕类、松糕类、粽子类、水油皮类、片糕类、其他类 4. 炒制类糕点 5. 其他类：发酵面制品（馒头、花卷、包子、豆包、饺子、发糕、馅饼、其他）、油炸面制品（油条、油饼、炸糕、其他）、非发酵面米制品（窝头、烙饼、其他）、其他	
	2402	冷加工糕点	1. 熟粉糕点：热调软糕类、冷调韧糕类、冷调松糕类、印模糕类、其他类 2. 西式装饰蛋糕类 3. 上糖浆类 4. 夹心（注心）类 5. 糕团类 6. 其他类	
	2403	食品馅料	月饼馅料、其他	
豆制品	2501	豆制品	1. 发酵豆制品：腐乳（红腐乳、酱腐乳、白腐乳、青腐乳）、豆豉、纳豆、豆汁、其他 2. 非发酵豆制品：豆浆、豆腐、豆腐泡、熏干、豆腐脑、豆腐干、腐竹、豆腐皮、其他 3. 其他豆制品：素肉、大豆组织蛋白、膨化豆制品、其他	
蜂产品	2601	蜂蜜	蜂蜜	
	2602	蜂王浆（含蜂王浆冻干品）	蜂王浆、蜂王浆冻干品	

续表

食品、食品添加剂类别	类别编号	类别名称	品种明细	备注
蜂产品	2603	蜂花粉	蜂花粉	
	2604	蜂产品制品	蜂产品制品	
保健食品	2701	片剂	具体品种	
	2702	粉剂	具体品种	
	2703	颗粒剂	具体品种	
	2704	茶剂	具体品种	
	2705	硬胶囊剂	具体品种	
	2706	软胶囊剂	具体品种	
	2707	口服液	具体品种	
	2708	丸剂	具体品种	
	2709	膏剂	具体品种	
	2710	饮料	具体品种	
	2711	酒剂	具体品种	
	2712	饼干类	具体品种	
	2713	糖果类	具体品种	
	2714	糕点类	具体品种	
	2715	液体乳类	具体品种	
	2716	原料提取物	具体品种	
	2717	复配营养素	具体品种	
	2718	其他类别	具体品种	
特殊医学用途配方食品	2801	特殊医学用途配方食品	1. 全营养配方食品 2. 特定全营养配方食品：糖尿病全营养配方食品，呼吸系统病全营养配方食品，肾病全营养配方食品，肿瘤全营养配方食品，肝病全营养配方食品，肌肉衰减综合征全营养配方食品，创伤、感染、手术及其他应激状态全营养配方食品，炎性肠病全营养配方食品，食物蛋白过敏全营养配方食品，难治性癫痫全营养配方食品，	产品（注册批准文号）

续表

食品、食品添加剂类别	类别编号	类别名称	品种明细	备注
特殊医学用途配方食品	2801	特殊医学用途配方食品	胃肠道吸收障碍、胰腺炎全营养配方食品，脂肪酸代谢异常全营养配方食品，肥胖、减脂手术全营养配方食品，其他 3. 非全营养配方食品：营养素组件配方食品，电解质配方食品，增稠组件配方食品，流质配方食品，氨基酸代谢障碍配方食品，其他	产品（注册批准文号）
	2802	特殊医学用途婴儿配方食品	特殊医学用途婴儿配方食品：无乳糖配方或低乳糖配方食品、乳蛋白部分水解配方食品、乳蛋白深度水解配方或氨基酸配方食品、早产/低出生体重婴儿配方食品、氨基酸代谢障碍配方食品、婴儿营养补充剂、其他	产品（注册批准文号）
婴幼儿配方食品	2901	婴幼儿配方乳粉	1. 婴儿配方乳粉：湿法工艺、干法工艺、干湿法复合工艺 2. 较大婴儿配方乳粉：湿法工艺、干法工艺、干湿法复合工艺 3. 幼儿配方乳粉：湿法工艺、干法工艺、干湿法复合工艺	产品（配方注册批准文号）
特殊膳食食品	3001	婴幼儿谷类辅助食品	1. 婴幼儿谷物辅助食品：婴幼儿米粉、婴幼儿小米米粉、其他 2. 婴幼儿高蛋白谷物辅助食品：高蛋白婴幼儿米粉、高蛋白婴幼儿小米米粉、其他 3. 婴幼儿生制类谷物辅助食品：婴幼儿面条、婴幼儿颗粒面、其他 4. 婴幼儿饼干或其他婴幼儿谷物辅助食品：婴幼儿饼干、婴幼儿米饼、婴幼儿磨牙棒、其他	
	3002	婴幼儿罐装辅助食品	1. 泥（糊）状罐装食品：婴幼儿果蔬泥、婴幼儿肉泥、婴幼儿鱼泥、其他 2. 颗粒状罐装食品：婴幼儿颗粒果蔬泥、婴幼儿颗粒肉泥、婴幼儿颗粒鱼泥、其他 3. 汁类罐装食品：婴幼儿水果汁、婴幼儿蔬菜汁、其他	
	3003	其他特殊膳食食品	其他特殊膳食食品：辅助营养补充品、运动营养补充品、孕妇及乳母营养补充食品、其他	
其他食品	3101	其他食品	其他食品：具体品种明细	
食品添加剂	3201	食品添加剂	食品添加剂产品名称：使用 GB 2760—2024《食品安全国家标准　食品添加剂使用标准》、GB 14880—2012《食品安全国家标准　食品营养强化剂使用标准》或卫生健康委（原卫生计生委）公告规定的食品添加剂名称；标准中对不同工艺有明确规定的应当在括号中标明；不包括食品用香精和复配食品添加剂	

续表

食品、食品添加剂类别	类别编号	类别名称	品种明细	备注
食品添加剂	3202	食品用香精	食品用香精：液体、乳化、浆（膏）状、粉末（拌和、胶囊）	
	3203	复配食品添加剂	复配食品添加剂明细（使用 GB 26687—2011《食品安全国家标准　复配食品添加剂通则》规定的名称）	

注：

①“备注”栏填写其他需要载明的事项，生产保健食品、特殊医学用途配方食品、婴幼儿配方食品的需载明产品注册批准文号或者备案登记号；接受委托生产保健食品的，还应当载明委托企业名称及住所等相关信息。

②新修订发布的审查细则与目录表中分类不一致的，以新发布的审查细则规定为准。

③按照“其他食品”类别申请生产新食品原料的，其标注名称应与国家卫生健康委员会公布的可以用于普通食品的新食品原料名称一致。

参考文献

[1] 唐云华，罗云波．食品安全监管体系的框架研究［J］．食品科学，2009，30（07）：304-307.

[2] 张冬梅．食品法律法规与标准［M］．北京：科学出版社，2021.

[3] 杨兆艳．食品标准与法规［M］．北京：中国医药科技出版社，2021.

[4] 白殿一，王益谊．标准化基础［M］．北京：清华大学出版社，2019.

[5] 冀伟，明星星．食品安全法实务精解与案例指引［M］．北京：中国法制出版社，2016.

[6] 吴澎，李宁阳，张淼．食品法律法规与标准［M］.3 版．北京：化学工业出版社，2022.

[7] 潘文军．中国食品召回管理模式研究［M］．北京：社会科学文献出版社，2021.

[8] 宫智勇，刘建学，黄和．食品质量与安全管理［M］．河南：郑州大学出版社，2011.

[9] 孙晓红，李云．食品安全监督管理学［M］．北京：科学出版社，2017.

[10] 于瑞莲，王琴，钱和．食品安全监督管理学［M］．北京：化学工业出版社，2021.

[11] 黄麟．“四个最严”背景下加强食品安全监管的对策研究［D］．重庆：西南政法大学，2020.

[12] 王世平．食品标准与法规［M］.2 版．北京：科学出版社，2017.

[13] 李冬霞，李莹．食品标准与法规［M］．北京：化学工业出版社，2020.

[14] 张建新，于修烛．食品标准与技术法规［M］.3 版．北京：中国农业出版社，2020.

[15] 周才琼，张平平．食品标准与法规［M］.3 版．北京：中国农业大学出版社，2022.

[16] 胡秋辉，王承明，石嘉怿．食品标准与法规［M］.3 版．北京：中国质检出版社，中国标准出版社，2020.

[17] 段丽英．HACCP 食品安全管理体系的应用［D］．北京：对外经济贸易大学，2005.

[18] 樊恩健．食品安全管理体系审核员培训教程［M］．北京：中国计量出版社，2005.

[19] 钱和．HACCP 原理与实施［M］．北京：中国轻工业出版社，2006.

[20] 余以刚．食品标准与法规［M］．北京：中国轻工业出版社，2017.

[21] 范长军，屠锦娣．食品生产企业标准体系建设及思考［J］．中国标准化，2022，(08)：19-24.

[22] 庞杰，刘先义．食品质量管理学［M］．北京：中国轻工业出版社，2017.

[23] 付晓陆，马丽萍，汪少敏，等．食品农产品认证及检验教程［M］．杭州：浙江大学出版社，2018.

[24] 陈联刚．地理标志农产品电子商务发展模式创新研究［M］．武汉：华中科技大学出版社，2018.

[25] 苏来金．食品安全与质量控制［M］．北京：中国轻工业出版社，2020.

[26] 史宏伟．有机产品认证与管理［M］．长春：吉林人民出版社，2019.

[27] 任端平，冀玮，宋凯栋．新食品安全法及配套规章理解适用与案例解读［M］．北京：中国民主法制出版社，2016.

[28] 于海涛．绿色食品生产控制［M］．北京：中国轻工业出版社，2016.

[29] 宋卫江，原克波．食品安全与质量控制［M］．武汉：武汉理工大学出版社，2019.

[30] 刘涛．现代食品质量安全与管理体系的构建［M］．北京：中国商务出版社，2019.

[31] 顾振华．食品药品安全监管工作指南［M］．上海：上海科学技术出版社，2017.

[32] 张挺．食品安全与质量控制技术［M］．北京：中国医药科技出版社，2019.

[33] 郑晓冬，陈卫．食品安全通识教程［M］．杭州：浙江大学出版社，2021.

[34] 李彦坡，贾洪信，郭元晟．食品标准与法规［M］．北京：中国纺织出版社，2022.

[35] 钱和，庞月红，于瑞莲．食品安全法律法规与标准［M］．北京：化学工业出版社，2021.

[36] 袁杰，徐景和．中华人民共和国食品安全法释义［M］．北京：中国民主法制出版社，2015.

[37] 邹翔．食品企业现代质量管理体系的建立［M］．北京：中国质检出版社，2016.

[38] 樊永祥，丁绍辉．GB 14881—2013《食品安全国家标准　食品生产通用卫生规范》实施指南［M］．北京：中国质检出版社，2016.

[39] 刘少伟，鲁茂林．食品标准与法律法规［M］．北京：中国纺织出版社，2013.
[40] 凌俊杰，程禹，梁超．国内外食品安全追溯及系统分析［J］．食品工业，2013（05）：186-190.
[41] 何翔．食品安全国家标准体系建设研究［D］．长沙：中南大学，2013.
[42] 韦玮．我国食品标准制定现状与对策研究［D］．重庆：西南政法大学，2013.
[43] 吴天真．核心企业主导下的食品可追溯体系信息共享机理研究［D］．北京：中国农业大学，2015.
[44] 王力坚，孙成明，陈瑛瑛，等．我国农产品质量可追溯系统的应用研究进展［J］．食品科学，2015，36（11）：267-271.
[45] 刘雄，陈宗道．食品质量与安全［M］．北京：化学工业出版社，2009.
[46] 张建新．食品标准与技术法规［M］．北京：中国农业出版社，2014.
[47] 杨玉红，魏晓华．食品标准与法规［M］．2版．北京：中国轻工业出版社，2018.
[48] 张建新，陈宗道．食品标准与法规［M］．北京：中国轻工业出版社，2017.
[49] 艾志录．食品标准与法规［M］．北京：科学出版社，2016.
[50] 邓攀，陈科，王佳．中外食品安全标准法规的比较分析［J］．食品安全质量检测学报，2019，10（13）：4050-4054.